U0360451

教育部高等学校电子信息类专业教学指导委员会规划教材

高等学校电子信息类专业系列教材·新形态教材

C语言程序设计

新形态版

施文英 谷萧君 王凤萍 杨萍 编著

清华大学出版社

北京

内 容 简 介

本书针对零基础的读者，遵循由浅入深、循序渐进、学练结合的原则，旨在激发学生的编程兴趣，注重培养学生的程序设计能力，帮助学生形成良好的程序设计风格和习惯，达到掌握 C 语言的目的。

本书分为 10 章，从 C 语言发展历程、C 语言基本结构以及 C 语言环境的搭建开始，逐步介绍 C 语言的数据类型、流程控制结构、函数、数组、指针、结构体、文件等。每章均适当地加入理工科专业的案例，强化 C 语言在理工科专业中的工具作用。

本书概念清晰、内容简练、案例丰富，是初学者学习 C 语言程序设计的理想教材，也可作为高等院校计算机类、电子信息类相关专业和非计算机类理工科专业学生的教材。

图书在版编目（CIP）数据

C 语言程序设计：新形态版/施文英等编著.—北京：清华大学出版社，2024.3（2024.8重印）

高等学校电子信息类专业系列教材.新形态教材

ISBN 978-7-302-65642-5

Ⅰ．①C… Ⅱ．①施… Ⅲ．①C 语言－程序设计－高等学校－教材 Ⅳ．①TP312.8

中国国家版本馆 CIP 数据核字（2024）第 048649 号

责任编辑：曾　珊　李　晔
封面设计：李召霞
责任校对：刘惠林
责任印制：刘海龙

出版发行：清华大学出版社
　　　　　网　　　址：https://www.tup.com.cn，https://www.wqxuetang.com
　　　　　地　　　址：北京清华大学学研大厦 A 座　　　　邮　　编：100084
　　　　　社 总 机：010-83470000　　　　　　　　　　邮　　购：010-62786544
　　　　　投稿与读者服务：010-62776969，c-service@tup.tsinghua.edu.cn
　　　　　质量反馈：010-62772015，zhiliang@tup.tsinghua.edu.cn
　　　　　课件下载：https://www.tup.com.cn，010-83470236
印 装 者：三河市天利华印刷装订有限公司
经　　销：全国新华书店
开　　本：185mm×260mm　　印　　张：18.75　　　　　字　　数：459 千字
版　　次：2024 年 4 月第 1 版　　　　　　　　　　印　　次：2024 年 8 月第 2 次印刷
印　　数：1501～3000
定　　价：69.00 元

产品编号：099675-01

前 言
PREFACE

　　"C语言程序设计"一直被很多高等院校作为第一门程序设计课程,它在计算机教育和计算机应用中发挥着重要的作用。为贯彻落实立德树人的教育理念,践行习近平总书记"把思想政治工作贯穿教育教学全过程"的教育方略,作者在一线教学实践的基础上,针对零基础的读者,遵循由浅入深、循序渐进、学练结合的原则,旨在激发学生的编程兴趣,注重培养学生的程序设计能力,帮助学生形成良好的程序设计风格和习惯,达到掌握C语言的目的。

　　本书共分10章,由作者在多年从事C语言课程教学实践中得出的经验与体会的基础上编写而成。本书具有以下特色。

　　1. 一题多解、不断探索

　　C语言中有一些经典案例,如斐波那契数列、求解最大公约数、求阶乘等,这些问题的求解可以分别用循环、递归函数、数组或指针来完成。通过这些不同求解方法的训练,既培养了学生的计算思维,又培养了学生不断探索的科学精神。

　　2. 举一反三、融会贯通

　　本书从经典案例入手,举一反三、由浅入深,拓展学生的解题思维、培养学生解决问题的综合能力。例如在循环结构部分,从经典案例1+2+…+100入手,推及求解100以内奇数和、偶数和、某数的倍数和、阶乘、斐波那契数列等。又例如,输入一个正整数12345,然后反序输出54321,推及求解输入任意位数的正整数,判断它是几位数,并输出各位数字;判断输入的正整数是否是回文数,如123321等。

　　3. 类比方法、巩固新知

　　C语言中有很多知识点的微小差异可导致完全不一样的结果,这些给初学者带来了很大困惑。例如,有参宏定义的参数是否加括号;if语句表达式中"="与"=="的区别;指针(*p)++与*(p++)等。将这些知识点放在一起类比,不仅能够帮助学生理解知识点,也能使学生明白"差之毫厘、失之千里"的道理。

　　4. 趣味案例、激发兴趣

　　本书引入趣味案例,如韩信点兵、猴子吃桃子、百钱买百鸡、猜数、狐狸抓兔子等,提升C语言学习的趣味性,激发学生学习C语言的兴趣。

　　5. 归纳总结、凝练升华

　　各章开始设置了内容导读,指导学生阅读;在章节结尾给出小结和常见错误信息分析,帮助学生整理学习思路、巩固知识点的理解。

　　本书配套有微视频、教学课件和案例及习题的源代码,读者可以扫描相关的二维码观看与下载。

　　本书由施文英担任主编,谷萧君、王凤萍、杨萍担任副主编。施文英编写第2章、第7

章、第 10 章,并整理附录;谷萧君编写第 8 章和第 9 章的链表部分;王凤萍编写第 4 章、第 5 章和第 9 章(除链表外);杨萍编写第 1 章、第 3 章和第 6 章。

在本书的编写和出版过程中,宁夏大学汤全武老师给予了鼎力帮助和支持,C 语言课程组的冯锋、袁怀民、史伟、牛万红等老师提出了宝贵的建议,清华大学出版社给予了大力支持,在此表示真挚的谢意。此外,本书的编写还参考了大量的文献资料和许多网站资料,也在此表示衷心感谢。

本书是宁夏高校专业类课程思政教材研究基地的研究成果之一,并获得宁夏大学教材出版基金的资助;也是宁夏大学课程思政示范课程及宁夏大学互联网+教育课程建设项目的成果之一。

教材研究基地

由于编者水平有限,书中难免有不妥之处,敬请广大读者批评指正。

编　者

2024 年 1 月

学习建议
LEARNING SUGGESTIONS

本书定位

本书可作为计算机学科、电子信息类相关专业本科生和非计算机理工科专业的教材,也可供相关研究人员、工程技术人员阅读参考。

建议授课学时

如果将本书作为教材使用,建议将课程的教学分为课堂理论教学和机房实践教学两方面。课堂理论教学建议 36～48 学时,机房实践教学为 36～48 学时。教师可以根据不同的教学对象或教学大纲要求安排教学时数和教学内容。

教学内容、重点和难点提示、课时分配见表 1。

表 1　教学内容、重点和难点提示、课时分配

序号	教学内容	教学重点	教学难点	课时分配/学时
第 1 章	C 语言程序设计概述	(1) 算法概述 (2) C 语言的构成 (3) C 语言程序的开发过程	C 语言程序开发的一般过程及方法	2
第 2 章	基本数据类型与表达式	(1) C 语言的基本数据类型 (2) 常量与变量 (3) 运算符与表达式 (4) 数据类型转换	(1) 无符号整型常量的概念与表示 (2) 转义字符的概念及表示的含义 (3) 自增或自减运算的前缀形式与后缀形式的区别 (4) 复合运算符的使用	4
第 3 章	顺序结构程序设计	(1) C 语言的基本语句 (2) C 语言中数据的输入与输出 (3) 顺序结构程序设计	格式化输出函数 printf()和格式化输入函数 scanf()的功能及使用方法	4
第 4 章	选择结构程序设计	(1) if 语句的语法格式及其应用 (2) switch 语句的语法格式及其应用 (3) break 语句在 switch 结构中的应用	(1) 多分支 if-else-if 使用时 else 的配对原则 (2) switch 结构的使用	4
第 5 章	循环结构程序设计	(1) 循环的概念及特点 (2) while、do while 和 for 语句的语法特点和应用 (3) break 语句和 continue 语句的语法格式及应用 (4) 循环嵌套的应用	嵌套的循环结构程序设计	6

续表

序号	教学内容	教学重点	教学难点	课时分配/学时
第6章	函数与编译预处理	(1) 模块和函数的概念 (2) 函数的定义和调用 (3) 形式参数与实际参数 (4) 函数的递归调用 (5) 变量的作用域与存储类型 (6) 预处理命令	(1) 函数的定义与调用 (2) 参数的传递方式 (3) 变量的作用域与存储方式	6
第7章	数组	(1) 数组的基本概念 (2) 一维数组的定义、初始化和数组元素的引用 (3) 二维数组的定义、初始化和数组元素的引用 (4) 字符串的处理 (5) 数组作为函数的参数	(1) 一维数组、二维数组的应用 (2) 数组作为函数参数的传递方式	6
第8章	指针	(1) 指针与指针变量的概念、指针变量的初始化 (2) 指针运算 (3) 指针与函数 (4) 指向一维数组的指针 (5) 利用指针处理一维数组 (6) 指向字符串的指针	(1) 指针与函数 (2) 利用指针处理数组	6
第9章	结构体与链表	(1) 结构体、共用体和枚举数据类型的概念和定义 (2) 结构体变量、结构体数组、结构体指针的定义和初始化 (3) 向函数传递结构体变量、结构体数组、结构体指针 (4) 动态数据结构、动态链表	(1) 指向结构体类型数组指针的使用 (2) 结构体类型变量作函数参数时采用传值方式 (3) 结构体类型数组或者结构体类型指针作函数参数时采用传址方式	6
第10章	文件	(1) 文件的概述与分类 (2) 文本文件与二进制文件中数据的存储方式 (3) 文件的打开、读写、定位和关闭等基本操作 (4) 常用文件操作函数的使用方法	文件的读写方式	4

　　说明：课堂理论教学与实践教学学时比为 1∶1,实现"一讲一练"结合。

网上资源

　　本书的教学资源可从文泉云盘获取,网址为 https://www.wqyunpan.com/。如果课时宽裕,教师可选取一些专家讲座或公开课视频,在课堂上播放,以扩大学生的眼界。

微课视频清单

LIST OF MICRO COURSE VIDEOS

视 频 名 称	时长	位　置
视频 1　算法及其描述	4 分 45 秒	1.3 节节首
视频 2　程序的基本控制结构	2 时	1.4 节节首
视频 3　C 程序的基本结构	4 分 13 秒	1.5.1 节节首
视频 4　C 语言的字符集、标识符与关键字	3 分 49 秒	1.5.2 节节首
视频 5　C 语言程序的开发过程	2 分 04 秒	1.6 节节首
视频 6　整数存储	2 分 20 秒	2.1.2 节节首
视频 7　整型数据分类	1 分 54 秒	2.1.2 节节中
视频 8　实型数据	2 分 44 秒	2.1.3 节节首
视频 9　字符型数据	3 分 18 秒	2.1.4 节节首
视频 10　符号常量	3 分 05 秒	2.2.1 节符号常量处
视频 11　变量	6 分 28 秒	2.2.2 节节首
视频 12　算术运算符	1 分 54 秒	2.3.1 节节首
视频 13　自增与自减运算	4 分 44 秒	2.3.2 节节首
视频 14　赋值运算	5 分 32 秒	2.3.3 节节首
视频 15　关系运算	9 分 31 秒	2.3.4 节节首
视频 16　逻辑运算	10 分 19 秒	2.3.5 节节首
视频 17　逗号运算符	3 分 47 秒	2.3.6 节(2.逗号运算符)处
视频 18　条件运算符	4 分 28 秒	2.3.6 节(4.条件运算符)处
视频 19　强制类型转换	2 分 13 秒	2.4.2 节节首
视频 20　基本语句	5 分 10 秒	3.1 节节首
视频 21　格式输出函数	12 分 15 秒	3.2.2 节节首
视频 22　格式输入函数	7 分 18 秒	3.2.3 节节首
视频 23　单分支 if 语句	5 分 09 秒	4.1.1 节节首
视频 24　双分支 if 语句	3 分 50 秒	4.1.2 节节首
视频 25　多分支 if 语句	4 分 43 秒	4.1.3 节节首
视频 26　if 语句的嵌套	5 分 18 秒	4.1.4 节节首
视频 27　switch 语句	12 分 36 秒	4.2 节节首
视频 28　while 语句	4 分 57 秒	5.2 节节首
视频 29　do while 语句	4 分 51 秒	5.3 节节首
视频 30　for 语句	10 分 28 秒	5.4 节节首
视频 31　循环嵌套	10 分 06 秒	5.5 节节首
视频 32　break 语句和 continue 语句	10 分 38 秒	5.6 节节首
视频 33　模块和函数	4 分 07 秒	6.1 节节首
视频 34　函数的定义和调用	11 分 06 秒	6.2 节节首

视 频 名 称	时长	位　置
视频 35　函数的参数传递	2 分 04 秒	6.2.3 节节首
视频 36　函数的递归调用	10 分 40 秒	6.2.4 节节首
视频 37　变量的作用域	6 分 47 秒	6.3.1 节节首
视频 38　变量的生存期和存储类别	7 分 46 秒	6.3.2 节节首
视频 39　宏定义	9 分 16 秒	6.4.1 节节首
视频 40　一维数组	7 分 10 秒	7.1 节节首
视频 41　一维数组的应用	1 分 50 秒	7.1.4 节节首
视频 42　二维数组	4 分 06 秒	7.2 节节首
视频 43　二维数组的应用	1 分 13 秒	7.2.4 节节首
视频 44　字符数组与字符串	2 分 19 秒	7.3 节节首
视频 45　字符数组的输入输出	3 分 52 秒	7.3.2 节节首
视频 46　数组元素作为函数参数	3 分 45 秒	7.4.1 节节首
视频 47　数组名作为函数参数	4 分 08 秒	7.4.2 节节首
视频 48　指针的概念	7 分 38 秒	8.1.1 节节首
视频 49　指针变量的定义	4 分 04 秒	8.1.2 节节首
视频 50　间接寻址运算符	4 分 40 秒	8.1.3 节节首
视频 51　指针的初始化	4 分 34 秒	8.1.4 节节首
视频 52　指针运算	5 分 29 秒	8.1.5 节节首
视频 53　多级指针	5 分 54 秒	8.1.6 节节首
视频 54　指针作函数参数	14 分 01 秒	8.2.1 节节首
视频 55　指针函数	3 分 24 秒	8.2.2 节节首
视频 56　指向函数的指针	5 分 29 秒	8.2.3 节节首
视频 57　指向一维数组的指针	10 分 47 秒	8.3.1 节节首
视频 58　用数组名、指针名作函数参数	12 分 20 秒	8.3.2 节节首
视频 59　指针与二维数组	14 分 03 秒	8.3.3 节节首
视频 60　字符串的指针表示	7 分 55 秒	8.4.1 节节首
视频 61　字符串数组	2 分 26 秒	8.4.2 节节首
视频 62　指针数组	7 分 09 秒	8.5.1 节节首
视频 63　命令行参数	3 分 58 秒	8.5.2 节节首
视频 64　结构体类型的定义	6 分 13 秒	9.1.1 节节首
视频 65　结构体类型变量	4 分 34 秒	9.1.2 节节首
视频 66　结构体变量的引用	5 分 00 秒	9.2 节节首
视频 67　结构体数组	7 分 51 秒	9.3 节节首
视频 68　结构体指针	10 分 46 秒	9.4 节节首
视频 69　结构体与函数	10 分 03 秒	9.5 节节首
视频 70　共用体类型	9 分 42 秒	9.6 节节首
视频 71　枚举类型	8 分 19 秒	9.7 节节首
视频 72　单链表建立	12 分 03 秒	9.8.3 节(1.建立链表)处
视频 73　单链表插入	3 分 36 秒	9.8.3 节(2.链表的插入操作)处
视频 74　单链表的删除	3 分 36 秒	9.8.3 节(3.链表的删除操作)处
视频 75　单链表的输出	2 分 36 秒	9.8.3 节(4.链表的输出操作)处
视频 76　单链表的销毁	2 分 12 秒	9.8.3 节(5.链表的销毁操作)处

续表

视 频 名 称	时 长	位 　 置
视频 77　文件的概念	1 分 01 秒	10.1.1 节节首
视频 78　文件的组织形式	2 分 01 秒	10.1.2 节（3. 按数据的组织形式分）处
视频 79　缓冲文件系统	2 分 13 秒	10.1.3 节节首
视频 80　文件操作流程	7 分 01 秒	10.2 节节首
视频 81　fgetc() 与 fputc()	5 分 07 秒	10.2.4 节节中 fgetc() 函数与 fputc() 函数处
视频 82　fgets() 与 fputs()	7 分 03 秒	10.2.4 节节中 fgets() 函数与 fputs() 函数处
视频 83　fscanf() 与 fprintf()	9 分 37 秒	10.2.4 节节中 fscanf() 函数与 fprintf() 函数处
视频 84　fread() 与 fwrite()	10 分 03 秒	10.2.4 节节中 fread() 函数与 fwrite() 函数处
视频 85　文件的随机读写	9 分 43 秒	10.2.5 节节首
附录 A　Microsoft Visual Studio 2019 介绍		附录
附录 B　常用字符与 ASCII 码对照表		附录
附录 C　C 语言中使用的关键字及含义		附录
附录 D　C 语言运算符的优先级和结合性		附录
附录 E　C 语言标准库函数		附录

目 录

CONTENTS

第 1 章　C 语言程序设计概述 ………………………………………………………… 1

1.1　程序设计语言的发展及特点 …………………………………………………… 1

1.1.1　程序的概念 ……………………………………………………………… 1

1.1.2　程序设计语言 …………………………………………………………… 1

1.2　C 语言的发展历程 ………………………………………………………………… 2

1.2.1　C 语言的早期发展 ……………………………………………………… 2

1.2.2　ANSI C 标准 ……………………………………………………………… 2

1.2.3　C99 和 C11 标准 ………………………………………………………… 3

1.3　算法及其描述 ……………………………………………………………………… 3

1.3.1　算法的概念 ……………………………………………………………… 3

1.3.2　算法的描述 ……………………………………………………………… 3

1.4　程序的基本控制结构 ……………………………………………………………… 6

1.5　C 程序的语法概述 ………………………………………………………………… 7

1.5.1　C 程序的基本结构 ……………………………………………………… 7

1.5.2　C 语言的字符集、标识符与关键字 …………………………………… 8

1.6　C 语言程序的开发过程 …………………………………………………………… 9

小结 ……………………………………………………………………………………… 10

习题 1 …………………………………………………………………………………… 10

第 2 章　基本数据类型与表达式 ……………………………………………………… 13

2.1　C 语言的基本数据类型 …………………………………………………………… 13

2.1.1　数据类型 ………………………………………………………………… 13

2.1.2　整型类型 ………………………………………………………………… 14

2.1.3　实型类型 ………………………………………………………………… 16

2.1.4　字符类型 ………………………………………………………………… 17

2.2　常量与变量 ………………………………………………………………………… 18

2.2.1　常量 ……………………………………………………………………… 18

2.2.2　变量 ……………………………………………………………………… 21

2.3　运算符与表达式 …………………………………………………………………… 23

2.3.1　算术运算符与算术表达式 ……………………………………………… 24

2.3.2　自增自减运算符与表达式 ……………………………………………… 25

2.3.3　赋值运算符与赋值表达式 ……………………………………………… 26

2.3.4　关系运算符与关系表达式 ……………………………………………… 27

2.3.5　逻辑运算符与逻辑表达式 ……………………………………………… 29

2.3.6　其他常用的运算符 ·· 30

2.3.7　运算符优先级和结合性 ··· 32

2.4　数据类型转换 ·· 32

2.4.1　自动转换 ·· 32

2.4.2　强制转换 ·· 33

小结 ·· 33

本章常见错误分析 ·· 34

习题 2 ·· 35

第 3 章　顺序结构程序设计 ··· 37

3.1　C 语言语句概述 ··· 37

3.1.1　表达式语句 ··· 37

3.1.2　函数调用语句 ·· 38

3.1.3　空语句 ·· 38

3.1.4　复合语句 ·· 39

3.1.5　流程控制语句 ·· 39

3.2　数据的输入与输出 ·· 40

3.2.1　字符数据的输入输出 ·· 40

3.2.2　格式输出函数 printf( ) ·· 42

3.2.3　格式输入函数 scanf( ) ·· 45

3.3　顺序结构程序设计举例 ·· 48

小结 ·· 49

本章常见错误分析 ·· 50

习题 3 ·· 50

第 4 章　选择结构程序设计 ··· 53

4.1　if 语句 ·· 53

4.1.1　单分支 if 语句 ··· 53

4.1.2　双分支 if 语句 ··· 55

4.1.3　多分支 if 语句 ··· 57

4.1.4　if 语句的嵌套 ··· 58

4.2　switch 语句 ··· 62

4.2.1　switch 语句 ··· 62

4.2.2　实现多分支结构的几种语句用法比较 ·· 66

4.3　选择结构程序设计举例 ·· 66

小结 ·· 71

本章常见错误分析 ·· 71

习题 4 ·· 72

第 5 章　循环结构程序设计 ··· 76

5.1　循环结构的引入 ··· 76

5.2　while 语句 ·· 77

5.3　do while 语句 ·· 81

5.4　for 语句 ··· 82

5.5　循环嵌套 ··· 86

5.6　break 语句和 continue 语句 ··· 88
　　5.6.1　break 语句 ·· 89
　　5.6.2　continue 语句 ··· 90
　　5.6.3　break 语句和 continue 语句的比较 ··· 91
5.7　循环结构程序设计举例 ··· 92
小结 ··· 96
本章常见错误分析 ·· 97
习题 5 ··· 98

第 6 章　函数与编译预处理 ·· 102
6.1　模块和函数 ··· 102
6.2　函数的定义和调用 ··· 103
　　6.2.1　函数的定义 ·· 104
　　6.2.2　函数的调用和返回语句 ··· 105
　　6.2.3　函数的参数传递 ··· 108
　　6.2.4　函数的递归调用 ··· 109
6.3　变量作用域和存储类型 ··· 112
　　6.3.1　变量的作用域 ··· 112
　　6.3.2　变量的生存期和存储类别 ·· 114
6.4　预处理命令 ··· 119
　　6.4.1　宏定义 ·· 119
　　6.4.2　文件包含 ··· 123
　　6.4.3　条件编译 ··· 123
6.5　函数综合应用举例 ··· 125
小结 ··· 128
本章常见错误分析 ·· 129
习题 6 ··· 130

第 7 章　数组 ··· 134
7.1　一维数组的定义和引用 ··· 134
　　7.1.1　一维数组的定义 ··· 135
　　7.1.2　一维数组的存储与初始化 ·· 135
　　7.1.3　一维数组元素的引用 ·· 137
　　7.1.4　一维数组的应用举例 ·· 138
7.2　二维数组的定义和引用 ··· 141
　　7.2.1　二维数组的定义 ··· 141
　　7.2.2　二维数组的存储与初始化 ·· 142
　　7.2.3　二维数组元素的引用 ·· 144
　　7.2.4　二维数组的应用举例 ·· 146
7.3　字符数组和字符串 ··· 150
　　7.3.1　字符数组的定义与初始化 ·· 150
　　7.3.2　字符数组的输入输出 ·· 151
　　7.3.3　字符串的概念与存储 ·· 151
　　7.3.4　字符串初始化 ··· 152
　　7.3.5　字符串的输入与输出 ·· 152

7.3.6 字符串处理函数 ……………………………………………… 156

7.3.7 字符数组和字符串的应用举例 …………………………… 159

7.4 数组作为函数参数 ……………………………………………… 162

7.4.1 数组元素作为函数参数 …………………………………… 162

7.4.2 数组名作为函数参数 ……………………………………… 163

小结 ……………………………………………………………………… 166

本章常见错误分析 ……………………………………………………… 166

习题 7 …………………………………………………………………… 167

第 8 章 指针 …………………………………………………………… 172

8.1 指针与指针变量 ………………………………………………… 172

8.1.1 指针的概念 ………………………………………………… 172

8.1.2 指针变量的定义 …………………………………………… 174

8.1.3 间接寻址运算符 …………………………………………… 176

8.1.4 指针变量的初始化 ………………………………………… 177

8.1.5 指针运算 …………………………………………………… 180

8.1.6 多级指针 …………………………………………………… 183

8.2 指针与函数 ……………………………………………………… 184

8.2.1 指针作为函数参数 ………………………………………… 184

8.2.2 指针函数 …………………………………………………… 187

8.2.3 指向函数的指针 …………………………………………… 188

8.3 指针与数组 ……………………………………………………… 192

8.3.1 指向一维数组的指针 ……………………………………… 192

8.3.2 数组名、指针名作为函数参数 …………………………… 196

8.3.3 指针与二维数组 …………………………………………… 199

8.4 指针与字符串 …………………………………………………… 203

8.4.1 字符串的指针表示法 ……………………………………… 203

8.4.2 字符串数组 ………………………………………………… 207

8.5 指针数组与命令行参数 ………………………………………… 207

8.5.1 指针数组 …………………………………………………… 207

8.5.2 命令行参数 ………………………………………………… 209

8.6 指针综合应用举例 ……………………………………………… 211

小结 ……………………………………………………………………… 213

本章常见错误分析 ……………………………………………………… 213

习题 8 …………………………………………………………………… 215

第 9 章 结构体与链表 ……………………………………………… 219

9.1 结构体数据类型 ………………………………………………… 219

9.1.1 建立结构体类型 …………………………………………… 220

9.1.2 定义结构体类型变量 ……………………………………… 222

9.2 结构体变量的引用 ……………………………………………… 224

9.2.1 结构体变量的初始化 ……………………………………… 225

9.2.2 用 typedef 定义数据类型 ………………………………… 226

9.3 结构体数组 ……………………………………………………… 228

9.3.1 定义结构体数组 …………………………………………… 228

9.3.2　结构体数组的初始化 ··· 228
9.3.3　结构体数组的应用 ··· 229
9.4　结构体指针 ··· 230
9.4.1　指向结构体变量的指针 ··· 231
9.4.2　指向结构体数组的指针 ··· 232
9.5　结构体与函数 ·· 234
9.5.1　结构体作为函数参数 ··· 234
9.5.2　结构体数组作函数参数 ··· 238
9.6　共用体类型 ··· 239
9.6.1　共用体类型的定义 ·· 239
9.6.2　共用体变量的定义 ·· 240
9.6.3　共用体变量的引用 ·· 241
9.7　枚举类型 ·· 242
9.7.1　声明枚举类型 ·· 242
9.7.2　定义枚举类型变量 ·· 242
9.7.3　枚举类型应用举例 ·· 243
9.8　链表 ··· 244
9.8.1　链表概述 ··· 244
9.8.2　内存动态管理函数 ·· 246
9.8.3　链表的基本操作 ··· 248
9.8.4　线性链表应用举例 ·· 253
小结 ·· 254
本章常见错误分析 ··· 255
习题 9 ··· 255

第 10 章　文件 ·· 259
10.1　文件概述 ··· 259
10.1.1　文件的概念 ·· 259
10.1.2　文件的分类 ·· 260
10.1.3　缓冲文件系统 ··· 261
10.1.4　文件类型的指针 ·· 262
10.2　文件操作 ··· 262
10.2.1　文件的打开 ·· 263
10.2.2　文件操作状态监测 ··· 265
10.2.3　文件的关闭 ·· 265
10.2.4　文件的顺序读写 ·· 266
10.2.5　文件的随机读写 ·· 274
10.3　文件的综合应用举例 ·· 277
小结 ·· 279
本章常见错误分析 ··· 280
习题 10 ··· 280

附录 ·· 283
附录 A　Microsoft Visual Studio 2019 介绍 ·· 283

附录 B 　常用字符与 ASCII 码对照表 ··· 283

附录 C 　C 语言中使用的关键字及含义 ·· 283

附录 D 　C 语言运算符的优先级和结合性 ······································ 283

附录 E 　C 语言标准库函数 ··· 283

参考文献 ·· 284

## 第 1 章

C 语言程序设计概述

计算机依靠人类事先编写好,并输入计算机中的程序可以完成各种工作。这些程序是人们用程序设计语言编制成的。在技术迭代速度突飞猛进的计算机领域,技术被淘汰的速度也非常快。C 语言自问世以来,一直排在最受欢迎编程语言的前三名。作为学习程序设计的入门语言,它可完成程序设计思维构建和抽象能力的培养。尤其对于非计算机类专业的学生来说,通过学习 C 语言课程,有助于理解计算机的核心原理和解决问题的基本步骤,从而能自觉地将计算机技术和自己专业领域相结合,提供一种更好地解决问题的思路和方法。

本章主要介绍了程序设计的概念、C 语言的发展、算法的概念、C 语言的基本构成以及 C 语言的运行环境。

本章学习重点：

(1) 程序设计的基本概念；

(2) 算法的概念和描述方法；

(3) 简单 C 语言程序的结构；

(4) C 语言程序的编辑与运行。

本章学习目标：

(1) 了解 C 语言的基本组成；

(2) 理解算法和程序的关系；

(3) 熟悉 C 语言运行环境。

1.1 程序设计语言的发展及特点

1.1.1 程序的概念

计算机的工作原理就是"存储程序"和"程序控制"。为了使计算机工作,必须事先编写好操作指令,并输入计算机中,然后计算机就会按照指令操作。所谓**程序**,就是为了实现特定目标或解决具体问题而用计算机语言编写的指令的有序集合。

程序是按照计算机语言的语法规则、语句格式,编制成的一段能够让计算机理解并遵照执行的语句序列。通常把编写程序的过程称为**程序设计**。

1.1.2 程序设计语言

人与人需要通过语言交流,但计算机无法理解人们使用的自然语言,只能接受和执行二进制指令。人和计算机交流,就要借助程序设计语言。计算机程序设计语言的发展,经历了从机器语言、汇编语言到高级语言的历程,如表 1-1 所示。

表 1-1　程序设计语言的发展

类别	特　征	优　点	缺　点
机器语言	• 指令用二进制 0 和 1 表示 • 能被计算机直接识别和执行 • 面向机器的语言	• 程序运行效率最高	• 程序难于阅读、难记忆、难理解,易错 • 不同型号的计算机无法执行,移植性差
汇编语言	• 用助记符代替机器指令 • 面向机器的语言	• 比机器语言容易理解和记忆 • 运行速度比高级语言快 • 程序精练、质量高	• 需要转换成机器语言执行 • 面向机器的语言,移植性差
高级语言	• 用接近人类自然语言的字符表示 • 面向用户的语言	• 编程过程变容易,程序可读性强 • 不同机型通用,便于移植	• 需要转换成机器语言执行 • 运行速度比前两种语言慢

与机器语言和汇编语言相比,高级语言独立于机器,计算机并不能直接识别和运行高级语言编写的源程序。高级语言源程序需要经过“翻译程序”翻译成机器语言形式的目标程序,计算机才能运行。高级语言与自然语言类似,便于用户学习和使用。无论哪种机型的计算机,只要安装相应的高级语言编译或者解释程序,就可以执行高级语言编写的程序。目前主流的高级语言有 Python、Java、C 语言、Visual C++等。

1.2　C 语言的发展历程

C 语言是一门通用的、模块化的编程语言。C 语言功能丰富、表达能力强、使用灵活方便、可移植性强,既具有高级语言的优点,又具有低级语言的特点,广泛应用于系统软件和应用软件的开发。

1.2.1　C 语言的早期发展

1970 年,美国贝尔实验室的 Ken Thompson 以 BCPL 语言为基础,设计出了简单且很接近硬件的 B 语言(取 BCPL 的首字母),并且用 B 语言写了第一个 UNIX 操作系统。

1971 年,D. M. Ritchie 加入了 Thompson 的开发项目,合作开发 UNIX,其主要工作是改造 B 语言,使其更成熟。1972 年,D. M. Ritchie 在 B 语言的基础上设计出了一种新的语言,他取 BCPL 的第二个字母作为这种语言的名字,这就是 C 语言。

C 语言的诞生和 UNIX 操作系统的开发密不可分,原先的 UNIX 操作系统都是用汇编语言写的,1973 年初,C 语言的主体完成。Thompson 和 Ritchie 用它完全重写了 UNIX 操作系统。自此,C 语言成为编写操作系统的主要语言。

1.2.2　ANSI C 标准

20 世纪 70—80 年代,为了避免各开发厂商用的 C 语言语法产生差异,由美国国家标准局(American National Standard Institution)为 C 语言制定了一套完整的国际标准语法,称为 ANSI C,作为 C 语言的标准。在那时以后开发的有关程序开发工具,一般都支持符合

ANSI C 的语法。

1.2.3　C99 和 C11 标准

在 ANSI 的标准确立后，C 语言的规范在一段时间内没有大的变动，然而 C++ 在自己的标准化创建过程中继续发展壮大。1999 年，在基本保留原来的 C 语言特征的基础上，针对应用的需要，增加了一些功能，尤其是 C++ 中的一些功能，并分别在 2001 年和 2004 年进行了两次技术修正，它被称为 C99。在 2011 年 12 月 8 日，ISO(International Organization for Standardization，国际标准化组织)又正式发布了新的标准，称为 ISO/IEC9899：2011，简称为 C11。

很多编程语言都深受 C 语言的影响，如 C++(原先是 C 语言的一个扩展)、C♯、Java、PHP、Javascript、Perl、LPC 和 UNIX 的 C Shell。也正因为由于 C 语言的影响力，所以在掌握 C 语言后，再学习其他编程语言，大多能很快上手，触类旁通。

1.3　算法及其描述

1.3.1　算法的概念

程序设计就是用计算机看得懂的语言向计算机描述解决某个问题的方法和步骤，计算机按照程序的描述，一步一步地执行相应操作。把对某一特定问题的求解步骤的一种描述称为**算法**。当遇到一个需要解决的问题时，不要急于进行程序设计，首先要确定解决该问题的算法，只有先找出了正确的算法，才能进一步把该算法用程序语言描述出来。所以说，算法是程序设计的灵魂。

一个算法应当具备以下的几个特征。

(1) 可行性。算法中的每个步骤都可以在有限时间里完成(也称为有效性)。

(2) 确定性。算法的每一步都要有确切的意义，不能有二义性。例如，"增加 x 的值"，并没有说明应增加多少，计算机就无法执行明确的运算。

(3) 有穷性。算法必须在执行有限步骤后终止。

(4) 输入项。所谓输入是指在执行算法时需要从外界取得必要的信息。算法有 0 个或多个输入，以刻画运算对象的初始情况，所谓"0 个输入"，是指算法已经给出了初始条件。

(5) 输出项。算法的目的是求解，一个算法可能有 1 个或多个输出，以反映输入数据加工后的结果，没有输出的算法是没有意义的。

通常解决问题的算法并不是唯一的，因而为利用计算机解决一个问题而设计的程序也不是唯一的。

1.3.2　算法的描述

程序设计者通常会将算法以清晰、确定的文字或图形描述出来。常用的描述方法有自然语言、伪代码、流程图、N-S 流程图。其中，以自然语言描述的算法通俗易懂，但不直观，容易产生歧义；以伪代码描述的算法相对于前者，较为紧凑；以流程图表示的算法，通过图形进行展示，逻辑清楚，形象直观，更容易理解，所以得到了广泛的应用。

下面主要介绍流程图的使用。

1. 传统流程图

流程图以图形的方式描述算法步骤,是算法描述的主要工具。传统的流程图由表 1-2 所示的几种基本符号构成。

表 1-2　传统流程图符号

符　　号	名　　称	功　能　含　义
▭	端点框	表明算法流程图的起始或结束
▱	输入输出框	数据的输入输出
▭	数据处理框	表示各种处理功能,矩形内可注明处理名称或其简要功能
◇	判断框	表示判断,框内可注明判断的条件,它只有一个入口,但可以有若干个可供选择的出口
○	连接点	表明流程图中对应的连接处
→	流程线	表明算法程序中处理流程的走向

2. N-S 流程图

N-S 流程图是一种在流程图中去掉流程线,将全部算法写在一个矩形框内(在框内还可以包含其他框)的流程图形式。N-S 流程图包括顺序、选择和循环 3 种基本结构。N-S 流程图如图 1-1 所示。

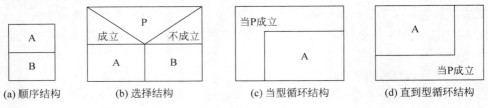

(a) 顺序结构　　　(b) 选择结构　　　(c) 当型循环结构　　　(d) 直到型循环结构

图 1-1　N-S 流程图

【例 1-1】 输入两个数 a 和 b,输出两者中大的数。

用流程图描述的算法如图 1-2 所示。

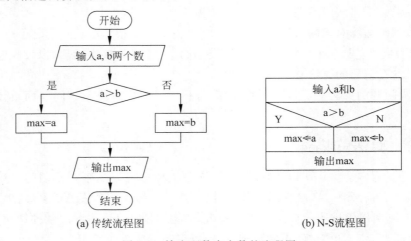

(a) 传统流程图　　　　　　　　　　(b) N-S 流程图

图 1-2　输出两数中大数的流程图

【例1-2】　计算 s＝1＋2＋3＋…＋100。

用流程图描述的算法如图1-3所示。

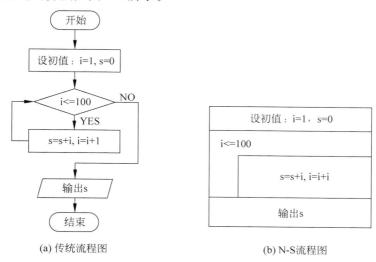

(a) 传统流程图　　　　　　　　　　(b) N-S流程图

图 1-3　计算 100 以内正整数之和的流程图

【例1-3】　韩信点兵问题。韩信有一队兵，他想知道有多少人，便让士兵排队报数。按从1～5报数，最末一个士兵报的数为1；按从1～6报数，最末一个士兵报的数为5；按从1～7报数，最末一个士兵报的数为4；最后再按从1～11报数，最末一个士兵报的数为10，求韩信至少有多少个士兵？

分析：从1开始，取出一个自然数判断它被5、6、7、11整除后的余数是否为1、5、4、10，如果是，则这个数即是所求数，求解结束；否则，用下一个数再试，直到找到该数为止。

用流程图描述的算法如图1-4所示。

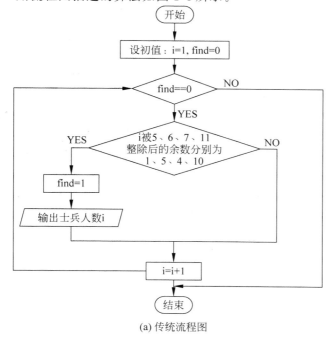
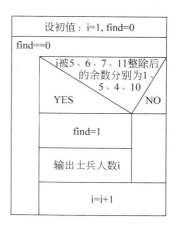

(a) 传统流程图　　　　　　　　　　(b) N-S流程图

图 1-4　韩信点兵的流程图

在后续章节中,读者将会看到在程序设计中怎样使用流程图。

1.4　程序的基本控制结构

　　一个程序就是一个语句序列,这些语句是有执行顺序的。在进行程序设计时,不仅要设计数据,还要设计操作流程,也就是程序的结构。C语言是一种结构化的程序设计语言,结构化的程序包含3种基本控制结构:顺序结构、选择结构和循环结构。

1. 顺序结构

　　顺序结构是最基本的控制结构,其包含的语句是自上而下,逐行执行。也就是说,程序中的语句执行顺序是按照语句书写的顺序进行的,且每条语句都将被执行。算法流程图如图1-5(a)所示,语句按书写顺序执行,即先执行A,再执行B。

2. 选择结构

　　选择结构又称分支结构。对某个给定的条件进行判断,条件为真或假时,分别执行不同的内容。算法流程图如图1-5(b)所示,判断给定的条件P是否成立,如果成立则执行A组操作,如果不成立则执行B组操作。条件P是必须包含的,A组操作和B组操作,只有一组会被执行。

3. 循环结构

　　循环结构又称重复结构,在一定条件下反复执行某些操作。循环结构分两种。一种叫"当型"循环,其算法流程图如图1-5(c)所示,先判断给定的条件P是否成立,如果成立则执行A组操作,执行完毕,再去判断条件P是否成立,如果仍然成立,再执行A组操作,直到条件P不成立,退出循环结构。另一种叫"直到型"循环,其算法流程图如图1-5(d)所示,先执行一次A组操作,执行完毕,判断给定的条件P是否成立,如果不成立,则继续执行A组操作,直到条件P成立,退出循环结构。

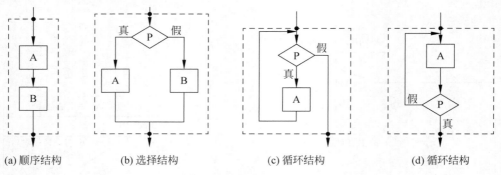

(a) 顺序结构　　　　(b) 选择结构　　　　(c) 循环结构　　　　(d) 循环结构

图1-5　3种基本控制结构流程图

　　3种基本控制结构都具有如下特点:
- 只有一个入口和一个出口;
- 结构内的每一个部分都有机会被执行;
- 结构内没有死循环。

　　已经证明,任何复杂的问题都可以用3种基本控制结构来描述,因此,要设计出好的程序,就必须熟练掌握这3种基本结构。如果一个程序由这些基本结构组成,则称为结构化的程序。

结构化程序设计应遵循如下基本原则：

（1）采用自顶向下、逐步细化的方法进行设计；

（2）采用模块化原则和方法进行设计，即将大型任务从上向下划分为多个功能模块，每个模块又可以划分为若干子模块，然后分别进行模块程序的编写；

（3）每个模块都用结构化程序实现，即都只能由 3 种基本结构组成，并通过计算机语言的结构化语句实现。

1.5　C 程序的语法概述

1.5.1　C 程序的基本结构

C 程序的基本结构包括预处理命令和函数定义两个部分。在学习具体语法之前，先看两个由简单到复杂的 C 语言程序的例子，对 C 程序的基本结构有初步认识。

【例 1-4】 已知两个数，计算两个数的和，并输出结果。

```
# include <stdio.h>            /* 文件包含 */
int main()                      /* 主函数 */
{
    int a,b,sum;                /* 定义 3 个变量为整型 */
    a=3;b=4;                    /* 给 2 个变量赋值 */
    sum=a+b;                    /* 算术运算并赋值 */
    printf("sum is %d.\n",sum); /* 输出结果 */
return 0;
}
```

运行结果为

```
sum is 7
```

说明：例 1-4 中的程序是由一个主函数 main()组成，程序从 main()开始，在 main()函数中结束。

【例 1-5】 求两个数中的较大者。

```
# include <stdio.h>            /* 文件包含 */
int main()                      /* 主函数 */
{
    int max(int x,int y);       /* 被调用函数 max 的声明 */
    int a, b, c;                /* 定义变量 a、b、c */
    scanf("%d,%d",&a,&b);       /* 输入变量 a 和 b 的值 */
    c=max(a,b);                 /* 调用 max 函数,将返回的值赋给 c */
    printf("max=%d\n",c);       /* 调用标准输出函数 printf,输出 c 的值 */
    return 0;
}
int max(int x, int y)
{
    int z;
    if (x>y) z=x;
    else z=y;
    return(z);
}
```

运行结果为

```
3,5↙
max = 5
```

说明：例 1-5 中的程序由主函数 main() 和被调用函数 max() 两个函数构成。max() 函数的作用是将 x 和 y 中较大者的值赋给变量 z,return 语句将 z 的值返回给主调函数 main()。printf() 是 C 语言的标准输出函数,用来按指定格式输出内容。

从以上两个程序,可以看出 C 语言程序的基本构成如下：

(1) 用预处理命令 #include 包含相关头文件。

在 C 程序开头,一般需要包含若干编译预处理命令,用来在 C 语言源程序实际被编译之前,完成某些处理。C 语言中有多个头文件,分类包含了各种标准函数的原型说明,用到某些标准库函数时,需要将对应的头文件用 #include 语句包含。头文件的扩展名通常为.h。例如,以上程序中都调用了 C 语言的标准输出函数 printf(),用"#include < stdio. h >"语句包含其对应的头文件。

(2) C 语言程序由函数构成。

一个完整的 C 语言程序由若干个函数组成,每一个程序都必须有且仅有一个 main() 函数作为程序的主控函数,称为主函数。main() 后面由花括号({}) 括起来的部分是程序的主体,程序执行从 main() 函数开始,在 main() 函数中结束,其他函数通过嵌套调用得以执行。

每个函数包括函数说明部分和函数体两部分,函数体又包含变量说明和语句两部分。函数体由"{"开始,"}"结束,语句必须以分号(;)作结束标志。

(3) 注释。

写在"/ * "与" * /"间的文字是 C 语言程序的注释部分,可以是一行,也可以是多行。程序中还有一种注释符"//"用于单行注释,"//"后面为注释的内容。注释部分不参与程序的编译和执行,只是为了增加程序的可读性。程序越复杂,注释的作用就越大。注释应该用简明易懂的语言对程序特殊部分的功能和意义进行说明。

(4) C 语言程序的书写规则。

① 习惯用小写字母。C 语言程序中是区分大小写的,如 sum、SUM、Sum、suM 等,C 语言将它们视作不同的标识符。

② 程序中添加必要的注释,增加程序的可读性。

③ 可使用空行和空格。

④ 一行可以写几个语句,一个语句也可以分写在多行。

⑤ 常用锯齿形书写格式,低层次的语句可以比高层次的语句缩进若干空格后书写,通常用 Tab 键缩格,以增强程序可理解性。

1.5.2　C 语言的字符集、标识符与关键字

要使用某种计算机语言来编写程序,就必须使用符合该语言规定的字符。一个 C 程序是由若干行字符组成的。这些字符都取自 C 语言的基本字符集。C 语言还规范了函数、类型及变量的命名方式,也就是标识符的命名规则。

1. C 语言字符集

字符是组成语言最基本的元素。C 语言中可以使用的字符包括英文字母、阿拉伯数字以及其他一些符号。

（1）字母：小写字母 a～z 共 26 个，大写字母 A～Z 共 26 个；

（2）数字：0～9 共 10 个；

（3）下画线：_；

（4）标点和特殊字符：

• 算术运算符(＋　－　*　/　％　++　－－)

• 关系运算符(<　>　>=　<=　==　!=)

• 逻辑运算符(&&　||　!)

• 位运算符(&　|　~　∧　>>　<<)

• 条件运算符(?　:)

• 赋值运算符(＝)

• 其他分隔符(()　［］　{}　.　,　;)

2. 标识符

C 语言中用标识符来命名各种程序元素，例如，变量的名称、类型的名称、函数的名称等。C 语言规定标识符由字母、下画线和数字组成，但必须是以字母或下画线开头。标识符可以是一个或多个字符，其有效长度为 1～32 个字符，标识符中大小写字母含义不同。

3. 关键字

关键字在 C 语言中具有特定的语法含义，用户不能给它们赋予新的含义。

由 ANSI C 标准推荐的关键字有 32 个。

（1）与数据类型有关的。

char　double　enum　float　int　long

short　signed　struct　union　unsigned　void

（2）与存储类别有关的。

auto　extern　register　static

（3）与程序控制结构有关的。

break　case　continue　default　do　else

for　goto　if　return　switch　while

（4）其他关键字。

const　sizeof　typedef　volatile

这些关键字因具有特定含义，建议不要随意使用，以免混淆。在本书的后续章节中，将陆续介绍各种关键字的具体用法。

注：附录 C 中详细列出了 C 语言中使用的关键字及含义。

思考：判断以下标识符的合法性。

_22A　sum　M.J.YORK　a*b　for　3weeks

♯xy　Ae43xyw8　$_238　day　char　main

1.6　C 语言程序的开发过程

当对一个要解决的问题进行分析时，在写出算法步骤后，就要上机借助某种开发环境编程。上机输入和编辑程序代码后，生成源程序(*.c 或 *.cpp)；进行语法分析和查错后，编译生成目标程序(＊.obj)；与其他目标程序或库链接装配,生成可执行程序(＊.exe)；最后,运行可执行目标程序,得到结果。一个 C 语言程序设计的上机开发过程如图 1-6 所示。

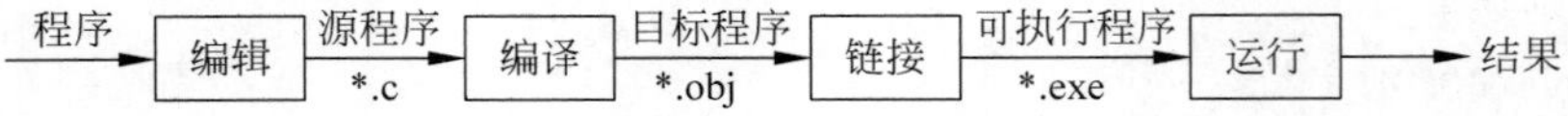

程序 → 编辑 →（源程序 ＊.c）→ 编译 →（目标程序 ＊.obj）→ 链接 →（可执行程序 ＊.exe）→ 运行 → 结果

图 1-6　C 语言程序的上机开发过程

注意：编译只能发现语法错误,不能发现算法错误。

为了编译、链接和运行 C 程序,必须要有相应的 C 语言编译系统,大多数程序开发者都直接使用集成开发工具的 C 语言编译系统,功能集成在一起,操作方便、直观易用。目前常用的集成开发工具有 Visual C++、Dev C++、C++Builder 等,它们各具特色,开发者可以根据自己的操作系统环境和其他性能要求来选择。其中集成了 Visual C++ 的集成开发平台 Visual Studio(简称 VS)以其强大的、人性化的功能,受到了很多开发者的青睐,附录 A 详细介绍了在 Microsoft Visual Studio 2019 编程环境下的编辑、运行一个 C 语言程序的过程。

小结

C 语言是应用最广泛的高级程序设计语言之一。C 语言功能丰富、简单易学,非常适合编程初学者学习。C 语言程序就是用 C 语言的语句序列来解决一个特定问题的逻辑流程。

学习本章后,应掌握以下知识:

(1) 程序的概念、程序设计语言的发展;

(2) 算法的概念以及描述算法的方法;

(3) 结构化程序的 3 种基本结构：顺序结构、选择结构和循环结构;

(4) C 语言程序由一个主函数和 0 个或多个子函数构成,程序的执行从 main()函数开始,且在 main()函数结束。每个函数由说明部分和函数体构成,函数体内可包含若干条语句,语句以分号结束;

(5) 上机运行一个 C 程序必须经过 4 个步骤：编辑、编译、链接和运行。

习题 1

1. 基础篇

(1) C 语言属于(　　)。

　　A. 机器语言　　　　B. 低级语言　　　　C. 中级语言　　　　D. 高级语言

(2) 一个 C 程序的执行是从(　　)。

　　A. 本程序的 main()函数开始,到本程序文件的最后一个函数结束

　　B. 本程序文件的第一个函数开始,到本程序文件的最后一个函数结束

　　C. 本程序文件的第一个函数开始,到本程序 main()函数结束

　　D. 本程序的 main()函数开始,到 main()函数结束

(3) 一个算法应该具有"确定性"等 5 个特性,下面对另外 4 个特性的描述中错误的是(　　)。

　　A. 有穷性　　　　　　　　　　　　　　　B. 有 0 个或多个输入

　　C. 可行性　　　　　　　　　　　　　　　D. 有 0 个或多个输出

（4）以下叙述正确的是（　　　）。

　　A. C 语言本身没有输入输出语句

　　B. C 程序的每行中只能写一条语句

　　C. 在 C 程序中，main() 函数必须位于程序的最前面

　　D. 在对一个 C 程序进行编译的过程中，可发现注释中的拼写错误

（5）C 语言规定，在一个 C 程序中，main() 函数的位置（　　　）。

　　A. 必须在最开始　　　　　　　　　　　B. 必须在系统调用的库函数的后面

　　C. 必须在最后　　　　　　　　　　　　D. 可以任意

（6）用 C 语言编写的代码程序（　　　）。

　　A. 可立即执行　　　　　　　　　　　　B. 是一个源程序

　　C. 经过编译即可执行　　　　　　　　　D. 经过编译解释才能执行

（7）C 语言源程序文件扩展名为（　　　）。

　　A. . EXE　　　　　　B. . C 或 . CPP　　　　C. . OBJ　　　　　　D. . COM

（8）以下叙述不正确的是（　　　）。

　　A. 一个 C 程序可由一个或多个函数组成

　　B. 一个 C 程序必须包含一个 main() 函数

　　C. C 程序中每行只能写一条语句

　　D. 构成 C 程序的基本单位是函数

（9）一个用 C 语言编写的源程序中，（　　　）是必不可少的。

　　A. ♯include < math. h >　　　　　　　B. 注释

　　C. 变量声明　　　　　　　　　　　　　D. 取名为 main() 的函数定义

（10）下列关于 C 程序的运行流程描述正确的是（　　　）。

　　A. 编辑源程序、编译源程序、链接目标程序、执行可执行程序

　　B. 编译源程序、编辑源程序、链接目标程序、执行可执行程序

　　C. 编辑目标程序、编译目标程序、链接目标程序、执行可执行程序

　　D. 编辑目标程序、编译源程序、链接目标程序、执行可执行程序

（11）C 语言开发工具直接输入的程序代码是（　　　）文件，经过编译后生成的是目标程序文件，经过连接后生成的是可执行程序文件。

（12）C 语言源程序通常由（　　　）转换为目标程序。

（13）为解决某个特定问题而采取的确定且有限的步骤称为（　　　）。

（14）C 语言程序是由（　　　）构成的。

（15）一个 C 语言程序有且只能有一个（　　　）函数。

（16）函数体用（　　　）开始，用（　　　）结束。

（17）每个函数包括函数说明部分和（　　　）。

（18）C 语言中的标识符只能由 3 种字符组成，它们是字母、数字和（　　　）。

2. 进阶篇

（1）参照本章例题，在 Visual Studio 2019 开发环境中，编写一个简单的程序，实现在屏

幕上打印输出以下信息:

```
* * * * * * * * * * * * * * * * * * * * * *
            My First C Program.
* * * * * * * * * * * * * * * * * * * * * *
```

（2）参照例 1-1 的流程图,实现两个整数按升序输出的算法设计,并编程验证算法的正确性。

（3）符合以下两个条件之一的年份是闰年:

① 能被 4 整除但不能被 100 整除;

② 能被 400 整除。

用传统流程图或 N-S 流程图描述,并输出 1900—2022 年中所有闰年年份。

第2章 基本数据类型与表达式

CHAPTER 2

计算机程序设计涉及两个基本问题,一个是数据的描述,另一个是动作的描述。因此,计算机程序的主要任务就是对数据进行操作处理:首先,程序处理的对象是数据,其次,程序是通过运算符和表达式对数据进行操作的。

以一个简单程序为例,看一下 C 语言程序中会用到哪些基本元素。

【例 2-1】 输入圆半径 r,求圆面积。

```
# include < stdio. h >
void main( )
{
    float r, s;                    //定义 2 个实型变量,存放半径 r 和面积 s
     r = 5;                        //设半径为 5
     s = 3.14 * r * r;             //计算圆面积
    printf(" % f\n ", s);          //输出面积 s 的值
}
```

可以看出,这个程序中用到的数据有常量(如 5、3.14)、变量(如 r、s)、对数据进行处理的运算符(如 * 、=)和表达式(如 r=5,s=3.14 * r * r),这些常量、变量、运算符、表达式等都是学习、理解与编写 C 语言程序的基础,因此,这些元素是本章学习的主要内容。

本章学习重点:
(1) C 语言的基本数据类型;
(2) 常量与变量的概念;
(3) 运算符与表达式;
(4) 数据类型转换规则。

本章学习目标:
(1) 掌握整型常量、实型常量、字符常量和符号常量的使用;
(2) 了解各种数据类型在内存中的存储形式;
(3) 掌握对于变量必须先定义、后使用的原则;
(4) 理解运算符的优先级和结合性的概念,记住各种运算符的优先级关系和结合性;
(5) 掌握不同类型数据之间的类型转换规则。

2.1 C 语言的基本数据类型

2.1.1 数据类型

为什么在计算机运算时要指定数据类型呢? 在计算机中,数据是存放在存储单元中,存储

单元是由有限的字节构成的,每个存储单元中存放数据的范围是有限的,不可能存放"无穷大"的数,也不能存放循环小数。例如,在 C 语言中计算和输出 20.0/6.0 时,用下面的输出语句:

```
printf("%f",20.0/6);
```

输出的结果为 3.333333,默认为 6 位小数,而不是无穷小数。

因此,针对不同的数据,采用不同的存储方式和不同的处理方式。在计算机中是使用一定长度的存储单元(通常是字节的倍数)来存储数据的。

计算机中能处理的数据是多种多样的,例如,整数、实数、字符等。为了能很好地处理这些数据,C 语言存取数据时必须先确定数据的编码方式、存储格式和所占的存储长度,C 语言把这三者结合起来,组成了几种固定的形式,这些形式就是基本数据类型。

在 C 语言中,数据类型分为基本类型、构造类型、指针类型和空类型 4 类,如图 2-1 所示。

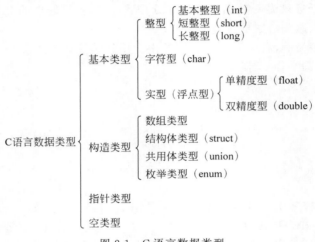

图 2-1　C 语言数据类型

(1) 基本类型。基本数据类型最主要的特点是其值不可以再分解为其他类型。基本数据类型包括整型、实型、字符型。

(2) 构造类型。构造类型是由一个或多个数据类型构造而成的。也就是说,构造类型可以分解为一个或多个基本数据类型或小的构造类型。在 C 语言中,构造类型有以下几种:数组类型、结构体类型、共用体类型和枚举类型,其中枚举类型是用户自定义的整型集合类型。

(3) 指针类型。指针是一种特殊的数据类型,其值用来表示某个变量在内存中的地址。

(4) 空类型。空类型就是无类型,空类型的说明符为 void。

2.1.2　整型类型

1. 整型数据在内存中的存储形式

在计算机中,整型数据都是以二进制形式存储的。二进制形式的最高位为符号位,0 代表存储的是正数;1 代表存储的是负数。**整型数据无论正数或负数都是以二进制补码形式存储**,这样处理的好处有:一是用统一的形式来表示一个 0,没有 +0 和 −0 区别;二是可以方便地将减法运算转换为加法运算来处理。

整型数据均以二进制补码形式表示,补码如何表示呢?

(1) 正数的反码、补码与其原码都是相同的。

（2）对于负数而言,保持原码的符号位不变,数据位按位取反再加 1,获得补码,即原码→数码位取反→反码→反码＋1→补码。

（3）＋0 和－0 的补码是相同的。

例如,整数－1 在计算机中是如何存储的？以两字节存储为例,－1 的补码形式如图 2-2 所示。

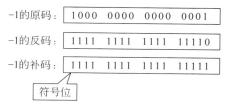

图 2-2 －1 在计算机中的存储形式

2. 整型数据分类

整型数据有以下几种类型：

（1）基本整型数据（int 型）。基本整型的类型说明符为 int,C 编译系统会给 int 型数据分配 2 字节或 4 字节（由具体的 C 编译系统自行决定）,目前大多编译系统为 int 型数据都会分配 4 字节的存储空间,因此本书中 int 型数据都是按 4 字节存储的,即在内存占据 32 个二进制位。

（2）短整型数据（short int 型）。短整型的类型说明符为 short int 或 short,在内存中占 2 字节。

（3）长整型数据（long int 型）。长整型的类型说明符为 long int 或 long,在内存中占 4 字节。

（4）无符号整型（unsigned 型）。无符号整型的类型说明符为 unsigned。

无符号整型与前面 3 种整型数据组合构成以下 3 种整型类型：

- 无符号基本整型,类型说明符为 unsigned int 或 unsigned,在内存中占 4 字节。
- 无符号短整型,类型说明符为 unsigned short,在内存中占 2 字节。
- 无符号长整型,类型说明符为 unsigned long,在内存中占 4 字节。

无符号型数据的存储单元中全部二进制位都用于存放数值本身,而没有符号。由于左边的最高位不再用来表示符号,而用来表示数值,因此无符号整数表示的数值范围比有符号整型数据表示的范围扩大一倍。

对于有符号数也好还是无符号数也好,它们在计算机内存中的表示是不加区分的,都是以其补码形式存储。有符号和无符号整数的区别在于如何解释其最高位（The Most Significant Bit, MSB）。例如,

- 对无符号整数而言,其最高位被 C 编译器解释为数据位。
- 对有符号整数而言,其最高位被解释为符号位（0 为正数,1 为负数）。

例如,

```
unsigned int a = - 1;
printf(" % d",a);                    //有符号输出,则为－1
printf(" % u",a);                    //无符号输出,则为 4294967295
```

表 2-1 列出了 C 语言所支持的整型数据及其数值范围。

表 2-1 C 语言所支持的整型数据类型及数值范围

类型名称	关 键 字	所占位数	取值范围
短整型	short [int]	16	－32768～32767
无符号短整型	unsigned short [int]	16	0～65535
基本整型	int	32	－2147483648～2147483647

续表

类 型 名 称	关 键 字	所占位数	取 值 范 围
无符号基本整型	unsigned [int]	32	0～4294967295
长整型	long [int]	32	−2147483648～2147483647
无符号长整型	unsigned long [int]	32	0～4294967295

注意：表中括号[]括起来的部分可以省略。

从表 2-1 中可以看出，无符号整数与其对应的整数所占字节数是一样的，无符号整数无正负之分，所有的二进制位都处理为数据位，因此，无符号的整数取值都是从 0 开始。

2.1.3 实型类型

1. 实型类型数据在内存中的存储形式

实型数据又称浮点型数据，用来表示有小数点的实数。在 C 语言中，实数以指数形式存放在存储单元中。一个实数通过小数点的浮动可以有多种指数表示形式，其中把小数部分小数点前的数字为 0，小数点后第 1 位数字不为 0 的表示形式称为**规范化指数形式**，C 语言就是按规范化的指数形式存放到存储单元中。系统存储时将实型数据分成小数部分和指数部分两个部分分别存放，小数部分的小数点前面的数字为 0。在存储时，到底用多少位来表示小数部分，多少位表示指数部分，C 标准没有具体规定，而是由 C 语言编译系统自定，其中小数部分占的位数越多，数的有效数字越多，精度越高；指数部分占的位数越多，实数表示的数值范围越大。实型数据在内存中的存储形式如下：

数符	小数部分	指数部分

2. 实型数据分类

C 语言中，实型数据分为 float 型（单精度浮点型）、double 型（双精度浮点型）和 long double 型（长双精度浮点型）。

（1）单精度浮点型。单精度浮点型的类型说明符为 float 型，分配 4 字节的存储空间。

（2）双精度浮点型。双精度浮点型的类型说明符为 double 型，分配 8 字节的存储空间。

（3）长双精度浮点型。长双精度浮点型的类型说明符为 long double 型，分配 8 或 16 字节的存储空间。不同的编译系统处理是不一样的，常用的 Visual C++6.0 对 long double 型和 double 型数据的处理是相同的，都分配 8 字节存储空间，而 DEV C++等对 long double 型数据分配 16 字节的存储空间。

表 2-2 列出了 C 语言支持的实型数据。

表 2-2　C 语言支持的实型数据

类 型 名 称	关 键 字	字节数	取 值 范 围	精度/位
单精度浮点型	float	4	$-1.2×10^{-38}～+3.4×10^{38}$	7 或 8
双精度浮点型	double	8	$-2.3×10^{-308}～+1.7×10^{308}$	16 或 17
长双精度浮点型	long double	8	$-2.3×10^{-308}～+1.7×10^{308}$	16 或 17
		16	$-3.4×10^{-4932}～+1.2×10^{+4932}$	17 或 18

【**例 2-2**】 浮点数的有效位数。

```
#include<stdio.h>
```

```
int main()
{
    float a,c;
    double b;
    a = 10000000 / 3.0;
    b = 100000000000 / 3.0;
    c = 1.23456789;
    printf("a = % f\n", a);
    printf("b = % lf\n", b);
    printf("c = % f\n", c);
    return 0;
}
```

运行结果为

```
a = 3333333.250000
b = 33333333333.333332
c = 1.234568
```

说明：

（1）从结果可以看出，由于 a 是单精度浮点型，有效位数只有 7 位，而整数部分已有 7 位，故小数点后的数字均为无效数字；而 b 是双精度浮点型，显示的有效位数为 16 位，第 17 位数字为不精确数字。

（2）默认情况下，实型数据输出时小数点后保留 6 位数字，其余部分四舍五入。因此，变量 c 的值为 1.234568，第 7 位四舍五入。在格式化输出时可以设定输出格式以及小数位数（参见第 3 章）。

2.1.4 字符类型

字符类型的数据即指字符型数据，它可分为字符和字符串两种表达方式。

1. 字符

C 语言的字符是用单引号括起来的一个符号。如'A'、'y'、' * '、'＋'等都是字符。

注意：'e'和'E'是不同的字符量。

字符型数据的类型说明符为 char，在内存中分配 1 字节的存储空间。字符型数据是指字母、数字、各种符号等用 ASCII 码值表示的字符。字符是以整数形式（字符的 ASCII 码值）存放在内存单元中，取值范围为 0～127。

例如，'a'是一个 char 类型数据，称作字符常量，存储的是字符'a'的 ASCII 码值 97，在内存中的存储形式为 01100001。

2. 字符串

字符串是用一对双引号括起来的字符序列。例如，"China"、"NingXia University"等。

注意：

① 'a'和"a"是不同的。'a'表示一个字符，其在内存中占 1 字节，而"a"表示一个字符串，它在内存中占 2 字节，一字节存储字符本身'a'，另一字节存储字符串的结束符号'\0'。

② 字符'1'和整数 1 是不同的概念，字符'1'代表一个符号，在内存中以 ASCII 形式存储，'1'的 ASCII 码值为 49，占 1 字节，而整数 1 是以整数存储方式（二进制补码方式），占 4 字

节,如图 2-3 所示。整数 1+1 等于整数 2,而字符'1'+'1'并不等于整数 2 或字符'2'。

字符'1'的ASCII码值为49,存储形式： | 0011 0001 |

整数1的存储形式： | 0000 0000 0000 0000 0000 0000 0000 0001 |

图 2-3 字符'1'和整数 1 在计算机中的存储形式

思考：'1'+'1'的结果是多少呢?

3. 转义字符

转义字符是一种特殊的字符,以反斜杠引导的字符称为转义字符,其意思是使反斜杠(\)后面的字符具有不同于字符原有的含义而转变成另外的含义。转义字符必须以'\'作为开头,而且其后面只能有一个字符或代表字符的八进制数或十六进制数的代码。例如,

- '\n'中的 n 不代表字母 n 而是执行换行操作。
- '\012'也代表换行符(八进制表示的,换行符的 ASCII 码值为 10)。
- '\101'代表字符'A'(八进制表示的,ASCII 码值为 65)。
- '\X41'也代表字符'A'(十六进制表示的)。

表 2-3 列出了一些常用的转义字符。

表 2-3 常用的转义字符

字 符 格 式	功 能	ASCII 码值(十进制)
\0	空字符,字符串结束标记	0
\b	退格	8
\t	水平制表符	9
\n	换行	10
\r	回车	13
\'	单引号字符	39
\\	反斜杠字符	92
\ddd	1~3 位八进制数所代表的字符	
\xhh	以 x 开头,后跟 1~2 位十六进制数所代表的字符	

注：附录 B 列出常用字符与 ASCII 码对照表。

2.2 常量与变量

对于基本数据类型量,按其取值是否改变可分为常量和变量两种。在程序执行过程中,其值不发生改变的量称为**常量**,其值可改变的量称为**变量**。常量是可以不经说明而直接引用的,而变量则必须先定义后使用。

2.2.1 常量

常量有不同的类型,可分为直接常量、符号常量和常变量。常量分类归纳如图 2-4 所示。

1. 整型常量

整型常量就是整常数,在 C 语言中使用的整常数有十进制、八进制、十六进制三种形式,在程序中是根据前缀来区分各种进制数的,因此在书写常数时不要把前缀弄错了。

(1) 十进制整常数。十进制整常数没有前缀,其数码为 0~9。

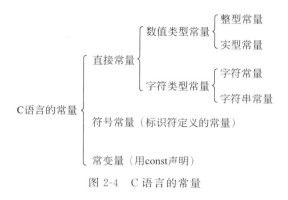

图 2-4 C 语言的常量

（2）八进制整常数。八进制整常数必须以数字 0 作前缀，数码取值为 0～7，通常是无符号数。

（3）十六进制整常数。十六进制整常数用数字 0 与大小写字母 X(x)作前缀（0x 或 0X），其数码取值为 0～9、A～F 或 a～f(代表 10～15)，十六进制数通常是无符号数。

整型常数也可以加后缀，如长整数是用后缀"L"或"l"，无符号整常数用后缀"U"或"u"。

以下是合法的整型常量表示形式：
- 十进制形式，如 56、−175、0。
- 八进制形式，用数字 0 作前缀，如 0217、047、0535。
- 十六进制形式，用数字 0 与大小写字母 X(x)作前缀，如 0x3fff、0XFFFF。
- 长整型形式，数字后跟大小写字母 L(l)，如 135l、253L。
- 无符号形式，数字后跟大小写字母 U(u)，如 256U、30u。

以下是不合法的整型常量表示形式：
- 082(8 非八进制数码)。
- 26EA(十六进制数缺前导字符 0X)。
- −0127(八进制数出现负数)。

2. 实型常量

C 语言中，实型常量只能用十进制小数形式或 E 指数形式表示，不能用八进制和十六进制表示。

合法的实型常量，如 128.536、154.06、1.34E+3、215.86E−3。

不合法的实型常量，如 16.5E+3.6、E4、E−8。

注意：

① 指数只能是整数，而尾数则可以是整数也可以是小数，无论指数或尾数均不能省略。例如，1e、E.5、E−3 是非法的。

② 实型常量的类型默认为 double 型，后面加 F(或 f)，则表示该数是 float 型。例如，3.5f、1e2F。

3. 字符常量

字符常量是用单引号括起来的一个字符或以反斜杠(\)引导的一个字符或一个数字序列。例如，'x'、'+'、'\n'、'\101'都是合法的字符常量。

字符串常量是用一对双引号括起来的字符序列。例如，"Yinchuan"、"Ningxia

University"、"＋＋＋\\？ab"都是合法的字符串常量。

注意：'ab'既不是字符常量，也不是字符串常量。

4. 符号常量

在 C 语言中可以用标识符定义一个常量，称其为**符号常量**。其定义一般形式为：

> ＃ define 标识符 常量数据

例如，

> ＃ define PI 3.14159

经以上定义后，程序中所有的 PI 都代表 3.14159。在对程序进行编译前，预处理系统先把程序中所有 PI 全部替换为 3.14159。这种用一个符号名代表一个常量的，称为符号常量。经编译后符号常量已全部变成字面常量(3.14359)。

说明：

(1) define 是编译预处理命令，必须以"＃"开头，行末没有分号。

(2) 编译时先由系统替换为它所代表的常量，再进行编译。

(3) 要区分符号常量和变量，不要把符号常量误认为变量。符号常量不占内存，只是一个临时符号，在预编译后符号常量就不存在了，不能对符号常量赋值。为与变量区别，符号常量习惯上用大写字母表示，变量用小写字母表示。

【例 2-3】 符号常量的使用。

程序如下：

```
# include "stdio.h"
# define R 2.5
# define PI 3.14159
int main()
{
    float a,b;
    a = 2 * PI * R;
    b = PI * R * R;
    printf("a = % f,b = % f\n",a,b);
    return 0;
}
```

本程序中定义了两个符号常量 PI 和 R，这样设置的好处有两点：

(1) 符号常量只是一个符号，不占内存，而且在编译前完成，节省运行时间。

(2) 如果程序中多处用到符号常量，那么只需改动一处，如将 2.5 改成 3.5，即能做到"一改全改"。

5. 常变量

使用字符常量(宏常量)的最大问题是，符号常量没有数据类型，符号常量进行替换时是不做任何语法检查的，只是进行简单的字符替换，所以极易产生意想不到的错误。那么是否可以声明具有数据类型的常量呢？这就是常变量。

常变量又称只读变量，用 const 声明，其一般形式为：

> const 类型名 常变量名 = 常量

例如，

```
const float pi = 3.14159;
```

表示 pi 定义为 float 型的变量,其值是不能被改变的。

区分常变量与符号常量的不同,例如,

```
#define PI 3.14159              //定义符号常量
const float pi = 3.14159;       //定义常变量
```

说明:

(1) 符号常量用 #define 定义,它是预编译指令,符号常量 PI 代表一个字符串 3.14159,预编译结束符号常量 PI 就不存在了,因此,符号常量 PI 只是一个名字,不为其分配存储空间。常变量如同普通变量一样分配存储空间,只是它的值不允许改变。它实际上是一个变量,但又具有值不变的常量特性。

(2) 常变量的优点是它有数据类型,编译器能对它进行类型检查,便于程序的调试。

2.2.2　变量

所谓变量,就是在程序运行的过程中其值可以改变的数据。变量代表一个有名字的、具有特定类型的一个存储单元,用来存放数据。

变量必须遵循**"先定义,后使用"**的原则。变量定义时应指定该变量的名字和类型。

说明:

(1) 变量用标识符表示,称为变量名。它必须遵循标识符的命名规则。

(2) 变量类型——用数据类型的说明符表示,如 short、int、float、double、char 等。

要正确区分变量名、变量值、存储单元的概念。例如,有定义"short int a=520;",图 2-5 反映了变量名、变量值、存储单元三者之间的关系。

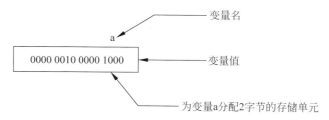

图 2-5　变量名、变量值、存储单元之间的关系

C 语言编译系统在编译时给每一个变量名分配对应的内存地址和存储单元,从变量中读取值,实际上是通过变量名找到对应的内存地址,然后从该存储单元中读取数据。

1. 变量的定义

变量定义的一般形式为

> 数据类型说明符 变量名 1,变量名 2,…;

例如,

```
int i, j;                //定义 2 个基本整型变量 i,j
float k,m,n;             //定义 3 个单精度变量 k,m,n
char ch1,ch2;            //定义 2 个字符型变量 ch1,ch2
```

一个变量被定义成某一数据类型,系统编译时将为其分配相应长度的存储单元,变量的类型决定了变量占用内存空间的大小、数据的存储形式以及可参与的运算种类。

变量可以在程序的 3 个地方定义:函数内部、所有函数的外部和函数的参数定义中,由此定义的变量分别称为局部变量、全局变量和形式参数。

变量定义后可以对它进行赋值,例如,

```
int i;
i = 12;
```

变量的使用必须遵循"先定义,后使用"的原则。

定义变量时应注意:

① 必须使用合法的标识符作变量名,变量名 a+b、4x、x*y 等都是不合法的。

② 不能使用关键字为变量命名,C 语言的关键字见附录 C。

③ 大写字母和小写字母被认为是两个不同的标识符。因此,count、COUNT、Count 等是不同的变量名。习惯上变量名定义时最好见名知意,而且常用小写字母表示。

④ 在同一程序中变量名不允许被重复定义。例如,

```
int a,b,c;
float a,b,x;
```

⑤ C 语言程序中不能使用未被定义的变量。例如,

```
void mian()
{
    a = 1;
    b = 2;
    printf("%d\n",a + b);
}
```

程序编译时会出现如下错误:

```
error C2065: 'a': undeclared identifier
error C2065: 'b': undeclared identifier
```

C 语言要求对程序中用到的所有变量都必须先定义其类型,上面程序中没有对 a、b 进行定义。

2. 变量初始化

在 C 语言中,变量可以在定义的同时用"="赋初值,称为变量初始化。例如,

```
int i = 10;
float x = 3.5E - 5;
char ch1 = 'A';
```

赋初值时应注意以下几点:

① 未被初始化的变量的值会是什么? 其值为随机数。

② 变量使用"="赋初值,但必须保证"="右边的常量(或表达式的值)与"="左边的变量类型一致。例如,

```
int   x = 1.2E3,a = 12.7;                    //非法赋值,不能通过将实型数给整型变量以进行初始化
```

③ 定义变量时,变量不能连续赋初值。例如,

```
int   a = b = c = 1;
```

但可以写成以下形式：

```
int a,b,c;
a = b = c = 1;
```

【例 2-4】　变量定义及赋值。

程序如下：

```
#include < stdio.h >
int main()
{
    int m = - 2,n;
    float x = 3.5E - 5;
    float y = 3.5E - 7;
    printf("m = % d\n",m);              //m 的值以有符号形式输出
    printf("m = % u\n",m);              //m 的值以无符号形式输出
    printf("x = % f   y = % f \n",x,y);  //输出实型数 x、y 的值
    printf("n = % d\n",n);              //输出 n 的值
    return 0;
}
```

运行结果为

```
m = - 2
m = 4294967294
x = 0.000035   y = 0.000000
n = - 858993460
```

思考：为什么整型数 m 以无符号输出时结果为 4294967294，y 的值为 0，n 的值为随机数？

2.3　运算符与表达式

C 语言程序就是通过运算符和表达式对数据进行操作处理的。C 语言提供了多种运算符，正是丰富的运算符和表达式使 C 语言具有十分强大的功能。本章介绍几种常用的运算符及其构成的表达式。

运算符的作用向编译系统说明一个特定的数学或逻辑运算符号，并对运算对象完成规定的操作运算。

运算符有如下类型：

(1) 按运算对象的个数可分为单目运算符、双目运算符和三目运算符。

(2) 按运算的功能可分为算术运算符、赋值运算符、关系运算符、逻辑运算符、条件运算符、逗号运算符、位运算以及其他运算符。

运算符的优先级是指各种运算符号的运算优先顺序，运算符的结合性是指运算符号和运算对象的结合方向，可分为从左向右（简称**左结合**）和从右向左（简称**右结合**）两种情形。在表达式中，各运算量参与运算时不仅要遵守运算符优先级的规定，还要受结合性的制约，以便确定是自左到右还是自右到左进行运算。在具体的学习过程中应要注意以下几方面：

(1) 运算符的功能；

（2）参与运算的操作对象的个数及类型；

（3）运算符的优先级和结合性；

（4）运算时数据类型的转换规则。

2.3.1　算术运算符与算术表达式

1. 算术运算符

C语言基本的算术运算符共有 5 种：

十（加）、一（减）、*（乘）、/（除）、%（求余）

注意：

① 求余运算%要求运算符左右操作数必须为整型数据，结果也为整型，如9%4的值为1。

② 两个整数相除（/），结果为整数，舍去小数部分。如 7/5＝1，5/7＝0。

③ 参加运算的两个数中有一个数为实数，则结果为 double 型，因为所有的实数都按 double 型进行运算。

④ 字符型数据可以和数值型数据进行混合运算。因为字符型数据在计算机内部是用一字节的整型数（即字符的 ASCII 码值）表示的。例如，'A'＋3 的运算结果为字符'D'。

2. 算术表达式

用算术运算符和括号将运算对象（也称操作数）连接起来的符合 C 语言规则的表达式，称为算术表达式。运算对象可以是常量、变量或函数等。

例如，a * b/c－1.5＋'a'＋abs（－5）。

书写算术表达式时应注意：

① 键盘上没有乘号，乘号运算符用"*"表示。

② 键盘上没有除号，除号运算符用"/"表示。

③ 三角函数不要忘了加括号。如三角函数公式：sinAcosB，应书写成：sin(A) * cos(B)。

思考：下列数学公式，如何书写成符合 C 语言规则的表达式：

$$\frac{-b+\sqrt{b^2-4ac}}{2a}$$

3. 算术运算符优先级与结合性

（1）算术运算符优先级。遵循的原则是"先乘除，后加减"。" * 、/、%"为同一级别，"＋、－"为同一级别。" * 、/、%"优先级高于"＋、－"。

在一个表达式中，运算符优先级高的先于优先级别低的进行运算。

（2）结合性。如果运算对象两侧的运算符优先级别相同，则按运算符的结合性所规定的结合方向处理。算术运算符的结合性是自左向右，即先左后右。例如，

int x＝3,y＝4,z＝5;

那么表达式：x%y/z 的值为多少呢？运算顺序如何？

分析：运算符%与/优先级相同，所以计算时考虑结合性，即左结合从左向右运算，因此表达式先计算 x%y 的值，即 3%4 求余，结果为 3，再将 3/5，两个整型数相除结果为 0。

4. 类型转换

如果一个运算符两侧的数据类型不同，则先自动进行类型转换，使两者具有同一种类

型,然后再进行运算。关于类型转换将在 2.4 节中做详细介绍。

【例 2-5】 算术运算符运算示例。

程序如下:

```
# include "stdio.h"
# include "math.h"
int main()
{
    float a = 2.0,d;
    int b = 6,c = 3;
    d = a * b/c - 1.5 + 'a' + abs( - 5);
    printf(" d = % f\n",d);
    printf(" % f\n",'a' - '1' + 3/5.0);    //字符 a 的 ASCII 码值为 97,字符 1 的 ASCII 码值为 49
    printf(" % d\n",'a' - '1' + 3/5);
    printf(" % c\n",'a' - '1' + 3/5);
    return 0;
}
```

运行结果为

```
d = 104.50000
48.600000
48
0
```

思考:观察程序运行结果,理解运算符的运算规则。为什么最后的输出项为 0?

2.3.2　自增自减运算符与表达式

1. 自增、自减运算符

C 语言的自增运算符为++,自减运算符为--,**它们操作的对象只能是变量**,作用是使变量的值增 1 或减 1。自增、自减有两种形式,分别为前缀形式和后缀形式。

++i 和--i 前缀形式的作用是在使用变量 i 之前,i 值先加 1 或减 1;

i++ 和 i-- 后缀形式的作用是先使用变量 i 的当前值后,i 值再加 1 或减 1。

注意:

① 自增(或自减)无论是前缀形式还是后缀形式,只有一个操作数,必须是变量。例如,6++、(x+y)++ 都是不合法的,因为数字 6 为常量,(x+y) 是表达式。

② 无论前后缀形式,对变量而言结果是一样的,都是增 1 或减 1,但增 1 或减 1 表达式的值却是不同的。

设 i=10,分析以下 j 的值:

(1) j=++i;

分析:i 的值先变成 11,再赋给 j,结果 j 的值为 11,i 的值为 11。

(2) j=i--;

分析:先把 i 的值赋给 j 后,i 的值再减 1 变成 9,结果 j 的值为 10,i 的值为 9。

由此可见,无论变量自增、自减的前缀形式还是后缀形式,只是表达式的值++i、i-- 不同,变量 i 的值始终是加 1 或减 1。

2. 自增与自减运算符的优先级与结合性

自增与自减运算符的优先级要高于算术运算符,而与取负(-)运算符同级。

自增与自减运算符的结合性是自右到左方向,即右结合。

例如,对于"i＝5;j＝－i＋＋;"如何运算?"j＝－i＋＋;"等同于"j＝－(i＋＋)"。

分析:同一优先级应考虑运算符的结合性,i＋＋按从右至左方向结合,因此,表达式－i＋＋相当于－(i＋＋)。

j＝－i＋＋的计算顺序为:先计算表达式"i＋＋",值为5,再做取负值运算,值为－5,最后将－5赋给变量j,因此j的值为－5。

思考:表达式i＋＋＋j是如何运算的呢?是理解为(i＋＋)＋j呢?还是i＋(＋＋j)呢?实际上,i＋＋＋j等价于(i＋＋)＋j。

注意:表达式中若包含自增或自减运算符,在给表达式的运算带来灵活性的同时,也容易给初学者造成一些混淆的问题。因此,使用"＋＋"或"－－"自增与自减运算符要小心谨慎,特别是同一变量多次自增的运算处理。例如,

```
int i = 1,k;
k = (i++) + (i++) + (i++);
```

在 Visual C++ 6.0 环境下的运行结果为:

```
i = 4, k = 3
```

而在其他 C 环境下的运行结果为:

```
i = 4, k = 6
```

由此可见,因不同编译系统的处理方式,结果不同的代码段最好少用,否则容易产生歧义。

2.3.3　赋值运算符与赋值表达式

1. 赋值运算符

C 语言的赋值运算符为"＝",它的作用是将赋值号"＝"右边表达式的值赋给左边变量。例如,

```
x = -16                          //将－16赋给变量 x
y = b*b-4*a*c                     //将表达式 b*b-4*a*c 的值赋给变量 y
```

注意:"＝"表示的是赋值操作,而不是相等关系。要与后面讲到的关系运算符判断是否相等"＝＝"区别开来。

2. 赋值表达式

由赋值运算符将一个变量和一个表达式连接起来的式子称作"赋值表达式"。它的一般形式为

> 变量名 = 表达式

功能:将赋值号"＝"右边表达式的值赋给左边的变量。例如,

```
x = y;
c = a + b;
```

如果赋值表达式中的表达式又是一个赋值表达式,称为**多重赋值**。它的一般形式为

> 变量 1 = 变量 2 = 表达式;

或

変量 1 = (变量 2 = 表达式);

这种形式的赋值表达式是从右向左赋值的。

例如，

```
a = (b = 4) + (c = 6)        //先将 4 赋给 b,将 6 赋给 c,最后再将 10 赋给 a
x = y = z = 1                //先将 1 赋给 z,然后依次赋给 y、x
a = (b = 3 * 4)              //先将 12 赋给 b,再将 12 赋给 a
```

注意：赋值号"＝"左边必须是变量，不能为常量或表达式。例如，(a＝b)＝3＊4 是错误的。为什么？

3. 赋值运算符的优先级

赋值运算符优先级比较低，但高于逗号运算符。例如，x＝y/5 等同于 x＝(y/5)，先求出 y/5 的值，再赋给 x。

4. 赋值运算符的结合性

赋值运算符按照自右至左即"右结合"的顺序结合。例如，x＝y＝2＊3 的运算顺序为 x＝(y＝2＊3)。

5. 复合赋值运算符

在赋值符"＝"之前加上其他运算符，可以构成复合赋值运算符。如果在"＝"前加一个"＋"，运算符就成了复合运算符"＋＝"。

与算术运算符结合的复合赋值运算符有 5 种，它们是＋＝、－＝、＊＝、/＝、％＝。

例如，

```
sum += i               //等价于 sum = sum + i
x * = a + b            //等价于 x = x * (a + b)
a/ = b + c            //等价于 a = a/(b + c)
```

注意：算术运算符与赋值号"＝"之间不能有空格。

思考题：

已知整型变量 a 的值为 3，分别执行以下两个语句后，变量 a 的值分别为多少？

(1) a＋＝a－＝a＊a;

(2) a＋＝a－＝a＊＝a;

下面介绍两个语句的求解过程。

(1) 第 1 个语句：先进行 a－＝a＊a 的运算，相当于 a＝a－a＊a＝3－3＊3＝－6，此时 a 的值为－6，然后再计算 a＋＝－6，相当于 a＝a＋(－6)＝(－6)＋(－6)＝－12，因此，第 1 个语句变量 a 的值为－12。

(2) 第 2 个语句：先进行 a＊＝a 的运算，相当于 a＝a＊a＝3＊3＝9，此时 a 的值为 9，然后再计算 a－＝9，相当于 a＝a－9＝9－9＝0，此时 a 的值被修改为 0，最后进行 a＋＝0 的计算，最后，第 2 个语句变量 a 的值为 0。

复合赋值运算符的优点是使程序简洁易读，初学者刚接触时会觉得比较难，但是熟悉以后，使用起来会得心应手。

2.3.4　关系运算符与关系表达式

在日常生活中经常碰到两个数据量进行比较大小或是否相等，在 C 语言中"比较运算"

就是用"关系运算符"表示。

1. 关系运算符

C语言有 6 种关系运算符：

<（小于）、<=（小于或等于）、>（大于）、>=（大于或等于）、==（等于）、!=（不等于）

6 个关系运算符都是双目运算符，关系运算符操作数可以是数值类型数据和字符型数据。关系运算的结果是逻辑值。**C语言用数值 1 或非 0 表示逻辑真，用数值 0 表示逻辑假。**例如，

```
'a'>'b'                          //值为 0
65 <'C'                          //值为 1
1 != 3                           //值为 1
```

注意：

① 关系运算符>=、<=、==、!=之间不能有空格。

② 实型数可进行大于或小于比较，但通常不进行==或!=的关系运算。因为浮点数是用近似值表示的，因此实型数比较相等时，会出现误差。比较两个浮点数时，一般采用两者之差小于某个值来判定是否相等，例如，fabs(x1−x2)<1e−6。

③ 要特别注意关系运算符==与赋值运算=的区别，初学者经常容易混淆。

思考：如有"int a=10,b=20;"，则下面两条输出语句的结果分别为多少？

```
printf("%d\n",a==b);             //结果为 0
printf("%d\n",a=b);              //结果为 20
```

2. 关系表达式

关系表达式是用关系运算符将两个表达式连接起来并进行关系运算的式子。被连接的表达式可以是算术表达式、关系表达式和逻辑表达式等。例如，

```
a*b>x+y                          //比较两个算术表达式的值
sqrt(b*b-4*a*c)>=0               //比较函数的值是否大于或等于 0
'x'<'y'                          //比较两个字符的 ASCII 码值
```

3. 优先级和结合性

关系运算符的优先级：

（1）<、<=、>和>=为同一级，==和!=为同一级，前者的优先级高于后者。

（2）关系运算符优先级低于算术运算符。

例如，

```
a==b>=c                          //等价于 a==(b>=c)，而与(a==b)>=c 不等价
x>y!=z                           //等价于(x>y)!=z
a!=c+a<b>c                       //等价于 a!=(((c+a)<b)>c)
```

C语言规定关系表达式采取左结合形式。当表达式中出现优先级别为同一级别的运算符时，则按从左到右结合方向处理。例如，

```
int x=1, y=2, z=3;
x>y<z                            //先计算 x>y,结果是 0,再计算 0<z,关系表达式的值为 1
```

关系表达式只能描述单一条件，例如"x>=0""a==b"等。如果要表示 a 大于或等于 b，同时小于或等于 c，如何描述这些复合条件呢？这就要用到逻辑运算符。

2.3.5 逻辑运算符与逻辑表达式

1. 逻辑运算符

C语言提供了3种逻辑运算符,分别是&&(逻辑与)、||(逻辑或)和!(逻辑非)。

逻辑运算的结果也是逻辑值,也是用数值1或非0表示逻辑真,用0表示逻辑假。

(1) **逻辑非(!)**。逻辑非(!)是单目运算符,若操作数值为0,逻辑非运算的结果为1(逻辑真);当操作数值为非0时,逻辑非运算的结果为0。

逻辑非(!)的优先级高于算术运算符,与自增自减运算符同级。

例如,

```
int x = 0, y = 1;
!x                            //结果为1
!((x + y)<2))                 //结果为0,因为(x + y)<2 的值为1
```

(2) **逻辑与(&&)**。逻辑与(&&)是双目运算,当参与逻辑与运算的两个操作数值均为非0(逻辑真)时,结果才为真;否则为0(逻辑假)。

例如,

```
int x = 0, y = 1;
x&&y                          //结果为0
(x<y)&&(x + y>0)              //结果为1,因为x<y的值为1,x + y>0的值也为1
```

(3) **逻辑或(||)**。逻辑或(||)也是双目运算,参与或运算的两个操作数中,只要有一个操作数值为非0(逻辑真),结果就为1(逻辑真);否则为0(逻辑假)。

例如,

```
int x = 0, y = 1;
x||y                          //结果为1
(x>y)||(x<0)                  //结果为0,因为x>y的值为0,x<0的值也为0
```

逻辑运算符的运算规则如表2-4所示。

表2-4 逻辑运算符的运算规则

运 算 对 象		逻辑运算结果		
a	b	a && b	a || b	!a
非0	非0	1	1	0
非0	0	0	1	0
0	非0	0	1	1
0	0	0	0	1

从表2-4中可以看到,**逻辑与(&&)是见0得0,逻辑或(||)是见1得1**。

2. 逻辑表达式

逻辑表达式是用逻辑运算符将两个表达式连接起来并进行逻辑运算的式子。被连接的表达式可以是算术表达式、关系表达式和逻辑表达式。

逻辑表达式的运算结果只能是0或者1。C语言在进行逻辑运算时,把所有参与逻辑运算的非0数据当作1(逻辑真)处理,把所有参与逻辑运算的0当作逻辑假处理。

例如,

```
6 > 4&&1||6 < 4 - !0          //结果为1
```

等价于$((6>4)\&\&1)||(6<(4-!0))$。

3. 逻辑运算符的优先级和结合性

(1) 逻辑运算符的优先级。逻辑运算符的优先级有两种情形:

① 逻辑运算符之间(由高到低): ! →&&→ ||。

② 和其他运算符之间(由高到低): ! →算术运算符→关系运算符→&&、||。

(2) 逻辑表达式的结合性。当进行逻辑运算时,如果优先级相同,则考虑运算符的结合性。有两种情形:

① ! 是单目运算符采用右结合形式,其优先级高于算术运算符。

② && 和||是双目运算符采用左结合形式,其优先级高于赋值运算符,低于关系运算符。

例如,

设"a=15,b=0,c=-2",则

```
a&&b&&c                  //结果为0
a||b||c                  //结果为1
b<c&&2||8<a-!b           //等价于((b<c)&&2)||(8<(a-(!b))),结果为1
```

4. 逻辑运算的短路特征

在逻辑表达式求值的过程中,并不是所有逻辑运算都被执行,逻辑运算是按照从左至右的顺序进行,一旦能够确定逻辑表达式的值,就立即结束运算,这就是逻辑运算的"**短路特征**"。

(1) 逻辑与(&&)中的短路。例如,a&&b&&c,如果a的值为0,则不必判断后面b和c的值,逻辑运算结束。只有在a为非0时,才判断b的值;只有在a、b都为非0时,才判断c的值。

(2) 逻辑或(||)中的短路。例如,a||b||c,如果a的值为非0,则不必判断后面b和c的值,逻辑运算结束。只有在a为0时,才判断b的值;只有在a、b都为0时,才判断c的值。

例如,设"a=1,b=0,c=-2",则下面表达式的值以及各变量的值分别是多少?

```
(a-1)&&b++&&c--
```

结果为0,因为 && 左边a-1为0,则停止后面运算,因此a为1、b为0、c为-2。

又例如,设"a=1,b=0,c=-2",则下面表达式的值以及各变量的值分别是多少?

```
(a++)||++b&&--c
```

结果为1,因为||左边a++为非0值,则停止后面运算,因此a为2,b为0,c为-2。

2.3.6　其他常用的运算符

1. 取负运算符

C语言的取负运算符为-(负号)。它是一元运算符,对变量或表达式取负运算。例如,

```
-x, -(a+b)
```

取负运算的优先级别比较高,与自增(++)、自减(--)同一优先级。

2. 逗号运算符

用逗号运算符将两个或两个以上表达式连接起来的表达式,称为逗号表达式。

逗号表达式的一般形式为

表达式1,表达式2,…,表达式n

逗号表达式的求解过程是：先求解表达式 1,再求解表达式 2,…,最后求解表达式 n。
整个逗号表达式的结果是表达式 n 的值。例如,

（1）x = 1,x++,x * 3   //表达式值为6,x = 2
（2）y = 1,y-- ,y * 5   //表达式值为0,y = 0

由于逗号运算符的优先级别低于赋值运算符,因此 x 赋值号右边的表达式是否用括号
括起来,结果是不一样的。例如,

x = (y = 1,++y,y++);

首先将 1 赋给 y,然后执行＋＋y 的运算,最后执行 y++运算,将结果 2 赋给 x,y 的值为 3。

思考：假如 x=y=1,++y,y++,那么 x,y 的值分别为多少？

3. 求字节运算符（sizeof）

sizeof 是一个单目运算符,它返回变量或括号中的类型修饰符的字节长度。

它的一般形式为

> sizeof(变量名)
> sizeof(类型名)

例如,有以下程序段：

```
int x;
float f;
```

那么

```
printf("% d   % d \n",sizeof(x),sizeof(f));        //结果为4,4
printf("% d   % d \n",sizeof(short),sizeof(char));  //结果为2,1
```

4. 条件运算符（?:）

（1）条件表达式。用条件运算符将 3 个表达式连接起来的式子,称为条件表达式,其一
般形式为

> 表达式1？表达式2：表达式3

条件运算符的功能：假如表达式 1 的值为真,那么条件表达式的结果为表达式 2 的值,
否则为表达式 3 的值。

例如,

x > y? x : y   //如果 x 大于 y,则表达式的值为 x,否则为 y
a + b > c ?10 : 20   //如果 a + b 的结果大于 c,则表达式的值为 10,否则为 20

（2）条件运算符优先级高于赋值运算符和逗号运算符,低于其他运算符。

例如,

① a % 2 == 0? printf("Yes!") : printf("No! ")   //判断是否是偶数
等价于：

((a % 2) == 0) ? printf("Yes! ") : printf("No! ")

② ch = (ch >= 'A'&&ch <= 'Z')?(ch + 32):ch   //将大写字母转换为小写字母
等价于：

ch = ((ch > = 'A'&&ch < = 'Z')?(ch + 32):ch)

（3）条件运算符具有右结合性。当一个表达式中出现多个条件运算符时,应该将位于最右边的问号与离它最近的冒号配对,并按这一原则正确区分各条件运算符的运算对象。

例如,"w < x ? x＋y : x < y ? x : y"与"w < x ? x＋y : (x < y ? x : y)"是等价的,而与"(w < x ? x＋y : x < y) ? x : y"是不等价的。

例如,求 a、b、c 三个数中最大数的条件表达式为:

max = (a > b?(a > c?a:c):(b > c?b:c))

2.3.7　运算符优先级和结合性

2.3.1～2.3.6 节介绍了 C 语言中一些常用的运算符,图 2-6 从高到低列出了它们的优先级。

说明:

（1）单目运算符的优先级高于双目或三目运算符,逗号运算符最低,其次是赋值运算符。

（2）只有单目运算符、赋值运算符和条件运算符具有右结合性,其他运算符都具有左结合性。

（3）C 语言表达式可以使用圆括号改变运算的优先顺序。

注:附录 D 中完整列出了运算符的优先级与结合性。

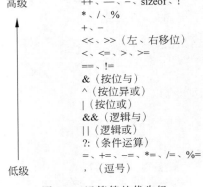

图 2-6　运算符的优先级

2.4　数据类型转换

在 C 语言中,各种数据类型之间可以进行混合运算。不同类型的数据混合运算时要先转换成同一类型,再进行运算。C 语言数据类型转换可以归纳成两种转换方式:自动转换和强制转换。

2.4.1　自动转换

整型、单精度型、双精度型和字符型数据进行混合运算时遵循自动转换的原则。自动转换由编译系统自动完成,转换的原则如图 2-7 所示。

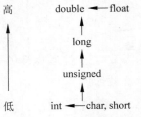

图 2-7　数据类型之间
自动转换原则

说明:

（1）char 与 short 型数据自动转换成 int 型;

（2）float 型一律转换为 double 型,提高运算精度;

（3）整型(包括 int、short、long)数据与 float 型或 double 型数据进行运算,先将整型转换为 double 型,再进行运算。

（4）赋值运算也是自动转换,自动将右侧表达式的值转换为左侧变量的类型。

注意:将实型数据赋给整型变量时将小数部分都舍弃了,会失去应有的精度。例如 s 为 int,s＝75.34,则 s 的值为 75。

一般来说,自动转换的原则是将精度低、表示范围小的运算对象类型向精度高、表示范围大的运算对象类型转换。

2.4.2 强制转换

在 C 语言中,当自动类型转换不能实现目的时,可以利用强制类型转换运算符将一个变量或表达式转换成所需类型。

强制类型转换的一般形式为

(类型名)(表达式)

例如,

```
(int)(a + b)            //强制将 a + b 的值转换成整型
(double)x               //将 x 转换成 double 型
(float)(10 % 3)         //将 10 % 3 的值转换成 float 型
```

注意：

① (int)(a+b)和(int)a+b 强制类型的对象是不同。(int)(a+b)是对(a+b)进行强制类型转换,而(int)a+b 则只对 a 进行强制类型转换。

② 对变量强制类型转换时,得到一个所需类型的中间量,而原来变量的类型不变。

【例 2-6】 强制类型转换方法。

程序如下:

```
# include < stdio. h >
int main()
{
    float   x = 14.56,y = 2.64;
    int i,j;
    i = (int)x + y;
    j = (int)(x + y);
    printf(" x = % f,y = % f\n",x,y);
    printf(" i = % d,j = % d\n",i,j);
    return 0;
}
```

运行结果为

```
x = 14.560000,y = 2.640000
i = 16,j = 17
```

从结果可以看到,强制类型转换(int)x 后获得了临时整型数 14,而(int)(x+y)后获得了临时整型数 17,而变量 x、y 的类型与值保持不变。

小结

本章学习了 C 语言的基本数据类型、运算符及其优先级和结合性、数据与运算符构成的表达式、数据类型的转换方法等,它们是学习、理解与编写 C 语言程序的基础。

本章的学习难点:

（1）无符号整型常量的理解与表示；

（2）转义字符的概念及表示的含义；

（3）自增或自减运算的对象只能是变量，了解它们的前缀形式与后缀形式的区别；

（4）复合运算符的使用。

本章是学习后续章节的基础，非常重要，C语言的语法很灵活，造成了有些知识点在理解和使用上容易出错，因此，初学者在使用时应仔细分析。

本章常见错误分析

常见错误实例	常见错误解析

void main()
{   a = 1;
     b = 2;
     printf("%d\n",a + b);
}
	使用了未定义的变量 a 和 b，C 语言规定变量必须先定义后使用。使用变量 a,b 前，添加变量定义语句：
	int a,b;

Double f; FLOAT x,y;	类型说明符必须为小写字母，应改为 double f; float x,y;
#define MAX 200;	#define 编译预处理命令，不是语句，不能加语句结束符分号（;）
#define L 5 L = 2 * L;	符号常量与变量混淆了，符号常量是常量，不能出现在赋值号的左侧，被重新赋值。而变量是可以被赋值的
int a = b = c = 1;	在定义变量时，不能对多个变量连续赋值。应改为 int a,b,c; a = b = c = 1;
float x = 1.3,y = 3.9; printf("%d",x % y);	求余运算符 % 要求两侧操作数必须为整型
int a = 0; A = A + 1;	在 C 语言中，大小写字母为不同的变量

short a;
a = 50000;
printf("%d\n",a);
	短整型 short 的数值范围为 $-32768 \sim 32767$，50000 超出了短整型的表示范围

float x = 4.67;
int y;
y = int(x + 5) + 1;
	强制类型转换时忘写括号（），应改为
	y = (int)(x + 5) + 1

int x,y; x + y = 20; 20 = x + y	赋值号左侧只能是变量，不能为常量或表达式
int i = o;	误将字母 o 当成数字 0
int a b; float x; y;	定义多个变量时变量之间用逗号分隔，不能用其他符号

习题 2

1. 基础篇

（1）设变量 a 是整型，f 是实型，i 是双精度型，则表达式 10＋'a'＋i＊f 值的数据类型为（　　）。

（2）设变量 x 为 long int 型并已正确赋值，将 x 的百位上的数字提取出来的表达式是（　　）。

（3）当 a＝5，b＝4，c＝2 时，表达式 a＞b!＝c 的值是（　　）。

（4）在 C 语言中，char 型数据在内存中存储的是（　　）。

（5）设有定义"float y＝123.4567;"，则能实现将 y 中数值保留小数点后 2 位，第 3 位四舍五入的表达式是（　　）。

（6）如果 a＝2，b＝1，c＝3，d＝4，则表达式"a＞＋＋b? ＋＋c：d＋＋"的值为（　　）。

（7）数学式 $\sqrt{\dfrac{a}{bc}}$ 的 C 语言表达式为（　　）。

（8）设 a＝3，b＝2，c＝1，则 a＞b＞c 的值为（　　）。

（9）设有定义：

```
int a = 5; float x = 2.5, y = 2.7;
```

则表达式 x＋a％3＊(int)(x＋y)％2/4 的值是（　　）。

（10）若 a 为正整数，判断 a 为偶数的表达式是（　　）。

2. 进阶篇

（1）有以下程序段：

```
int a = 0, b = 0, c;
c = (a -= a - 5), (a = b, b + 3);
printf("%d %d %d", a, b, c);
```

变量 c 的值为（　　）。

（2）执行下列程序段，输出结果是（　　）。

```
double a = 5.8, b = 7.3;
int x = (int)a + b, y = (int)(a + b);
printf("%d, %d", x, y);
```

（3）执行下列程序段后，c 的值为（　　）。

```
# include "stdio.h"
int main()
{
    int a = 5, b = 7, c = 8, d;
    d = ++a >= 6 || b-- >= 7 || c++;
    printf("%d, %d, %d, %d\n", a, b, c, d);
    return 0;
}
```

（4）输入以下程序，分析运行结果。

```
# include "stdio.h"
int main()
{
    int a = 6,b = 7;
    printf("%d \n",a = a + 1,b += a,b + 1);
    return 0;
}
```

输出结果为（　　　）。

（5）下面程序的功能是：输入一个 3 位数整数 n，将它反向输出，变量 a、b、c 分别为百位数、十位数和个位数。例如，输入"123"，输出应为"321"。

```
# include "stdio.h"
int main()
{
    int n,a,b,c;
    scanf("%d",&n);
    a = [填空 1];
    b = [填空 2];
    c = [填空 3];
    printf("%d%d%d\n", c,b,a);
    return 0;
}
```

（6）程序填空：实现两个数进行对调的操作，如输入 a＝10，b＝20，则输出为 a＝20，b＝10。

```
# include < stdio. h>
int main()
{
    int a,b,t;
    printf("输入两个整数：");
    scanf("%d, %d",&a,&b);
    printf("a = %d, b = %d\n",a,b);
    t = [填空 1]; a = [填空 2]; b = [填空 3];
    printf("a = %d, b = %d\n",a,b);
    return 0;
}
```

3. 提高篇

（1）编写程序，从键盘上输入一个大写字母，将它变成小写字母，然后输出小写字母，同时输出小写字母的 ASCII 码值。

（2）编写程序，分离实型数 123.45 中的整数部分和小数部分，并分别输出。

## 第3章

顺序结构程序设计

程序就是为了解决某个问题所使用的语句的有序集合,这些语句是有执行顺序的。如同写文章时要考虑文章的结构、建房子时要考虑房子的结构一样,在进行 C 语言的程序设计时,不只要描述数据,还要设计操作流程,也就是程序的结构。C 语言是一种结构化的程序设计语言,它包含 3 种基本控制结构:顺序结构、选择结构和循环结构,因此要想写出好的结构化程序,必须熟练掌握程序的 3 种控制结构。

顺序结构是程序设计的最基本结构,结构中的语句执行是按照语句书写顺序进行的,且每条语句都将被执行,其他两种结构可以作为顺序结构的一部分,也可以包含顺序结构。本章主要介绍顺序结构的程序设计。

本章学习重点:

(1) C 语言的基本语句;

(2) C 语言中数据的输入与输出;

(3) 顺序结构程序设计。

本章学习目标:

(1) 掌握 C 语言中基本的语句与用法;

(2) 熟练掌握 C 语言的输入输出函数的使用方法;

(3) 掌握顺序结构程序设计的方法。

3.1　C 语言语句概述

C 语言程序是由函数组成的,函数功能是由执行语句来实现的。C 语言中的执行语句大致可分为 5 类,分别是表达式语句、函数调用语句、空语句、复合语句和流程控制语句。

3.1.1　表达式语句

表达式是由运算符连接操作数所组成的式子。表达式语句就是由表达式加上 C 语言语句的结束标志分号“;”组成,其一般形式为

```
表达式;
```

表达式语句的功能就是计算表达式的值。例如,

```
i++;                              /*自增表达式语句*/
```

```
x++,y--,x+y;                    /* 逗号表达式语句 */
```

在表达式语句中,应用最广泛的是赋值表达式语句,即由赋值表达式后跟一个分号组成。程序中绝大多数对数据的处理都是用赋值表达式语句来实现的。例如,

```
c=a+b;                          /* 将变量 a 和 b 做加法运算 */
sum=sum+i;                      /* 迭代求和 */
s=b*b-4*a*c;                    /* 一元二次方程中求判别式的值 */
r=m%n;                          /* 求 m,n 的余数 */
```

3.1.2 函数调用语句

函数调用语句由函数名、实际参数加上分号";"组成,其一般形式为

```
函数名(实际参数列表);
```

函数调用语句的作用就是将实际参数的值传给形式参数之后,转去执行被调用函数的语句,完成特定的功能。例如,

```
printf("%d",a);                 /* 输出函数调用语句,输出变量 a 的值 */
c=max(a,b);                     /* 调用自定义函数 max,并将函数的返回值赋给变量 c */
```

C 语言从使用的角度分,有标准函数和用户自定义函数。

1. 标准函数(又称库函数)

C 语言有着丰富的标准函数库,可提供各类标准函数供用户调用。标准函数就是预先设计好的完成某个功能的语句序列,将之放在函数库中,用户只要直接调用即可,不需要另外编写代码。例如,调用标准库函数进行输入输出操作、求数学函数值、对字符串的处理等,如 printf()、scanf()、sqrt()、fabs()(求绝对值函数)、strlen()(求字符串的长度)等都是常用的标准库函数。调用标准库函数时,一定要在程序中包含相应的头文件,例如,要调用标准的输入输出函数,就要用如下语句,将头文件 stdio.h 包含进来:

```
#include <stdio.h>
```

或

```
#include "stdio.h"
```

注意:调用库函数时要查看函数库,了解函数功能和定义,按照规范调用。附录 E 详细列出了 C 语言中使用的标准库函数。

2. 用户自定义函数

用户可以把完成某种功能的语句序列包装成一个函数,即自定义函数。有关自定义函数的定义、调用等相关知识将在第 6 章做详细介绍。

3.1.3 空语句

空语句就是只有分号的语句,其一般形式为

```
;
```

空语句在语法上占有一个简单语句的位置,什么操作也不执行,在程序中空语句可用来作空循环体,条件分支空语句等。例如,

```
while (i++<5);                        /*连续对 i 进行增 1,直到 i 等于 5 停止*/
```

3.1.4　复合语句

将多条语句用花括号"{ }"括起来,组成一个整体的语句组称为复合语句,在语法上相当于一条语句。例如,

```
{
    t = x;
    x = y;
    y = t;
}
```

注意:

① 复合语句内的各条语句都必须以分号";"结尾。

② 在复合语句内部定义的变量是局部变量,只在复合语句中有效。

③ 在结束括号"}"外不需要再加分号。

【例 3-1】　复合语句示例。

程序如下:

```
#include<stdio.h>
int main()
{
    int a = 3;
    {
        int a = 4;
        printf("a = %d\n",a);
    }
    printf("a = %d\n",a);
}
```

运行结果为

```
a = 4
a = 3
```

在上面的程序中,主函数语句只有一条复合语句,这条复合语句内部又嵌套了一个复合语句,各复合语句内部定义的变量只在该复合语句内有效,所以有了以上的输出结果。

复合语句常用于流程控制语句中执行多条语句。

3.1.5　流程控制语句

在选择结构、循环结构等控制结构中用于控制程序执行流程的语句、函数调用时的返回语句等都是流程控制语句,例如,

```
while (表达式)
{
    …
}
```

return 表达式;

这些控制语句将在后续相应章节做详细介绍。

3.2　数据的输入与输出

程序的主要功能就是对数据的处理,其整个流程主要包括数据的输入、数据的处理和数据的输出。数据从计算机外部输入设备读入计算机内存为数据输入;相反,数据从计算机内存取出或写出到外部输出设备为数据输出。C语言本身不提供输入输出语句,输入输出的功能是由标准输入输出库函数提供的。在使用C语言库函数时,要用预处理命令将相对应的头文件包含进来。

C语言有丰富的输入输出库函数,如用于键盘输入和显示器输出的输入输出库函数、磁盘文件读写的输入输出库函数、硬件端口操作的输入输出库函数等,本节主要介绍用于标准输入设备(键盘)进行输入和标准输出设备(显示器)进行输出的库函数,其对应的头文件为 stdio. h。

3.2.1　字符数据的输入输出

1. 字符输出函数 putchar()

如要从计算机向显示器输出一个字符,可以调用系统函数库中的字符输出函数 putchar()。其函数原型为

```
int putchar(int c);
```

函数功能:向标准输出设备(一般为显示器)输出一个字符,并返回输出字符的 ASCII 码值;若出错,返回 EOF(−1)。

说明:该函数带有一个参数 c,可以是字符常量、字符型变量或整型变量。

例如,

```
putchar(c);                /* 输出字符变量 c 对应的字符 */
putchar('a');              /* 输出小写字母'a' */
putchar('\101');           /* 输出大写字母'A','\101'是转义字符 */
putchar(65);               /* 整型数据和字符数据是相通的,输出对应字符大写字母'A' */
```

对控制字符则执行控制功能,不在屏幕上显示。例如,

```
putchar('\n');             /* 换行,使输出的当前位置定位到下一行开头 */
```

2. 字符输入函数 getchar()

如要向计算机输入一个字符,可以调用系统函数库中的字符输入函数 getchar(),每调用一次就从标准输入设备上取一个字符。输入的字符可以赋给一个字符变量或者一个整型变量。其函数原型为

```
int getchar(void);
```

函数功能:从标准输入设备(一般为键盘)读入一个字符,并返回读取字符的 ASCII 码值;若出错,返回 EOF(−1)。

说明:

(1) 以回车符为输入结束。当输入多个字符时,返回第一个字符的值,输入字符回显在

屏幕上。

（2）函数值可以赋给一个字符变量，也可以赋给一个整型变量。例如，

```
int a;
char ch;
a = getchar();
ch = getchar();
```

【例 3-2】　用 getchar()输入大写字母并显示其小写字母。

程序如下：

```
# include < stdio. h>
int main()
{
    char ch;
    ch = getchar();
    putchar(ch + 32);
    return 0;
}
```

运行结果为

```
A ↙
a
```

也可以不定义变量，把程序改写成：

```
# include < stdio. h>
int main()
{
    putchar(getchar() + 32);   / * 将接收到的字符输出 * /
    return 0;
}
```

其中，"putchar(getchar());"是函数嵌套调用的紧凑形式。

注意：

① 执行 getchar()函数时，输入字符后，只有按下了回车键，程序才把字符真正输入计算机中。

② getchar()函数只能接收单个字符，输入数字也按字符处理。

③ getchar()函数还可以接收在屏幕上无法显示的字符，如控制字符。

【例 3-3】　用 getchar()输入单词 OK 并显示。

```
# include < stdio. h>
int main()
{
    char a,b,c;
    a = getchar();
    b = getchar();
    c = getchar();
    putchar(a);
    putchar(b);
    putchar(c);
    return 0;
}
```

运行程序时,共输入为

O↙

K↙

则输出结果为

O

K

出现这样的结果,是因为 getchar() 可以接收控制字符。第 1 行输入的不是一个字符'O',而是两个字符:'O'和换行符,其中'O'被赋给了变量 a,换行符赋给了变量 b。第 2 行输入的两个字符:'K'和换行符,其中字符'K'被赋给了变量 c,换行符没有赋给任何变量。

3.2.2　格式输出函数 printf()

1. printf() 函数调用的一般形式

printf() 函数称为格式输出函数,其关键字最末一个字母 f 即为"格式"(format)之意。它使用的一般形式为

> printf("格式控制字符串",输出项列表);

函数功能:按规定格式向输出设备输出若干任意类型的数据,并返回实际输出的字符数;若出错,则返回负数。

其中,"输出项列表"列出的需要输出的表达式可以是 0 个或多个。每个输出项之间用逗号分隔。输出的数据可以是整数、实数、字符和字符串、变量、表达式和函数等。"格式控制字符串"是用双引号括起的字符串,用于指定输出数据的类型、格式、个数。

注意: putchar() 只能输出一个字符,而 printf() 函数可以输出多个数据,且为任意类型。

2. 格式控制

格式控制由格式控制字符串实现。格式控制字符串必须用英文的双引号括起来,它包括 3 种信息:

- 普通字符。需要在输出时原样输出,在显示中起提示作用。
- 转义字符。实现对应的操作,如'\n',实现换行操作。
- 格式说明。

格式控制字符串的一般形式为

> %[修饰符]格式控制符

其中,"%"作为格式说明的引导符,放在开头位置,不可缺少;方括号[ ]表示该项为可选项。格式控制符表示输出数据的类型,用来进行格式转换,如表 3-1 所示。

表 3-1　printf() 函数中的格式控制符

格式控制符	说　　明	举　　例	运 行 结 果
d,i	以带符号的十进制形式输出整数(正数不输出正号)	int a = 567; printf("%d",a);	567

续表

格式控制符	说　　明	举　　例	运　行　结　果
O	以八进制无符号形式输出整数(不输出前导符数字0)	int a = 65; printf("%o",a);	101
x,X	以十六进制无符号形式输出整数(不输出前导符0X)	int a = 255; printf("%x",a);	ff
u	以十进制无符号形式输出整数	int a = -1; printf("%u",a);	4294967295
c	输出一个字符	char a = 65; printf("%c",a);	A
s	输出字符串	printf("%s","ABC");	ABC
f	以小数形式输出单、双精度实数	float a = 567.789; printf("%f",a);	567.789000
e,E	以指数形式输出单、双精度实数	float a = 567.789; printf("%e",a);	5.677890e+002
g,G	由给定的值和精度,自动选用 e 和 f 中较短的一种	float a = 567.789; printf("%g",a);	567.789
%	输出百分号本身	printf("%%");	%

说明:

(1) 格式字符与输出项个数应相同,按先后顺序一一对应。

(2) 输出转换:如格式字符与输出项类型不一致,则自动按指定格式输出。

(3) 输出实数(单、双精度)时,系统将实数中的整数部分全部输出,小数部分默认输出6位。需要注意的是,单精度实数的有效位数一般为7或8位,双精度实数的有效位数一般为16或17位,而用 f 格式输出时,整数部分加小数部分的长度可能超过单精度实数本身的有效位,因此在输出的数字中并非全部数字都是有效数字。

(4) 用指数格式 e 输出时,标准输出宽度为13位,其中尾数的整数部分为非零数字占1位、小数点占1位、小数占6位、e 占1位、指数正负号占1位、指数占3位。

使用 printf() 函数进行格式化输出时,还可以使用修饰符,指定宽度、精度、对齐方式等。修饰符的格式如表 3-2 所示。

表 3-2　printf()函数中的修饰符

修　饰　符	含　　义
m	输出数据域宽,如果数据长度<m,则左端补空格;否则按实际输出
n	对实数,指定小数点后位数(对 n+1 位进行四舍五入)
	对字符串,指定实际输出位数
—	输出数据在域内左对齐(默认为右对齐)
+	指定在有符号数的正数前显示正号(+)
0	输出数值时指定左面不使用的空位置自动填0
#	在八进制或十六进制数前显示前导0或0x
l	用于 d,o,x,u 前,指定输出精度为 long 型
	用于 e,f,g 前,指定输出精度为 double 型

【例 3-4】　多种修饰符、格式字符组合示例之一。

程序如下:

```
# include < stdio. h>
int main()
{
    int a = 1234;
    float f = 1.2345;
    char ch = 'a';
    static char str[] = "Hello,world! ";
    printf("a = % 8d,a = % 2d\n",a,a);
    printf("% f,% 8f,% 8.1f,% .2f,% .2e\n",f,f,f,f,f);
    printf("% 3c\n",ch);
    printf("% s\n% 15s\n% 10.5s\n% 2.5s\n% .3s\n", str, str, str, str, str);
    return 0;
}
```

运行结果为

```
a =    1234,a = 1234
1.234500,1.234500,     1.2,1.23,1.23e + 000
  a
Hello,world!
    Hello,world!
      Hello
Hello
Hel
```

分析：程序中的"a＝"是格式字符串中的普通字符,在其出现的位置上按原样输出。当指定输出宽度小于实际宽度时,按实际输出,所以第一个输出语句中的指定宽度为%2d,但实际输出为"1234"；第四个输出语句中指定字符串宽度为2.5,但还是按5位输出。第二个输出语句中指定格式为%8.1f,表示输出实数共占8个字符位置,其中1位小数(四舍五入),不够的左端补空格。

【例 3-5】 多种修饰符、格式字符组合示例之二。

程序如下：

```
# include < stdio. h>
int main()
{
    int a = 11,b = 22;
    float f = 1.2345;
    short m = − 1;
    int n = 2234567890;
    printf("a = % 5d, b = % 5d\n",a,b);
    printf("a = % − 5d, b = % − 5d\n",a,b);
    printf("f = % + 10.2f,f = % − 10.1f,f = % 10.3f\n",f,f,f);
    printf("m: % d, % o, % x, % u\n",m,m,m,m);
    printf("n = % ld\n",n);
    return 0;
}
```

运行结果为

```
a =    11, b =    22
a = 11   , b = 22
f =     + 1.23,f = 1.2       ,f =      1.235
m: − 1, 37777777777, ffffffff, 4294967295
n = − 2060399406
```

观察【例3-5】程序运行结果,分析原因。

注意:如果格式控制符少于输出项,则多余的输出项不输出。例如,

```
# include < stdio. h>
int main()
{
    int a,b,c,d;
    a = b = c = d = 1;
    printf(" %d %d %d\n",a,b,c,d);
    return 0;
}
```

运行结果为

1 1 1

如果格式控制符多于输出项,则最后输出随机数。例如,

```
int a,b,c,d;
a = b = c = 1;
printf(" %d %d %d %d\n",a,b,c);
```

运行结果为

1 1 1   4198896

3.2.3 格式输入函数 scanf()

1. scanf()函数调用的一般形式

scanf()函数称为格式输入函数,它使用的一般形式为

scanf ("格式控制字符串",地址列表);

函数功能:按规定格式从键盘输入若干任何类型的数据给地址列表中变量所指的单元,返回读入并赋给变量的数据个数;若遇文件结束则返回 EOF,出错返回 0。

说明:

(1) getchar()函数只能读入一个字符,而 scanf()函数可以一次输入多个数据,且为任意类型。

(2) 地址列表是由若干个地址组成的,列表可以是变量的地址、字符串的首地址、指针变量等,各地址之间以逗号","分隔。

例如,

scanf(" %c",&ch);

"%c"是格式控制字符串,控制输入一个字符。& 是取地址运算符,&ch 表示取变量 ch 的地址。变量的值和变量的地址是两个不同的概念。变量的地址是 C 编译系统给变量分配的,有关变量地址的知识将在第 8 章指针中做详细介绍。

(3) 地址列表中各变量类型、变量地址的个数和顺序必须和格式控制字符串的参数一致。

例如,a、b 是 int 型,x 是 float 型,调用时可写成:

```
scanf("%d%d%f",&a,&b,&x);
```

下列 scanf()函数的调用是错误的：

```
scanf("%d%f",&a,&b);
scanf("%d%f",&x,&b);
scanf("%d%f",&b);
scanf("%d%f",b);
```

2. 格式控制

格式控制由格式控制字符串实现。格式控制字符串必须用英文的双引号括起来,它包括两种信息。

- 普通字符,即非格式控制字符。与 printf()函数不同,在提示输入时不显示,而在输入数据时,在对应位置需要输入与这些字符相同的字符,即原样输入。
- 格式字符。格式控制字符串的一般形式为

> %[修饰符]格式控制符

其中,以"%"开头,方括号[]表示该项为可选项。

格式控制符和 printf()中的相同,有 d、i、o、x、u、c、s、f、e。例如,

```
scanf("%d",&a);          //输入 11 后,a = 11;
scanf("%x",&a);          //输入 11 后,a = 17,此时的 11 是被当作十六进制的 11 接收的,
                         //所以得到的值转换成十进制是 17
```

scanf()也可以使用修饰符,如表 3-3 所示。

表 3-3　scanf()函数中的修饰符

修　饰　符	含　义
h	用于 d、o、x 前,指定输入为 short 型整数
l	用于 d、o、x 前,指定输入为 long 型整数
	用于 e、f 前,指定输入为 double 型实数
m	指定输入数据宽度,如遇空格或不可转换字符则结束
*	抑制符,指定输入项读入后不赋给变量

说明:

输入指定的分隔符:

- 一般以空格、Tab 键或回车键作为分隔符;
- 用其他字符做分隔符,分隔格式串中两个格式符。

例如,

```
scanf("%d%d%d", &a, &b, &c);
```

输入 3 个整型十进制数,以空白符(空格、Tab 键或回车键)分隔。

```
scanf("%d,%f", &a, &b);
```

输入 2 个数,以","分隔。

```
scanf("a=%d, b=%d", &a, &b);
```

输入的形式是:a=32,b=28(普通字符要照原样输入)。

（2）输入数据时，遇以下情况认为该输入结束：

· 遇空格、Tab 键或回车键。

· 满宽度结束（如％3d，满 3 位数字）。

· 遇非法输入（与对应输出项的类型不符）。

例如，

scanf("％d％c％f",&a,&b,&c);

若输入 1234a123p. 26 ↙，则结果为"a＝1234,b＝'a',c＝123"。

（3）用"％c"格式符时，空格和转义字符作为有效字符输入，输入的字符型数据不必分隔。例如，

scanf("％c％c％c", &ch1, &ch2, &ch3);

如果输入：abc ↙，则结果为

ch1 = 'a',ch2 = 'b',ch3 = 'c';

如果输入：a␣b␣c ↙，则结果为

ch1 = 'a',ch2 = '␣',ch3 = 'b'

特别要注意，当数值型数据与 char 型数据混合输入时，例如，

scanf("％d％d",&m,&n);
　　scanf("％c",&ch);

错误输入：

32␣28↙
a↙

ch 得到的值为'↙', '↙'被当作输入数据赋给了 ch。

正确输入应为：

32␣28a↙

（4）double 型数据输入时，必须用％lf 或％le 格式。

（5）格式控制符中有普通字符时，必须照原样输入。

（6）实型数输入时域宽不能用 m. n 形式的附加说明，即输入数据不能规定精度，例如，scanf("％7.2f",&a)是不合法的。

（7）为了减少不必要的输入量，除了逗号、分号、空格符等简单字符以外，格式控制中尽量不要出现普通字符，也不要使用'\n'、'\t'等转义字符。

注意："＊"抑制符表示数据输入项要按指定格式进行转换，但不保存到变量中，即在地址列表中没有对应的地址项，一般用来吸收字符。

【例 3-6】 抑制符示例。

程序如下：

```
# include < stdio. h>
int main()
{
    int a, b;
    scanf("％2d％＊3d％2d",&a,&b);
```

```
        printf("a = % d,b = % d\n",a,b);
        return 0;
}
```

运行结果为

```
1234567↙
a = 12,b = 67
```

分析:% * 3 抑制了中间 3 个数 345,没有对应的输出项,故 12 传给了 a,67 传给了 b。

3.3　顺序结构程序设计举例

前面已经介绍了一些基本语句,而程序是由语句来实现的,现在着手设计简单的顺序结构程序。顺序结构程序一般包括以下几部分。

(1) 编译预处理命令。

在程序的编写过程中,若要使用标准函数(库函数),应该使用编译预处理命令,将相应的头文件包含进来,如 include < stdio. h >、include < math. h >等。

(2) 函数。

函数的基本组成包括变量定义、提供原始数据、数据处理、输出结果。

相应地,在函数体中包含着顺序执行的各部分语句,主要有以下几部分:

① 变量类型的说明部分;

② 提供数据部分(可以是变量初始化、赋值语句或输入函数调用语句);

③ 数据处理部分;

④ 输出部分。

【例 3-7】　输入两个数 a、b,实现两个数的交换。

分析:在两个变量交换过程中,不能直接赋值,如"a = b; b = a;"会把变量原有的值覆盖,应借助一个中间变量 c,实现两个数的交换。

程序如下:

```
# include < stdio. h >
int main()
{
    int a,b,c;
    printf("请输入 a,b 两个数: \n");
    scanf(" % d % d",&a,&b);
    c = a;a = b;b = c;
    printf("a = % d b = % d\n",a,b);
    return 0;
}
```

运行结果为

```
请输入 a,b 两个数:
12 34↙
a = 34 b = 12
```

【例 3-8】 输入 3 个小写字母，输出其 ASCII 码和对应的大写字母。

分析：大小写字母之间的 ASCII 码相差 32，即大写字母的 ASCII 码＝小写字母的 ASCII 码－32。用 printf()函数输出，可以控制输出格式，%d 为 ASCII 码，%c 为字母本身。

程序如下：

```
# include < stdio. h>
int main()
{
    char a,b,c,a1,b1,c1;
    printf("input three lowercase letters :");
    scanf("%c,%c,%c",&a,&b,&c);
    a1 = a - 32;b1 = b - 32;c1 = c - 32;
    printf("%d,%d,%d\n%c,%c,%c",a,b,c,a1,b1,c1);
    return 0;
}
```

运行结果为

```
input three lowercase letters :a,b,c↙
97,98,99
A,B,C
```

【例 3-9】 设计程序，使得用户可以以任意字符（回车、空格、制表符、逗号、其他）作为分隔符进行数据的输入。

分析：可以使用抑制符抑制两字符间的任意字符。

程序如下：

```
# include < stdio. h>
int main()
{
    int a,b;
    scanf("%d% * c%d",&a,&b);
    printf("a = %d,b = %d\n",a,b);
    return 0;
}
```

运行结果为

```
18&19↙
a = 18,b = 19
```

小结

本章主要介绍了 5 种基本语句、数据的输入与输出以及顺序结构程序的设计。顺序结构是程序中最简单的，也是最基本的结构，即语句按其书写顺序先后逐条执行。本章重点讲解了格式化输出函数 printf()和格式化输入函数 scanf()的功能及使用方法。

学习本章后，应掌握以下知识：

（1）C 语言的 5 种基本语句——表达式语句、函数调用语句、空语句、复合语句和流程控制语句；

（2）输入函数 getchar() 和输出函数 putchar() 的使用；

（3）利用输出函数 printf() 和输入函数 scanf() 实现数据的格式化输入输出，在使用时格式控制字符和数据列表的个数、类型要严格一致；

（4）顺序结构程序的设计。

本章常见错误分析

常见错误实例	常见错误解析
# include < stdio. h>;	预处理命令后加分号。# 开头的是预处理命令，不是语句，不能用分号结尾
print("Hello! "); PRINTF("hello! ");	将 printf() 函数名写错，C 语言中区分大小写，函数名错误不能识别函数
printf(Hello!); scanf(% d,&x);	未给函数 printf() 和 scanf() 中的格式控制字符串加上双引号
scanf(" % d",x);	未给 scanf() 函数中的变量加取地址运算符 &
printf("x = % d");	用 printf() 函数输出一个变量，未写输出变量

int x,y;
scanf(" % d",&x,&y);
printf(" % d, % f",x,y);
	在调用 scanf() 函数和 printf() 函数时，格式控制字符串与表达式变量类型和个数不一致，应改为：
	
	int x,y;
	scanf(" % d % d",&x,&y);
	printf(" % d, % d",x,y);

scanf(" % 7.2f",&f);	调用 scanf() 函数输入浮点数时规定了精度。应改为： scanf(" % 7f",&f);
scanf(" % d",&x); printf("x = % d");	程序中使用了中文的逗号、分号、单引号或双引号
scanf(" % d\n",&x);	scanf() 函数格式控制字符串中加了转义字符，应改为： scanf(" % d",&a);
scanf(" % d, ",&x);	将分隔格式控制字符串和表达式间的逗号写到了格式控制字符串内
int x,y; scanf(" % d % d",&(x + y));	对算术表达式取地址。表达式没有地址，不能用来取地址
printf("He can say "Hello! "");	输出单引号、双引号、反斜杠字符时，未在字符前用反斜杠构成转义字符。应改为： printf("He can say \"Hello!\ "");

习题 3

1. 基础篇

（1）任何复杂的程序都可以由（　　　）、（　　　）和（　　　）这 3 种基本结构组成。

（2）用花括号组合在一起的多条语句称为（　　　）。

（3）C 语言本身不提供输入输出语句，其输入输出操作是由（　　　）来实现的。

（4）C 语言用（　　　）函数能够实现精确的输出格式。

（5）格式字符中，除了（　　）以外，其他均为小写字母。

（6）格式字符（　　）表示显示一个 double 类型的数据值。

（7）要输出长整型的数值，需用格式字符（　　）。

（8）（　　）标志使数据输出在域宽内左对齐。

（9）执行语句"printf("%d,%d",a,b,c,d);"后，将在屏幕上输出（　　）个整数。

（10）已有定义"int a; float b,x; char c1,c2;"，为使 a=1,b=2.5,x=55.3,c1='Y'，c2='y'，正确的 scanf()函数调用语句是（　　）。

2. 进阶篇

（1）printf()中用到格式符%5s，其中数字 5 表示输出的字符串占用 5 列。如果字符串长度大于 5，则输出方式为（　　）。

  A. 从左起输出该字符串，右补空格 B. 按原字符长从左向右全部输出

  C. 右对齐输出该字符串，左补空格 D. 输出错误信息

（2）若 w、x、y、z 均为 int 型变量，为了使以下语句的输出为 1234+123+12+1，正确的输入形式应为（　　）。

```
scanf("%4d+%3d+%2d+%1d",&x,&y,&z,&w);
printf("%4d+%3d+%2d+%1d\n",x,y,z,w);
```

  A. 1234123121 ✓   B. 1234+1234+1234+1234 ✓

  C. 4 ✓   D. 1234+123+12+1 ✓

（3）已有如下定义和输入语句，若要求 a1、a2、c1、c2 的值分别为 10、20、A 和 B，当第一列开始输入数据时，正确数据输入方式是（　　）。（"□"表示一个空格）

```
int a1,a2;
char c1,c2;
scanf("%d%c%d%c",&a1,&c1,&a2,&c2);
```

  A. 10A20B ✓   B. 10□A20B ✓   C. 10A 20B ✓   D. 10 20 ✓ AB ✓

（4）有以下程序：

```
int main()
{
    int a;
    char c = 10;
    float f = 100.0;
    double x;
    a = f/= c *= (x = 6.5);
    printf("%d□%d□%3.1f□%3.1f\n",a,c,f,x);
    return 0;
}
```

程序运行后的输出结果是（　　）。

  A. 1□65□16.5   B. 1□65□1.5□6.5

  C. 1□65□1.0□6.5   D. 2□65

（5）执行以下程序时输入：123□456□789 ✓，输出结果是（　　）。

```
int main()
{
    char s;
```

```
    int c,i;
    scanf("%c",&c); scanf("%d",&i); scanf("%c",&s);
    printf("%c,%d,%c\n",c,i,s);
    return 0;
}
```

    A. 123,456,789   B. 1,456,789   C. 1,23,456,789   D. 1,23,

(6) 执行以下程序的输出结果是( )。

```
int main()
{
    char a;
    a = 'H' − 'A' + '0';
    printf("%c,%d\n",a,a);
    return 0;
}
```

    A. H,97   B. 7,55   C. 7,7   D. 55,7

3. 提高篇

(1) 下面程序在运行时输入 90,结果为 x=0.500000;运行时输入 180,结果为 x=0.000000。程序中有 4 处错误,请找出错误并改正。

```
# include < math.h >
# define PI 3.1415926
int main()
{
    long d;
    double x;
    scanf("%d",d);
    x = 1.0/2 * sin(d * PI/180.0);
    printf("x=%f\n",x);
    return 0;
}
```

(2) 下面程序的功能是:输入一个华氏温度,如输入 98.6,则输出相应的摄氏温度为 37.0。程序中有 3 处错误,请找出错误并改正。

```
# include < stdio.h >
void main()
{
    double F,c;
    scanf("%f",&F);
    c = 5/9(F − 32);
    printf("F=%2.2lf\nc=%2.2lf\n",F,c);
}
```

(3) 编写程序,从键盘输入一个 3 位数正整数,将它反序输出。例如,输入"123",输出应为"321"。

(4) 编写程序,从键盘输入一个字符,请按顺序分别输出它的前驱字符、字符本身及后继字符的符号以及 ASCII 码值。

(5) 编写程序,从键盘输入两个整数,分别赋给变量 a 和 b,要求在不借助于其他变量的条件下,将变量 a 和 b 的值实现交换。

## 第 4 章

选择结构程序设计

顺序结构中各语句是按照书写的先后顺序依次执行的。然而在现实生活中,往往会根据条件来选择执行何种操作,如人们会根据天气的条件决定是否出行,这类问题就需要用选择结构来解决。

选择结构是结构化程序设计的 3 种基本结构之一,它的特点是根据给定的条件,从不同的分支中选择其中一种分支并执行相应的操作。选择结构也称为分支结构,一般分为单分支、双分支和多分支 3 种结构。C 语言提供了 if 语句和 switch 语句来实现分支结构。本章主要介绍 if 语句和 switch 语句在选择结构程序设计中的应用。

本章学习重点:

(1) if 语句的语法格式及其应用;

(2) switch 语句的语法格式及其应用;

(3) break 语句在 switch 语句中的应用。

本章学习目标:

(1) 理解选择结构的含义;

(2) 能够运用关系表达式和逻辑表达式描述客观条件;

(3) 掌握 if 语句 3 种形式的语法格式,能够运用 if 语句解决实际问题;

(4) 掌握 switch 语句及其语法格式,能够运用 switch 语句解决实际问题;

(5) 掌握 break 语句在 switch 语句中的应用。

4.1 if 语句

if 语句可以用来实现分支结构。通过对给定的条件进行判断,然后根据判断的结果决定执行某个分支的操作。C 语言提供了 3 种形式的 if 语句,分别是单分支 if 语句、双分支 if 语句和多分支 if 语句。

4.1.1 单分支 if 语句

if 语句的简单形式可以实现单分支结构,一般形式为

if (表达式)   语句 1

执行流程:先求解表达式的值,如果其值非 0(逻辑真),表示条件成立,则执行语句 1;

如果表达式的值为 0(逻辑假),表示条件不成立,则不执行语句 1,而是转去执行 if 语句后面的其他语句。单分支 if 语句执行流程图如图 4-1 所示。

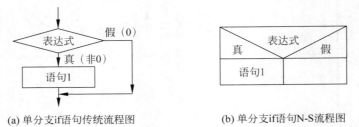

(a) 单分支if语句传统流程图　　　　　　(b) 单分支if语句N-S流程图

图 4-1　单分支 if 语句的流程图

说明:

(1) if 是关键字,不可以缺省。

(2) 表达式表示判断的条件,需用圆括号括起来。表达式既可以是关系表达式、逻辑表达式或其他任意表达式,也可以是任意类型的常量或变量,例如,整型、实型、字符型的常量或变量。只要该表达式的值非 0(逻辑真),则认定判断条件成立,否则认定判断条件不成立。

例如,

① if (a%4==0) printf("%d 能被 4 整除\n",a);　　　　　//表达式为关系表达式

② if (a%4==0&&a%100!=0) printf("%d 能被 4 整除且不能被 400 整除\n",a);　//表达式为逻辑　　　　　　　　　　　　　　　　　　　　　　　　　　　　　　　　　　　　　　　//表达式

③ if (8) printf("你总是对的!\n");　　　　　　　　　//表达式为整型常量

(3) 语句 1 既可以是一条语句,也可以由多条语句组成的复合语句(复合语句要用花括号括起来),还可以是另一个 if 语句。

例如,

① if (a>b)
　　{ t=a;a=b;b=t; }　　　　　　　　　　　　//语句 1 是复合语句

② if (x>y)
　　　　if (x>z) printf("x 是三个数中的最大数\n");　　　//语句 1 是另一个 if 语句

【例 4-1】 输入两个整型数,输出两个数中的较大者(利用单分支 if 语句处理)。

解题思路:从键盘输入两个数 a 和 b,定义变量 max 存放 a 和 b 中的大数。对 a 和 b 进行比较,将较大者放入 max 中,然后输出 max 的值。算法流程图如图 4-2 所示。

程序如下:

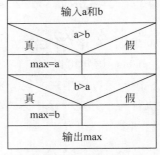

图 4-2　输出两个数中的
大数 N-S 流程图

```c
#include <stdio.h>
int main()
{
    int a,b,max;
    printf("输入两个整数: ");
    scanf("%d%d",&a,&b);
    if (a>b)   max=a;
    if (b>a)   max=b;
    printf("两数中较大者为: %d\n",max);
```

```
    return 0;}
```

运行结果为

输入两个整数:15,58↙
两数中较大者为:58

上面的程序也可以用一个单分支 if 语句实现题目要求,程序可改为:

```
max = a;
if (b > max)   max = b;
```

【**例 4-2**】 输入一个年份,判断这个年份是否是闰年。

解题思路:判断闰年的方法是"四年一闰,百年不闰,四百年再闰"。输入的年份需要满足下面两个条件之一:

(1) 年份 year 能被 4 整除,但不能被 100 整除;

(2) 年份 year 能被 400 整除。

所以年份 year 是否是闰年的逻辑表达式可以表示为:

$$(year \% 4 == 0 \&\& year \% 100 != 0) || (year \% 400 == 0)$$

程序如下:

```
# include < stdio. h >
int main()
{
    int year;
    scanf(" % d",&year);
    if ((year % 4 == 0&&year % 100!= 0)||(year % 400 == 0))
        printf(" % d是闰年\n",year);
    return 0;
}
```

运行结果为

2020↙
2020 是闰年

4.1.2   双分支 if 语句

if-else 语句可以实现双分支结构,一般形式为:

```
if (表达式)
    语句 1
else
    语句 2
```

执行流程:先求解表达式的值,如果其值非 0(逻辑真),表示条件成立,则执行语句 1;如果表达式的值为 0(逻辑假),表示条件不成立,则执行语句 2。双分支 if 语句的执行流程图如图 4-3 所示。

说明:

(1) if 和 else 是关键字,不可缺省。表达式表示判断的条件,需用圆括号括起来,if 和

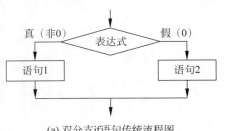 

(a) 双分支if语句传统流程图　　　　(b) 双分支if语句N-S流程图

图 4-3　双分支 if 语句的流程图

else 后面不接分号。

（2）表达式既可以是关系表达式、逻辑表达式或其他任意表达式，也可以是任意类型的常量或变量，只要表达式的值非 0（逻辑真），则判断条件成立，否则判断条件不成立。

（3）语句 1 和语句 2 以分号结束，既可以是一条语句，也可以是由多条语句组成的复合语句，还可以是另一个 if 语句。

【例 4-3】　输入两个整型数，输出两个数中的较大者（利用双分支 if 语句处理）。

程序如下：

```c
#include <stdio.h>
int main()
{
    int a,b,max;
    printf("输入两个整数：");
    scanf("%d%d",&a,&b);
    if (a>b)
        max = a;
    else
        max = b;
    printf("两数中较大者为：%d\n",max);
    return 0;
}
```

运行结果为

```
输入两个整数：15,58↙
两数中较大者为：58
```

注意：上面的双分支 if 也可以用条件表达式实现

max = a > b?a: b;

【例 4-4】　某商品的零售价为每公斤 15 元，批发价为每公斤 12.5 元，购买 10 公斤以上则按批发价出售。输入顾客购买商品的公斤数，计算并输出该顾客应支付的金额。购物支付 N-S 流程图如图 4-4 所示。

程序如下：

```c
#include <stdio.h>
int main()
{
    float weight,price;
    printf("请输入购买的总公斤数：");
```

图 4-4　购物支付 N-S 流程图

```
    scanf("%f",&weight);
    if (weight < 10)
        price = 15;
    else
        price = 13.5;
    printf("顾客购买了%.1f 公斤,单价为%.1f 元,应支付%.1f 元\n",weight,price,weight *
price);
    return 0;
}
```

运行结果为

请输入购买的总公斤数: 2.5✓
顾客购买了 2.5 公斤,单价为 15.0 元,应支付 37.5 元

4.1.3　多分支 if 语句

第三种形式是 if-else-if,经常用于多路分支结构的处理。一般形式为

```
if (表达式 1)
    语句 1
else if(表达式 2)
    语句 2
…
else if(表达式 n)
    语句 n
else
    语句 n + 1
```

执行流程:程序执行时,自上而下依次计算表达式 1~n 的值,如果某个表达式 i 的结果非 0,表示该条件成立,则执行表达式 i 所对应的语句 i,然后跳过剩余的条件判断,执行 if 语句后面的其他语句。如果所有表达式的结果都为 0,表示这些条件都不成立,则执行语句 n+1,执行完成后跳出多分支结构,执行 if 语句后面的其他语句。多分支 if 语句的执行流程图如图 4-5 所示。

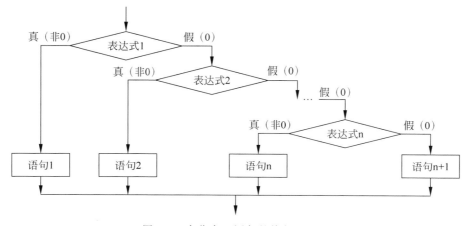

图 4-5　多分支 if 语句的执行流程图

例如,

```
if (number > 500)
    cost = 0.15;
else if (number > 300)
    cost = 0.10;
else
    cost = 0.05;
```

程序执行时,先判断第一个条件 number>500 是否成立,如果此条件成立,则 cost＝0.15,之后就跳出多分支结构;如果第一个条件 number>500 不成立,那么就判断第二个条件 number>300 是否成立,如果此条件成立,那么 cost＝0.10,否则 cost＝0.05。

【例 4-5】 输入一个整数,判断其是否能被 3、5、7 整除。

(1) 如果能同时被 3、5、7 整除,则输出"3,5,7";

(2) 如果能被 3、5、7 中的任意两个数整除,则输出这两个数;

(3) 如果能被 3、5、7 中的任一个数整除,则输出这个数;

(4) 如果都不能整除,则输出"这个数不能被 3,5,7 中的任意数整除"。

程序如下:

```
# include < stdio. h >
int main()
{
    int x;
    scanf(" % d",&x);
    if (x % 3 == 0&&x % 5 == 0&&x % 7 == 0)        //判断 x 同时被 3、5、7 整除
                                                    //条件还可表示成 if(x % 105 == 0)
        printf("3,5,7\n");
    else if (x % 3 == 0&&x % 5 == 0)               //条件还可表示成 if(x % 15 == 0)
        printf("3,5\n");
    else if (x % 3 == 0&&x % 7 == 0)               //条件还可表示成 if(x % 21 == 0)
        printf("3,7\n");
    else if (x % 5 == 0&&x % 7 == 0)               //条件还可表示成 if(x % 35 == 0)
        printf("5,7\n");
    else if (x % 3 == 0)
        printf("3\n");
    else if (x % 5 == 0)
        printf("5\n");
    else if (x % 7 == 0)
        printf("7\n");
    else
        printf(" % d 这个数不能被 3,5,7 中的任意数整除!\n",x);
    return 0;
}
```

运行结果为

```
105 ↙          64 ↙
3,5,7          64 这个数不能被 3,5,7 中的任意数整除!
```

4.1.4 if 语句的嵌套

1. 嵌套的形式

if 语句的嵌套是指在一个 if 语句中又包含了一个或者几个完整的 if 语句。通常有两种情况:一种是嵌套在单分支 if 语句中,另一种是嵌套在双分支 if 语句中。一般形式如下:

（1）形式1。

```
if (表达式 1)
    if  语句
```

（2）形式2。

```
if (表达式 1)
    if 语句
else
    if 语句
```

其中,内嵌的 if 语句既可以是单分支 if 语句,也可以是双分支 if-else 语句,还可以是多分支 if-else-if 语句。

【例 4-6】 社区选举业主委员会成员,年龄在 18～65 岁的辖区居民均可参加选举。编写程序判断输入的年龄能否参加本次选举。

算法流程图如图 4-6 所示。

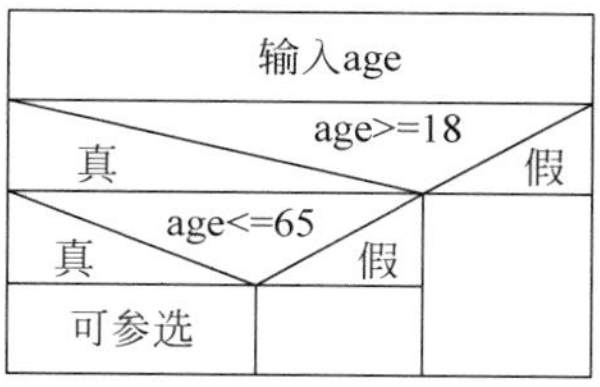

程序如下:

```
# include < stdio. h >
int main()
{
    int age;
    scanf(" % d",&age);
    if (age > = 18)
        if (age < = 65)  printf("恭喜你可以参加本次选举!\n");
    return 0;
}
```

输入age		
	age>=18	
真		假
	age<=65	
真		假
可参选		

图 4-6　参加选举判断 N-S 流程图

运行结果为

```
25 ↙
恭喜你可以参加本次选举!
```

注意:上面程序中条件可以用逻辑表达式"age>=18&&age<=65"表示,程序可简写成:

```
if (age > = 18&&age < = 65)
    printf("恭喜你可以参加本次选举!\n");
```

【例 4-7】 输入一个整数,如果该数是正数,则判断其奇偶性,输出"该数是正偶数"或"该数是正奇数";如果该数是负数,输出"该数是负数"。

解题思路:如果整数 x 对 2 求余结果为 0,则 x 是偶数,否则是奇数。算法流程图如图 4-7 所示。

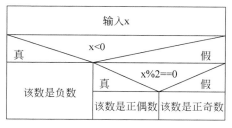

图 4-7　判断正负奇偶数 N-S 流程图

程序如下：

```
#include<stdio.h>
int main()
{
    int x;
    printf("请输入一个整数：");
    scanf("%d",&x);
    if (x<0)
        printf("该数是负数\n");
    else
        if (x%2==0)
            printf("该数是正偶数\n");
        else
            printf("该数是正奇数\n");
}
```

运行结果为

```
请输入一个整数：24↙
该数是正偶数
```

2. else 的匹配原则

下面的 if 嵌套中出现了两个 if 和一个 else，那么 else 应该与哪个 if 进行配对？由于 else 既可以与 if(表达式 1)匹配，也可以与 if(表达式 2)匹配，所以就产生了二义性。如何解决 if 嵌套中出现二义性问题呢？

```
if (表达式 1)
    if (表达式 2)
        语句 1
else
    语句 2
```

C 语言提供了两种解决方案，可以在内嵌的 if 语句前后加上花括号，使之成为复合语句，确定匹配关系；也可以利用"就近匹配"原则，使 **else 总是与离它最近的、尚未匹配的 if 语句进行配对**。

（1）使用复合语句，在内嵌的 if 语句前后加花括号{ }。

```
if (表达式 1)
{
    if (表达式 2)
        语句 1
}
else
    语句 2
```
或
```
if (表达式 1)
{
    if (表达式 2)
        语句 1
    else
        语句 2
}
```

（2）使用"就近应配"原则，即 else 总是与离它最近的且没有配对的 if 匹配。如果忽略了 else 与 if 的配对，就会发生逻辑错误。

按照这个配对原则，上面的 if 嵌套应该是在单分支 if 中嵌套了双分支 if 结构。

```
if(表达式 1)                          if(表达式 1)
    if(表达式 2)                      {
        语句 1           等价于           if(表达式 2)
    else                                     语句 1
        语句 2                           else
                                             语句 2
                                     }
```

思考：观察在下面的结构中，if 和 else 应该如何配对？

```
if( … )                              ┌if( … )
if( … )                              │ ┌if( … )
if( … )          "就近匹配"原则       │ │ ┌if( … )
else                                 │ │ └else …
eles                                 │ └else …
else                                 └else …
```

【**例 4-8**】　读程序，分析程序运行结果。

程序如下：

```
int main()
{
    int x = 4;
    if (x > 6)
        if(x < 12)
            x = x + 1;
    else
        x = x − 1;
    printf("x = % d\n",x);
    return 0;
}
```

上面的程序按照"就近配对"原则，else 与 if(x<12)匹配，构成了在单分支 if 中嵌套双分支 if…else 的结构，而与程序的书写格式无关。因此，if 的嵌套等价于下面的程序段：

```
if (x > 6)
{
    if (x < 12)
        x = x + 1;
    else
        x = x − 1;
}
```

由于 x 的初值为 4，没有满足判断条件 x>6，因此没有进入选择结构，而是直接执行选择结构后面的语句，输出 x 的值。

运行结果为

```
x = 4
```

注意：书写程序时采用正确的缩进格式可以增加程序的可读性，同时可以用加花括号的方法来明确 if 嵌套中的配对关系。这些习惯的养成，可以帮助初学者有效地降低出错概率。

【**例 4-9**】　有函数 $y=\begin{cases} 1 & x>0 \\ 0 & x=0 \\ -1 & x<0 \end{cases}$，输入 x 的值，计算并输出 y 的值。

解题思路：分段函数有 3 种可能情况，采用嵌套的 if 语句实现 3 路分支，可以用以下两种方法实现。算法流程图如图 4-8 所示。

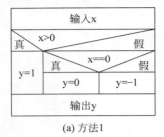
(a) 方法1

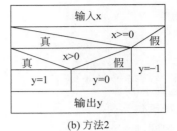
(b) 方法2

图 4-8　分段函数流程图

```
方法 1:
    int main()
    {
        int x, y;
        scanf("% d", &x) ;
        if (x > 0)
            y = 1;
        else
        {
            if (x == 0)
                y = 0;
            else
                y = - 1;
        }
        printf("x = % d, y = % d\n",
x, y) ;
        return 0;
    }
```

```
方法 2:
    int main()
    {
        int x, y;
        scanf("% d", &x) ;
        if (x >= 0)
        {
            if (x > 0)
                y = 1;
            else
                y = 0;
        }
        else
            y = - 1;
        printf("x = % d, y = % d\n",
x, y) ;
        return 0;
    }
```

注意：为了使逻辑关系清晰、避免出错，一般会将嵌套的 if 语句放在 else 后面的执行语句中，如方法 1 所示。

4.2　switch 语句

if 语句常用于两路分支的选择，对于多路分支的选择可以用多分支 if 语句来解决，也可以用 if 语句的嵌套完成，但程序的可读性要差一些，尤其是当嵌套的层次较多时，程序变得冗长，而且容易出现 if 和 else 配对出错的情况。除了 if 语句，C 语言还提供了 switch 语句用于多分支选择结构的实现。

4.2.1　switch 语句

switch 语句用于多分支选择结构，一般形式为

```
switch(表达式 1)
{
    case 常量表达式 C1: 语句序列 1
    case 常量表达式 C2: 语句序列 2
    …
```

```
    case 常量表达式 Cn: 语句序列 n
    default: 语句序列 n + 1
}
```

执行过程：程序执行时先计算 switch 后面表达式 1 的值，再将其值自上而下依次与每个 case 后面的常量表达式的值进行比较。如果相同就以此为入口，执行这一分支的语句序列，以及其后所有分支的语句序列（包括 default 后的语句序列），然后跳出多分支结构。

例如，表达式 1 的值与第 1 个 case 后面的常量 C1 相同，则执行它的分支语句序列 1，紧接着会继续执行语句序列 2，3，…，n，以及 default 后面的语句序列 n+1。如果与所有 case 后的常量都不相同，则执行 default 后面的分支。switch 语句执行流程如图 4-9 所示。

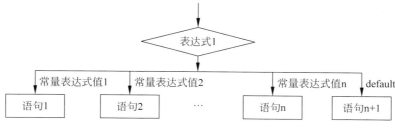

图 4-9   switch 语句执行流程图

说明：

（1）表达式 1 的类型必须是整型或字符型。

（2）switch 的语句体包含多个以 case 开头的语句行和一个以 default 开头的语句行。每一个 case 是一个分支，default 为默认情况，也是一个分支，可缺省。

（3）每个 case 后面是整型或字符型的常量或常量表达式，这些常量或常量表达式的类型应与表达式 1 的类型保持一致。case 后面的语句序列如果是多条语句，也不必加花括号。

（4）case 语句中常量表达式的值应各不相同，因为它只是起到一个标号作用，用于引导程序找到对应入口。

（5）default 可以在 switch 语句体中的任何位置。当表达式 1 的值与所有 case 中的常量表达式的值都不匹配时，switch 语句就会把 default 作为一个入口，执行 default 后面的语句序列及它后面所有的 case 子句中的语句序列，直至 switch 语句结束。

例如，观察下面两个程序，当输入 5 时，分析程序的运行结果？

```
程序 1:
int main()
{
    int month;
    printf("please enter month:");
    scanf("%d", &month);
    switch (month)
    {
        case 1: printf("January\n");
        case 2: printf("February\n");
        case 3: printf("March\n");
        default: printf("Others\n");
    }
    return 0;
}
```

```
程序 2:
int main()
{
    int month;
    printf("please enter month:");
    scanf("%d", &month);
    switch (month)
    {
        case 1: printf("January\n");
        default: printf("Others\n");
        case 2: printf("February\n");
        case 3: printf("March\n");
    }
    return 0;
}
```

运行结果为   运行结果为

```
please enter month:5 ↙                          please enter month:5 ↙
Others                                          Others
                                                February
                                                March
```

（6）如果希望流程在执行完某一分支后就跳出 switch 结构，则需要在每个分支最后添加 break 语句。break 语句的作用是使流程跳出 switch 语句。所谓"跳出"，是指一旦执行 break，就不再执行 switch 中的任何语句，包括当前分支中的语句和其后面分支中的语句，而转去执行 switch 后面的其他语句。

例如，对上面的程序进行修改后，当输入 5 时，分析程序的运行结果。

```c
int main()
{
    int month;
    printf("please enter month:");
    scanf(" % d", &month);
    switch (month)
    {
        case 1:   printf("January\n");break;
        default:  printf("Others\n"); break; printf("test\n");
        case 2:   printf("February\n"); break;
        case 3:   printf("March\n"); break;
    }
    return 0;
}
```

运行结果为

```
please enter month:5 ↙
Others
```

（7）如果多个分支的执行结果是相同的，那么这些 case 子句可以共用一个执行语句段。例如，阅读下面程序，分析运行结果。

```c
int main()
{
    char grade;
    scanf(" % c", &grade);
    switch (grade)
    {
        case 'A':
        case 'B':
        case 'C': printf("Interview passed!\n");break;
        case 'D': printf("Interview failed!\n");break;
        default: printf("Error!\n");break;
    }
    return 0;
}
```

运行结果为

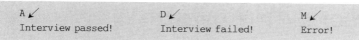

A↙
Interview passed!

D↙
Interview failed!

M↙
Error!

【例 4-10】 输入年份和月份,输出这个月有几天。

解题思路:

(1) 当月份 month 是 1、3、5、7、8、10、12 时,该月有 31 天;当月份 month 是 4、6、9、11 时,该月有 30 天。

(2) 当 month 是 2 时,先判断年份 year 是否是闰年,闰年的 2 月有 29 天,平年的 2 月有 28 天。

(3) 为保证程序完整,如果输入的年份 year 和月份 month 有误,则可以用函数 exit(0) 直接结束程序运行。调用 exit()函数需要包含头文件 stdlib.h。

程序如下:

```c
#include <stdio.h>
#include <stdlib.h>
int main()
{
    int year, month, day;
    printf("请输入年份和月份(yyyy/mm):");
    scanf("%d/%d",&year,&month);
    if (year<1000||year>9999||month<1||month>12)
    {
        printf("error!\n");
        exit(0);
    }
    switch(month)
    {
        case 1:
        case 3:
        case 5:
        case 7:
        case 8:
        case 10:
        case 12: day = 31; break;
        case 4:
        case 6:
        case 9:
        case 11: day = 30; break;
        case 2: day = (year%4==0&&year%100!=0||year%400==0)?29:28; break;
                                        //用条件表达式判断
    }
    printf("%d年%d月有%d天\n",year,month,day);
    return 0;
}
```

运行结果为

请输入年份和月份(yyyy/mm):2000/2↙
2000 年 2 月有 29 天

4.2.2 实现多分支结构的几种语句用法比较

选择结构中常用 if 的嵌套、if-else-if 语句、switch 语句来解决多分支问题,它们功能相同,但在具体过程中应注意以下几方面。

(1) 多分支 if-else-if 语句和嵌套的 if 语句使用范围更广。

用 switch 语句实现的多分支结构,可以用多分支 if-else-if 语句和嵌套的 if 语句来实现;反之,多分支 if-else-if 语句和嵌套的 if 语句实现的多分支结构,用 switch 语句却不一定能够实现。

这是因为 switch 语句只支持常量值相等的分支判断,而 if 语句中的判断条件可以是任意表达式,除了可以表示一些固定值,还可以表示数值区间范围,因此多分支 if-else-if 语句和嵌套的 if 语句比 switch 语句更加灵活,能够表达任意分支结构。

(2) 当判断固定常量或常量表达式时多使用 switch 语句。因为 switch 语句结构清晰,更容易理解。

(3) 嵌套的 if 语句与 if-else-if 语句比较,使用更多的是 if-else-if 语句。因为 if 语句的嵌套格式较为复杂,而且 if 与 else 的匹配容易出错。

4.3 选择结构程序设计举例

【例 4-11】 从键盘输入一个字符,如果是小写字母,则将其转换成大写字母输出,并输出该大写字母的前导字母和后续字母;如果是大写字母,则将其转换成小写字母输出,并输出该小写字母的前导字母和后续字母;如果输入其他符号,则显示"输入有误!"。

解题思路:

(1) 定义变量 ch1 存放输入的字符,ch2 存放其对应的大写或小写字母,ch3 和 ch4 分别存放其前导、后续字母。

(2) 明确大写字母'A'~'Z'的 ASCII 码的取值范围是 65~90,小写字母'a'~'z'的 ASCII 码的取值范围是 97~122,而大小写字母之间的 ASCII 码的差值为 32。若 ch1 = 'H',那么其对应的小写字母 ch2 为 ch+32('h')。

(3) 英文字母的 ASCII 码值按字母顺序排列,若 ch2 = 'h',则其前导字母 ch3 为 ch2-1,后续字母 ch4 为 ch2+1。这里需要注意字符'a'和'A'的前导字母分别是'z'和'Z',字母'z'和'Z'的后继字母分别是'a'和'A',不是简单地通过 ch-1 和 ch+1 来实现,需要单独进行处理。它可以用双分支 if 实现,也可以用条件表达式实现。

用双分支 if 实现	用条件表达式处理
```if(ch2 == 'A') ch3 = 'Z'; else ch3 = ch2 - 1;``` 或	```ch3 = (ch2 == 'A')?'Z':ch2 - 1;```

程序如下:

```
# include < stdio. h >
int main()
{
```

```
    char ch1,ch2,ch3,ch4;
    printf("请输入一个字符: ");
    scanf(" % c",&ch1);
    if (ch1 > = 97&&ch1 < = 122)//判断输入的是小写字母,还可写成 if(ch1 > = 'a'&&ch1 < = 'z')
    {
        ch2 = ch1 - 32;
        ch3 = (ch2 == 'A')?'Z':ch2 - 1; //如果是'A',令其前导字母为'Z',否则其前导字母为 ch2 - 1
        ch4 = (ch2 == 'Z')?'A':ch2 + 1; //如果是'Z',令其后续字母为'A',否则其后续字母为 ch2 + 1
        printf(" % c 对应的大写字母为 % c,前导为 % c,后序为 % c\n",ch1,ch2,ch3,ch4);
    }
    else if (ch1 > = 65&&ch1 < = 90)   //判断输入的是大写字母,还可写成 if(ch1 > = 'A'&&ch1 < = 'Z')
    {
        ch2 = ch1 + 32;
        ch3 = ch2 == 'a'?'z':ch2 - 1;
        ch4 = ch2 == 'z'?'a':ch2 + 1;
        printf(" % c 对应的小写字母为 % c,前导为 % c,后序为 % c\n",ch1,ch2,ch3,ch4);
    }
    else                              //既不是大写字母,也不是小写字母
        printf("输入错误!");
    return 0;
}
```

运行结果为

请输入一个字符: A↙
A 对应的小写字母为 a,前导为 z,后序为 b

思考: 既然是多路分支,是否可以用 switch 语句实现? 多分支 if 和 switch 语句哪一个更方便?

【**例 4-12**】 将输入的百分制成绩 score 转换成绩等级 grade 并输出。其中,90 分以上为 A,80~89 分为 B,70~79 分为 C,60~69 分为 D,60 分以下为 E。要求分别用 if 语句和 switch 语句实现。

(1) if-else-if 语句实现。

程序如下:

```
# include < stdio. h>
# include < stdlib. h>                 //调用 exit()函数需要包含头文件 stdlib. h
int main()
{
    float score;
    char grade;
    printf("Please input a score(0~100): ");
    scanf(" % f",&score);                  //score 是单精度类型,格式控制符为 % f
    if (score > 100||score < 0)  //判断如果 score 不在 0~100 范围的,则输出提示信息后结束程序运行
    {
        printf("输入的成绩有误!\n");
        exit(0);
    }
    if (score > = 90)
        grade = 'A';
    else if (score > = 80)
        grade = 'B';
```

```
        else if (score >= 70)
            grade = 'C';
        else if (score >= 60)
            grade = 'D';
        else
            grade = 'E';
        printf("The grade is % c. \n", grade);
        return 0;
}
```

运行结果为

```
Please input a score(0~100) :86 ↙
The grade is B.
```

（2）使用 switch 语句实现。

解题思路：由于 switch 语句中每一个 case 后必须是常量，不能是一个范围，可以利用"整型/整型结果为整型"的特点将一个取值范围转换成固定值。例如，当成绩 grade 为 90～99 时，表达式 grade/10 的结果均为整数 9。同理，可以将各区间转换为具体值。

程序如下：

```
# include < stdio. h>
# include < stdlib. h>
int main()
{
    float score;
    char grade;
    printf("Please input a score(0~100): ");
    scanf("% f", &score);                //score 是单精度类型,格式控制符为 % f
    if (score > 100 || score < 0) //判断如果 score 不在 0~100 范围,则输出提示信息后结束程序运行
    {
        printf("输入的成绩有误!\n");
        exit(0);
    }
    switch((int)score/10)                //将 score 强制转换为整型
    {
    case 10:
    case 9: grade = 'A'; break;
    case 8: grade = 'B'; break;
    case 7: grade = 'C'; break;
    case 6: grade = 'D'; break;
    default: grade = 'E'; break;         //此处 break 可缺省
    }
    printf("The grade is % c. \n", grade);
    return 0;
}
```

运行结果为

```
Please input a score(0~100) :89.9 ↙
The grade is B.
```

【例 4-13】 制作简单的"猜数字游戏"。程序运行时自动产生 1～10 的随机整数,从键

盘输入猜的数字,如果猜对了,显示"恭喜你,猜对了!";如果猜错了,则显示"很遗憾,你猜错了!"。

解题思路:

(1) 生成一个随机数。需要用到两个库函数:srand()和 rand(),需要的头文件是 stdlib.h。

调用 rand()函数后会返回一个随机值,范围为 0~RAND_MAX[若是 int 双字节(16 位),则 RAND_MAX 是 32767;若是 unsigned int 双字节,则 RAND_MAX 是 65535]。需要注意的是,在调用此函数前,必须利用 srand()函数设置随机数种子,rand()在调用时会默认随机数种子为 1。

srand()函数的参数 seed 必须是整数,而且每次调用时值应不同。如果每次 seed 的值都相同,rand()函数将会生成相同的随机数。通常使用 time()函数产生的值作为随机种子,在相同平台的环境下,不同时间产生的随机数是不同的,其中 time()函数需包含头文件 time.h。

通常会用下面的语句设置不同的随机数种子,以生成不同的随机数。

```
srand(unsigned)time(NULL))
```

(2) 生成一个[a,b]区间的随机整数,可以使用表达式 rand()%(b-a+1)+a。

程序如下:

```
#include <stdio.h>
#include <stdlib.h>
#include <time.h>
int main()
{
    int x,guess;
    srand((signed)time(NULL));
    x = rand() % 10 + 1;
    printf("你猜的数是: ");
    scanf("% d",&guess);
    if (guess == x)
        printf("恭喜你,猜对了!\n");
    else
        printf("很遗憾,你猜错了!\n");
    return 0;
}
```

运行结果为

你猜的数是: 8↙
恭喜你,猜对了!

【例 4-14】 求一元二次方程 $ax^2+bx+c=0$ 的解。

解题思路:

(1) 如果 a 值为 0,则不是一元二次方程,直接终止程序运行 exit(0)。exit(0)的作用是正常运行程序并退出程序,exit()函数的头文件是 stdlib.h。

(2) 如果 a 值不为 0,则根据 $\Delta=b^2-4ac$ 的值判断方程的根。

$$\begin{cases} b^2-4ac>0, 有两个不等实根\left(x_1=\dfrac{-b+\sqrt{b^2-4ac}}{2a}, x_2=\dfrac{-b-\sqrt{b^2-4ac}}{2a}\right)。 \\[3mm] b^2-4ac=0, 有两个相等实根\left(x_1=x_2=\dfrac{-b}{2a}\right)。 \\[3mm] b^2-4ac<0, 有两个共轭复根\left(x_1=\dfrac{-b}{2a}+\dfrac{\sqrt{b^2-4ac}}{2a}i, x_2=\dfrac{-b}{2a}-\dfrac{\sqrt{b^2-4ac}}{2a}i\right)。 \end{cases}$$

如果用 deta 表示 b^2-4ac,用 p 表示 $\dfrac{-b}{2a}$,用 q 表示 $\dfrac{\sqrt{b^2-4ac}}{2a}$,则:

$$\begin{cases} 当 deta>0 时, 有两个不等实根(x_1=p+q, x_2=p-q)。 \\ 当 deta=0 时, 有两个相等实根(x_1=x_2=p)。 \\ 当 deta<0 时, 有两个共轭虚根(x_1=p+qi, x_2=p-qi)。 \end{cases}$$

算法流程图如图 4-10 所示。

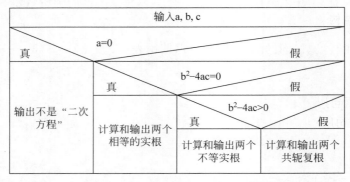

图 4-10　求一元二次方程的根 N-S 流程图

程序如下:

```
# include < stdio. h>
# include < stdlib. h>                    //调用函数 exit()
# include < math. h>                      //调用平方根函数 sqrt()
# define EPS 1e − 6                       //定义符号常量 EPS
int main()
{
    float a,b,c,deta,p,q;                 //deta 用来存放判别式 b² − 4ac 的值
    printf("请输入系数 a,b,c:");
    scanf(" % f % f % f",&a,&b,&c);
    if (fabs(a)< EPS)                     //如果 a = 0,则不是一元二次方程
    {
        printf("不是一元二次方程!\n");
        exit(0);                          //正常结束程序运行
    }
    deta = b * b − 4 * a * c;
    p = − b/(2.0 * a);
    q = sqrt(fabs(deta))/(2.0 * a);
    if (fabs(deta)< EPS)
        printf("方程有两个相等实根:x1 = x2 = % f\n",p);
    else if (deta > 0)
        printf("方程有两个不等实根: x1 = % .2f,x2 = % .2f\n",p + q,p − q);
    else
```

```
    {
        printf("方程有一对共轭虚根:x1 = %.2f + %.2fi,",p,q);
        printf("x2 = %.2f - %.2fi\n",p,q);
    }
    return 0;
}
```

运行结果为

```
1 - 5 6 ✓
方程有两个不等实根: x1 = 2.00,x2 = 3.00
1 2 1 ✓
方程有两个相等实根:x1 = x2 = - 1.00
```

小结

选择结构是结构化程序设计的 3 种基本结构之一,C 语言用 if 语句和 switch 语句来实现选择结构。

(1) if 语句主要有 3 种形式:单分支 if 语句、双分支 if 语句和多分支 if-else-if 语句,通常用 if 语句的嵌套和多分支 if-else-if 语句来解决多路分支问题。

(2) switch 语句用于多分支选择结构,根据表达式的值选择执行不同的语句序列。

(3) break 语句用于跳出 switch 语句体,使 switch 语句真正实现"纵使分支众多,只择其一"的作用。

(4) 使用条件运算符也可以实现选择结构。

本 章 常 见 错 误 分 析

常见错误实例	常见错误解析

if (x<0);
　y = x * x;
	由于 if 语句行后面加了分号,当条件满足时执行空语句,所以无论 x 为何值,y 的值都是 x^2。可以改为:
	if (x < 0)
	　y = x * x;

if (a<b)
t = a;
a = b;
b = t;
	当 a<b 条件满足时,应执行 3 条语句实现 a、b 值的互换。因为没有用花括号将这 3 条语句括起来成为一条复合语句,所以当条件满足时,只执行一条语句"t=a;"。可以改为:
	if (a<b)　{ t = a; a = b; b = t;}

if (a>b)
　max = a;
　min = b;
else
　max = b;
　min = b;
	当条件 a>b 满足后执行 max=a,然后顺序执行 min=b,else 没有找到与之匹配的 if,所以程序出现编译错误。应改为:
	if (a>b)
	　{ max = a;　min = b; }
	else
	　{ max = b;　min = b; }

常见错误实例	常见错误解析

``
float m;
switch (m)
{
    case 1.0 : printf("1.0");
    case 2.0 : printf("2.0");
    default : printf("others");
}
``
	switch 后面的表达式类型只能是整型或字符型,不能是浮点型。应改为:
	``
	int m;
	switch (m)
	{
	    case 1 : printf("1");
	    case 2 : printf("2");
	    default : printf("others");
	}
	``

``
switch (m)
{
  case1 : printf("1");   break;
  case2 : printf("2");   break;
  default : printf("others");
}
``
	case 与后面的常量之间应该用空格分隔,如果没有空格,程序运行时会出错,无论输入 1,2,还是其他值,均执行 default 语句。应改为:
	``
	switch (m)
	{
	    case 1 : printf("1");break;
	    case 2 : printf("2"); break;
	    default : printf("others");
	}
	``

``
if (a = b)
  printf("a 等于 b\n");
``
	if 后面的表达式是判断 a 和 b 的值是否相等的,结果关系运算符"=="
	写成赋值运算符"="。应改为:
	``
	if (a == b)
	  printf("a 等于 b\n");
	``

习题 4

1. 基础篇

(1) 设 x、y、z 都是 int 型变量,请写出描述"x、y 和 z 中有两个是负数"的表达式(   )。

(2) 已知 int x=1,y=2,z=3;,语句"if(x>y) z=x;x=y;y=z;"执行后,x 的值为(   ),y 的值为(   ),z 的值为(   )。

(3) 在 switch(c){…}结构中,括号内表达式 c 的类型是(   )。

(4) 在 C 语言的 if 语句中,用于表示判断条件的表达式可以是(   )类型的表达式。

(5) 当 m=2,n=1,a=1,b=1,c=3 时,执行表达式 d=(m=a!=b)&&(n=b<c)后,m 的值是(   ),n 的值是(   )。

(6) 为了避免嵌套的 if 语句出现二义性,C 语言规定:else 总是与离它(   )的且未匹配的 if 配对。

(7) 设 ch 是 char 型变量,其值为'F',则下面表达式的值是(   )。

ch = (ch >= 'A'&&ch <= 'Z')?ch + 32:ch;

(8) C 语言的 switch 语句中,case 与后面的常量之间应该用(   )分隔,否则程序运行时会出错。

（9）break 语句通常用在（　　　）和循环结构中，作用是跳出当前所在结构。

（10）对于多路分支问题的解决，可以使用多分支 if-else-if 语句、if 的嵌套以及 switch 语句。当判断固定常量或常量表达式时，多使用（　　　）。

2．进阶篇

（1）以下程序的运行结果是（　　　）。

```
# include < stdio. h >
int main( )
{
    int x = 2, y = 4, z = 2;
    if (x < y)
    if (y < 0)   z = 0;   else   z += 1;
    printf(" % d",z);
    return 0;
}
```

（2）以下程序的运行结果是（　　　）。

```
# include < stdio. h >
int main( )
{
    int a = 5, b = 0, c = 1;
    if (a == b + c) printf(" *** \n");
    else printf(" $ $ $ \n");
}
```

（3）有以下程序，当输入"−5，−10"时，该程序的运行结果是（　　　）。

```
# include < stdio. h >
int main( )
{
    int a, b;
    scanf(" % d, % d" ,&a, &b);
    if (a > b)
    if (a > 0) printf("A" );
    else if (b > − 5) printf("B" );
    else printf( "C" );
    printf( " * \n" );
    return 0;
}
```

（4）若运行时输入 'f'，则以下程序的运行结果是（　　　）。

```
# include < stdio. h >
int main( )
{
    char i;
    scanf(" % c",&i);
    switch (i)
    {
        case 'a': i++; printf(" % c",i); break;
        case 'b': i++; printf(" % c",i);
        default: i = i + 2; printf(" % d",i);
    }
    return 0;
}
```

(5) 以下程序的运行结果为(　　　　)。

```c
# include < stdio. h>
int main()
{
    int s = 15;
    switch (s/4)
    {
        case 1:printf("1");
        default:printf("0");
        case 2:printf("2");
        case 3:printf("3");break;
    }
    return 0;
}
```

(6) 下面程序是对 a,b,c,d 四个数进行排序,按从大到小的顺序输出,请在[填空 1]、[填空 2]、[填空 3]处填入正确内容。

```c
# include < stdio. h>
int main()
{
    int a,b,c,d,t;
    scanf("%d%d%d%d",&a,&b,&c,&d);
    if ([填空 1]){ t = a;a = b;b = t;}
    if (c<d) {t = c;c = d;d = t;}
    if ([填空 2]) {t = a;a = c;c = t;}
    if (b<c) {t = b;b = c;c = t;}
    if ([填空 3]) {t = b;b = d;d = t;}
    if (c<d) {t = c;c = d;d = t;}
    printf("从大到小: %d, %d, %d, %d\n",a,b,c,d);
    return 0;
}
```

3. 提高篇

(1) 下面程序的功能是:输入 1～7 的整数,输出对应的星期信息。程序中有 3 处错误,请找出错误并改正。注意:不得增行或删行,也不得更改程序的结构。

```c
# include < stdio. h>
int main()
{
    float n;
    printf("请输入 1～7 的整数: ");
    scanf("%d",n);
    switch (n)
    {
        case 1:printf("Mon\n");
        case 2:printf("Tue\n"); break;
        case 3:printf("Wed"); break;
        case 4:printf("Thu\n"); break;
        case 5:printf("Fri\n"); break;
        case 6:printf("Sat\n"); break;
        case 7:printf("Sun\n"); break;
        default:printf("输入错误!"); break;
    }
```

```
        return 0;
    }
```

（2）下面程序的功能是：从键盘输入 3 条边的信息，计算并输出三角形面积和周长。程序中有 3 处错误，请找出错误并改正。注意：不得增行或删行，也不得更改程序的结构。

```
# include < stdio. h >
# include < math. h >
int main()
{
    double a,b,c;
    double area,p,s;
    printf("请输入三角形的三边: ");
    scanf("% d% d% d",&a,&b,&c);
    if (a+b>c||b+c>a||c+a>b)
    {
        s = (a+b+c)/2;
        area = sqrt(s(s-a)(s-b)(s-c));
        p = a+b+c;
    printf("面积: % f,周长: % f\n",area,p);
    }
    else
    printf("三边不能围成三角形!\n");
    return 0;
}
```

（3）编写程序，判断从键盘输入的数是不是水仙花数。如果一个 3 位数，它的各位数字之立方和等于该数本身，则称其为水仙花数。例如，$153 = 1^3 + 5^3 + 3^3$。

（4）编写程序，求一个数的绝对值。注：不能使用库函数 fabs()。

（5）编写程序，实现简易计算器的功能。要求用户从键盘输入运算数和四则运算符，输出计算结果。

（6）编写程序，输入一个日期（年/月/日），计算该日期是该年的第几天。

（7）编写程序，计算运费。设每公里每吨货物的基本运费为 p，货物重为 w，距离为 s，折扣为 d，则总运费 f 的计算公式为 $f = p \times w \times s \times (1-d)$，路程（s/km）越远，每公里运费越低，标准如下：

$$
\begin{cases}
s < 500km, & \text{没有折扣} \\
500 \leqslant s < 1500, & 1\%\text{折扣} \\
1500 \leqslant s < 2500, & 3\%\text{折扣} \\
2500 \leqslant s < 3500, & 5\%\text{折扣} \\
3500 \leqslant s < 4500, & 8\%\text{折扣} \\
4500 \leqslant s, & 10\%\text{折扣}
\end{cases}
$$

## 第 5 章

循环结构程序设计

现实生活中常常会遇到需要重复处理的问题,在这一类问题中有一些步骤是被重复执行的,反映到程序中表现为一组指令或程序段被有条件地反复执行,这种不断被重复执行的结构称为循环结构。循环结构是结构化程序设计的基本结构之一,它的特点是在给定条件成立时,反复执行某程序段,直到条件不成立时停止。其中给定的条件称为循环条件,反复执行的程序段称为循环体。

C 语言中提供了 goto 语句、while 语句、do while 语句和 for 语句实现循环结构,它们可以用来处理同一问题,一般情况下可以相互替换。但是结构化的程序设计不提倡使用 goto 语句,因为它强制改变程序的执行顺序,会给程序的运行带来不可预料的错误。本章主要学习 while、do while 和 for 这 3 种循环控制语句。

本章学习重点:

(1)循环的概念及特点;

(2)while、do while 和 for 语句的语法格式及应用;

(3)break 语句和 continue 语句的语法格式及应用;

(4)循环嵌套的应用。

本章学习目标:

(1)理解循环的概念及特点;

(2)掌握 while、do while、for 语句的语法格式及使用方法;

(3)掌握 continue 语句和 break 语句在循环中的应用;

(4)灵活运用 3 种循环语句及循环嵌套解决实际问题。

5.1 循环结构的引入

如果需要输出 1~10 的 10 个整数,该如何解决?最直接的方法是用 printf()函数输出这 10 个数。

```
printf("%d%d%d%d%d%d%d%d%d%d",1,2,3,4,5,6,7,8,9,10);
```

但这样书写比较麻烦,如果要求输出更多的数,如 1~100、1~1000,这种方法显然不合适,可以尝试使用另一种方法。

```
printf("%d",1);
printf("%d",2);
```

```
…
printf(" %d ",10);
```

在上面的方法中 10 条语句基本类似,后面的输出项由 1 到 10,每次递增 1,呈规律性变化。如果用变量 i 表示输出项,用 i＝i＋1 实现递增,可将程序改写为

```
int i = 1;
printf(" %d ",i);i = i + 1;
…                                      10 条语句
printf(" %d ",i);i = i + 1;
```

通过观察发现,"printf("%d ",i);"和"i＝i＋1;"这两条语句是重复执行的,可以将这两条语句作为循环体反复执行。如果输出 1～10,则让它们重复执行 10 次;如果输出 1～100,则重复执行 100 次。那么如何实现重复执行呢? 可以借助 C 语言提供的循环控制语句来实现。

5.2 while 语句

在 C 语言中,可以使用 while 语句来实现循环,它的特点是通过判断循环控制条件是否满足来决定是否执行循环,一般形式为

```
while (表达式)
{
    语句序列
}
```

执行流程:先计算表达式的值,如果表达式的值是非 0 值(逻辑真),表示循环条件成立,则执行语句序列。并再次计算表达式的值,如果其值仍是非 0 值(逻辑真),则继续执行语句序列。此过程反复执行,直到表达式的值为 0(逻辑假)时循环结束。while 语句执行流程图如图 5-1 所示。

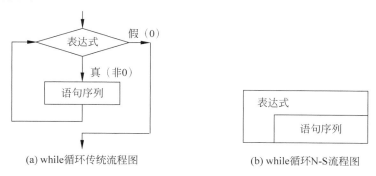

(a) while循环传统流程图　　　　　(b) while循环N-S流程图

图 5-1　while 语句执行流程图

说明:

(1) 表达式为循环控制条件,可以是任何类型的表达式,一般情况是关系表达式或逻辑表达式。只要表达式的值非 0(逻辑真),则循环条件成立,执行语句序列。

(2) 语句序列是循环体,可以是一条语句,也可以是多条语句或空语句。如果是多条语句,要加花括号构成复合语句。

利用 while 循环语句解决前面的问题：输出整数 1～10,其算法流程图如图 5-2 所示。

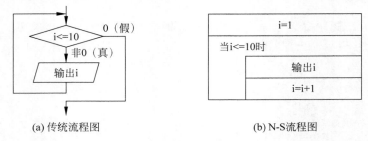

    (a) 传统流程图　　　　　　　　　　　(b) N-S流程图

图 5-2　输出 10 个整数流程图

程序如下：

```
int main()
{
    i = 1;
    while (i < = 10)
    {
        printf(" % d\n",i);
        i = i + 1;
    }
    return 0;
}
```

使用 while 语句应注意的问题：

① 给循环变量赋初值。在程序中用来控制循环条件的变量称为循环变量。进入循环前,必须给循环变量赋初值。因为 C 语言不会自动给变量赋初值(除非是全局变量或静态局部变量,系统会为它们自动赋初值为 0),如果没有给循环变量赋初值,则可能会得到一个该存储空间上一次运算的遗留值,所以导致程序运行的结果不能确定。

例如,

```
int i;
while (i < = 10)
{
    printf(" %d\n",i);
    i = i + 1;
}
```

运行结果为

```
- 858993460
- 858993461
- 858993462
...
```

由于在进入循环体前没有给循环变量 i 赋初值,因此循环变量 i 获得了一个随机值 -858993460,而且这个值满足循环条件 i<=10,所以执行循环体并输出 i 值,然后自增 1 后继续循环。

思考：观察下面的程序段,分析程序运行结果。

```
int i;
```

```
while (i <= 10)
{
    i = 1;
    printf(" % d\n",i);
    i = i + 1;
}
```

② 循环的执行次数是由循环条件决定的。表示循环条件的表达式可以是任意类型的表达式,也可以是常量或变量,只要表达式的值非 0(逻辑真),表示循环条件成立,就执行循环体,否则就不执行循环体。如果表达式的值一开始就为 0(逻辑假),那循环体一次也不执行。

例如,已有定义"int i=10,a=1;",则下面的 3 个循环条件均为真,都能执行相应的循环体。

```
while (i <= 100)    {   …   }
while (i <= 100&&i >= 10)   {   …   }
while (a) {   …   }
```

而下面的循环语句中因为一开始循环条件就为假,所以循环体一次也没有执行。

```
while (i >= 50)   {   …   }              //i的初值为10,所以表达式的值为 0
```

③ 在循环控制表达式中,或在循环体内必须有改变循环变量值的语句,使循环趋向结束,否则会形成死循环。所谓死循环,是指无法靠自身的控制终止的循环。例如,

```
int i;
i = 1;
while (i < = 100)
{
    printf(" % d\n",i);
}
```

由于在循环体内没有改变循环变量 i 的表达式,所以 i 的值一直维持 1,形成死循环。

【例 5-1】 求 $\sum\limits_{i=1}^{100} i$。

解题思路:

(1) 根据题目可知 s=1+2+3+…+100,这是一个累加求和问题,先后有 100 个数相加,加法运算要执行 100 次,所以用循环结构解决。

(2) 反复执行的操作是两个数相加,其中加数总是比前一个加数增加 1,如果用变量 i 来表示加数,则 i=i+1。第一个加数是 1,最后一个加数是 100,所以 i 值从 1 增长到 100 后就不再循环。

(3) 被加数是上一次加法运算的和,如果用变量 s 存放上一次相加的和,那么加法运算可以写成 s+i,然后再将加法运算的结果存入 s,因此就有表达式 s=s+i。这里 s 表示累加和,通常称为累加器。需要注意,累加器 s 的初值一定要设为 0,否则会因为 s 的初值不确定,导致程序运算结果出错。

算法流程图如图 5-3 所示。

程序如下:

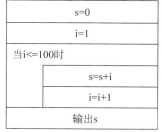

图 5-3 求 $\sum\limits_{i=1}^{100} i$ 的 N-S 流程图

```
# include < stdio. h >
int main()
{
    int i = 1;                      //定义循环变量 i,初值为 1
    int s = 0;                      //定义累加器 s,初值为 0
    while (i < = 100)               //循环执行条件 i < = 100
    {
        s = s + i;                  //累加器求和
        i = i + 1;                  //加数自增 1,逐渐向循环跳出条件 i > 100 靠拢
    }
    printf("s = %d,i = %d\n",s,i);  //输出累加和,以及跳出循环时的 i 值
    return 0;
}
```

运行结果为

```
s = 5050,i = 101
```

思考:

如何求 1~100 的奇数和? 如何求 1~100 的偶数和? 求 1~100 中的 5 的倍数和?

【例 5-2】 用公式 $\dfrac{\pi}{4} = 1 - \dfrac{1}{3} + \dfrac{1}{5} - \dfrac{1}{7} + \dfrac{1}{9} - \cdots$ 求 π 的近似值,直到最后一项的近似值小于 10^{-4} 为止。

解题思路:根据题目可知,这个问题也是累加求和问题,不同之处在于:

(1) 公式中每个分数的分母为奇数 1,3,5,7,9…,每循环一次增长值为 2。如果用变量 n 表示分母,则 n = n + 2,n 的初值为 1。

(2) 每个加数的符号是正负交替变化的,可以定义一个专门用于记录符号变化的变量 flag,每循环一次,flag = (-1) * flag,实现正负符号交替变化。

(3) 如果每一个加数(即 1/n)用变量 t 来表示,虽然不知道要加多少项,但可以用最后一项 t 的绝对值小于 10^{-4} 来作为循环结束的条件。所以循环的执行条件可以表示为 $|t| \geqslant 10^{-4}$。

程序如下:

```
# include < stdio. h >
# include < math. h >              //调用 fabs() 函数需要包含 math.h 文件
int main()
{
    int flag = 1;                  //定义变量 flag 初值为 1
    float n = 1.0;                 //定义变量 n 表示分母,初值为 1.0
    float s = 0.0;                 //定义累加器 s,初值为 0
    float t = 1.0;                 //定义变量 t 表示每一个分数,初值为 1
    while (fabs(t) > = 1E - 4)      //当加数 t ≥ 10⁻⁴ 时执行循环
    {
        s = s + t;
        n = n + 2;
        flag = - flag;             //符号正负交替
        t = flag * (1/n);          //求出下一次累加的分数项
    }
    s = s * 4.0;                   //求 π 值
    printf("pi = %f\n",s);
    return 0;
}
```

运行结果为：

```
pi = 3.141397
```

5.3 do while 语句

do while 语句可以实现直到型循环，一般形式为

```
do
{
    语句序列
}while ( 循环控制表达式 );
```

执行过程：首先无条件地执行一次循环体，然后计算表达式的值，如果表达式的值非 0（逻辑真），表示循环条件成立，则返回重新执行循环体；直到表达式的值为 0（逻辑假），循环条件不成立时结束循环。所以，do while 循环的特点是无论如何都会执行一次循环体。do while 语句执行流程图如图 5-4 所示。

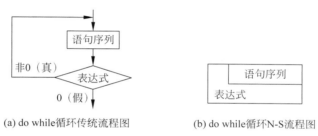

(a) do while循环传统流程图　　(b) do while循环N-S流程图

图 5-4　do while 语句执行流程图

说明：

（1）do 相当于一个标号，它标志着循环结构的开始，注意后面不能加分号";"。

（2）语句序列无论是一条语句，还是多条语句，都用花括号{ }将它括起来，使得结构清晰，尤其对于初学者来说更容易理解。

（3）do while 语句整体上是一条语句，所以 while（表达式）后面的语句结束标志分号";"不能缺少。

用 do while 语句改写【例 5-1】，算法流程图如图 5-5 所示。

循环部分的代码如下：

```
i = 1;
do                              //循环开始,后面不能跟分号";"
{
    s = s + i;
    i = i + 1;
}while(i <= 100);               //语句后面的分号";"不能少
```

s=0
i=1
s=s+i
i=i+1
当i<=100时
输出s

图 5-5　求 $\sum\limits_{i=1}^{100} i$ 的 N-S 流程图

注意：while 语句和 do while 语句处理循环时，它们的区别主要体现在以下两个方面：

① 书写格式上不同。while 语句中 while（表达式）后面没有分号";"，而 do while 语句在 while（表达式）后面一定要有分号";"。

② 执行流程不同。while 语句是先判断条件然后再执行循环体,而 do while 语句是先执行循环体,然后再判断条件。如果循环条件一开始就不满足,那么 while 循环一次也不执行,而 do while 循环会执行一次。

思考:观察下面两段代码,分析运行结果。

```
程序(a)
   i = 10;
   while (i < 1)
   {
       printf("%d",i);
       i = i + 1;
   }
```

```
程序(b)
   i = 10;
   do
   {
       printf("%d",i);
       i = i + 1;
   }while (i < 1);
```

【**例 5-3**】 输入两个数 m 和 n,求 m 和 n 的最大公约数。

解题思路:辗转相除法求最大公约数是用 m 除以 n 求余数 r,当 r≠0 时,用除数做被除数,用余数做除数再求余数 r,如此反复,直到 r=0 时,除数即为所求的最大公约数。算法流程图如图 5-6 所示。

程序如下:

```
# include < stdio.h>
int main()
{
    int m,n,r;
    scanf("%d%d",&m,&n);
    do
    {
        r = m % n;
        m = n;              //将除数 n 赋给被除数 m
        n = r;              //将余数 r 赋给除数 n
    }while (r!= 0);         //直到 r = 0 跳出循环
    printf("最大公约数是%d\n",m);
    return 0;
}
```

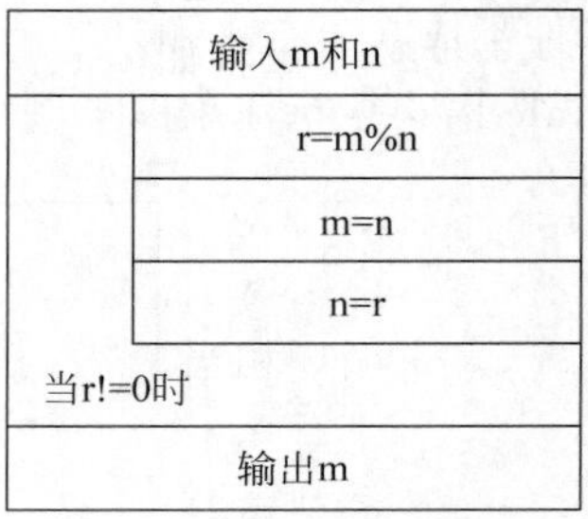

输入m和n
r=m%n
m=n
n=r

当r!=0时

输出m

图 5-6 用 do while 求最大公约数的 N-S 流程图

运行结果为

```
24 10↙
最大公约数是: 2
```

5.4 for 语句

C 语言提供了另一个使用非常广泛的语句 for 循环语句,通常适用于已知循环次数的情况,一般形式为

```
for(表达式 1; 表达式 2; 表达式 3)
{
    语句序列
}
```

执行过程:先执行表达式 1,然后判断表达式 2 的循环条件是否为真。如果为真则执行

循环体,然后再执行表达式3,接下来继续判断表达式2的循环条件是否为真,如果为真则继续执行循环体和表达式3,直到表达式2表示的循环条件为假时结束循环,执行 for 语句后面的语句。for 语句执行流程如图 5-7 所示。

说明:

(1) 表达式 1 一般是赋值表达式,它的作用是为循环变量赋初值。表达式 1 决定了循环的起始条件,只在循环开始前执行一次。

(2) 表达式 2 是循环控制条件,用来判断是否继续执行循环,一般是关系表达式或逻辑表达式。每次执行循环体前先计算表达式 2 的值,只要它的值是非 0 值,表示循环条件成立,执行循环体,否则结束循环执行 for 循环后面的语句。

(3) 表达式 3 一般为赋值表达式,它的作用是改变循环变量的值,使循环趋向结束,通过表达式 3 定义每执行一次循环后循环变量将如何变化。

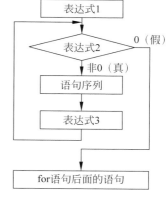

图 5-7 for 语句执行流程图

(4) 循环体中语句序列可以是一条语句,也可以是多条语句,通常用花括号括起来。

(5) 通过比较 for 循环和 while 循环的流程图,发现它们的流程都是一样的,只是写法有所不同,所以 while 循环与 for 循环可以相互转换。相比之下,for 语句的结构更加紧凑、清晰。for 循环相当于下面的 while 循环。

```
表达式 1;                //给循环变量赋初值
while (表达式 2)         //表达式 2 为循环判断条件
{
    语句序列;
    表达式 3;            //改变循环变量的值
}
```

用 for 语句改写【例 5-1】,循环部分代码如下:

```
for (i = 1; i < = 100; i++)
{
    s = s + i;
}
```

【例 5-4】 编写程序,输出斐波那契数列的前 20 项,要求每行输出 10 个数。

解题思路:斐波那契数列是这样一个数列:1、1、2、3、5、8、13、21,规律是从第 3 个数开始后面的每一个数都是前面两个数的和。

斐波那契数列可以用数学上的递推公式来表示:

$F_1 = 1$

$F_2 = 1$

$F_n = F_{n-1} + F_{n-2}$

算法流程如图 5-8 所示。

程序如下:

```
# include < stdio. h >
int main()
{
```

```
int f1,f2,f,i;
f1 = 1,f2 = 1;
printf("%6d%6d",f1,f2);   //输出 f1,f2 并控制每项占 6 列
for (i = 3;i <= 20;i++)
{
    f = f1 + f2;        //从第 3 项开始,每项都是前两项的和
    printf("%6d",f);
    f1 = f2;
    f2 = f;
    if (i%10 == 0) printf("\n");   //控制每行输出 10 个数
}
return 0;
}
```

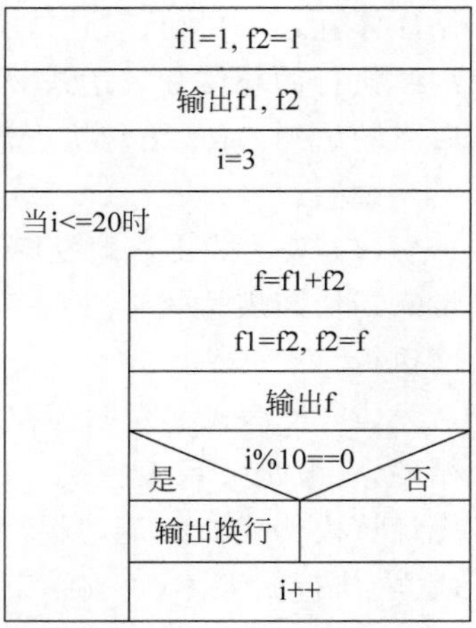

运行结果为

1	1	2	3	5	8	13	21	34	55
89	144	233	377	610	987	1597	2584	4181	6765

图 5-8 斐波那契数列 N-S 流程图

【例 5-5】 韩信有一队兵,他想知道有多少人,便让士兵报数:按从 1～5 报数,最末一个士兵报的数为 1;按从 1～6 报数,最末一个士兵报的数为 5;按从 1～7 报数,最末一个士兵报的数为 4;按 1～11 报数,最末一个士兵报的数为 10。编程求韩信至少有多少个士兵。

解题思路:本题采用穷举法,它的基本思想是假设各种可能的解,让计算机逐一进行测试,如果测试的结果满足条件,则假设的解就是所要求解的值。从 1 开始逐个取出一个自然数进行判断,如果有一个数除以 5、6、7、11 后的余数分别是 1、5、4、10,那么这个数就是要求的解,此时结束测试并输出这个数。如果没有满足条件,则继续测试下一个数,直到找到该数。

程序如下:

```
#include<stdio.h>
int main()
{
    int n;
    for (n = 1; ;n++)                                    //士兵人数从 1 开始
    {
        if (n%5 == 1&&n%6 == 5&&n%7 == 4&&n%11 == 10)    //4 个条件都满足时结束循环
        {
            printf("士兵至少有%d 人\n",n);                //输出人数 n
            break;                                       //跳出循环
        }
    }
    return 0;
}
```

运行结果为

士兵至少有 2111 人

使用 for 语句时应注意:

① for 语句中表达式 1 可以省略,但其后的分号";"不能省略。此时需要在 for 语句之前给循环变量赋初值。

例如,

```
i = 1;
for (; i <= 100; i++)
    s = s + i;
```

② for 语句中表达式 2 也可以省略,但其后的分号";"不能省略。如果表达式 2 省略,则默认循环条件恒为"真",循环将一直执行下去成为死循环,除非循环体内有控制循环退出的语句。

例如,

```
for (i = 1; ;i++)                    //若省略表达式2,则循环条件恒为真
{
    s = s + i;
    if (i > 100) break;              //如果 i > 100,用 break 跳出循环
}
```

③ for 语句中表达式 3 也可以省略,此时需要在循环体内增加改变循环变量值的表达式,否则会形成死循环。

例如,

```
for (i = 1; i <= 100; )
{
    s = s + i;
    i++;                             //改变循环变量 i 的值,使循环趋向结束
}
```

④ 如果同时省略表达式 1 和表达式 3,只有表达式 2,则需要在 for 语句前给循环变量赋初值,在循环体内改变循环变量的值,此时相当于只给了循环条件,与 while 循环完全相同。

例如,

```
i = 1;                          i = 1;
for (;i <= 100; )               while (i <= 100)
{                                 {
    sum = sum + i;       等价于        sum = sum + i;
    i++;                              i++;
}                                 }
```

⑤ 如果表达式 1、表达式 2、表达式 3 都省略,那么此时没有循环条件,默认循环条件恒为"真",既没有给循环变量赋初值,也没有改变循环变量的值,则会无休止地执行循环体,形成死循环。

例如,

```
for (; ;)  {   …   }
```

等价于:

```
while (1)  {   …   }
```

⑥ 表达式 1 和表达式 3 既可以是赋值表达式,也可以是逗号表达式。如果是逗号表达式,则可以在给循环变量赋初值的同时,给其他变量赋值;或是在改变循环变量的同时,给其他变量赋值。

例如,

```
int i,j;
for (i = 1,j = 10;i <= j;i++,j-- )  //i,j初值都为1,每循环一次 i 递增,j 递减,直到 i>j 时跳出循环
    printf("i = % d,j = % d\n",i,j);
```

⑦ 循环体也可以是空语句。

例如,

```
for (i = 1,s = 0;i <= 100;i++,s += i);  //循环体为空
```

5.5 循环嵌套

循环嵌套是指在一个循环体内又包含另一个完整的循环结构。嵌套在循环体内的循环称为**内层循环**,外面的循环称为**外层循环**。内嵌的循环中还可以嵌套循环,形成多层循环,while 循环、do while 循环和 for 循环可以互相嵌套。例如,下面几种都是合法的形式:

```
(1)
while ()
{   ⋮
        while ()
        { … }
}
```

```
(2)
do
{   ⋮
        do
        {
            …
        }while ();
}while ();
```

```
(3)
for ( ; ; )
{   ⋮
        for ( ; ; )
        { … }
        ⋮
}
```

```
(4)
for ( ; ; )
{   ⋮
        while ()
        { … }
        ⋮
}
```

【例 5-6】 编程输出如图 5-9 所示的九九乘法口诀表。

```
1*1= 1   1*2= 2   1*3= 3   1*4= 4   1*5= 5   1*6= 6   1*7= 7   1*8= 8   1*9= 9
2*1= 2   2*2= 4   2*3= 6   2*4= 8   2*5=10   2*6=12   2*7=14   2*8=16   2*9=18
3*1= 3   3*2= 6   3*3= 9   3*4=12   3*5=15   3*6=18   3*7=21   3*8=24   3*9=27
4*1= 4   4*2= 8   4*3=12   4*4=16   4*5=20   4*6=24   4*7=28   4*8=32   4*9=36
5*1= 5   5*2=10   5*3=15   5*4=20   5*5=25   5*6=30   5*7=35   5*8=40   5*9=45
6*1= 6   6*2=12   6*3=18   6*4=24   6*5=30   6*6=36   6*7=42   6*8=48   6*9=54
7*1= 7   7*2=14   7*3=21   7*4=28   7*5=35   7*6=42   7*7=49   7*8=56   7*9=63
8*1= 8   8*2=16   8*3=24   8*4=32   8*5=40   8*6=48   8*7=56   8*8=64   8*9=72
9*1= 9   9*2=18   9*3=27   9*4=36   9*5=45   9*6=54   9*7=63   9*8=72   9*9=81
```

图 5-9 九九乘法口诀表

解题思路:

(1) 观察乘法表中第 1 行的变化规律:被乘数 1 保持不变,乘数从 1 变化到 9,每次增加 1,因此构造如下循环即可实现乘法表第 1 行的输出。

```
for (j = 1; j <= 9; j++)
    printf(" % 1d * % 1d = % 2d ", 1 * j);
```

(2) 再观察乘法表中第 2 行的变化规律:被乘数 2 保持不变,乘数从 1 到 9 每次递增 1,与第 1 行的处理过程一样,只需将被乘数改为 2,然后将上面的循环再执行一次即可。

(3) 同理,第 3 行、第 4 行、……、第 9 行,处理过程都一样,只需将被乘数从 1 变化到 9,对上面循环执行 9 次。因此在上面循环的外面再加上一个循环构成双重循环,就可以输出九九乘法口诀表。算法流程图如图 5-10 所示。

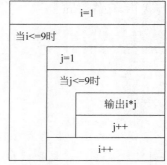

图 5-10 乘法口诀表 N-S 流程图

程序如下:

```c
# include < stdio. h>
int main()
{
    int i, j;
    for (i = 1; i <= 9; i++)                    //外层循环变量 i,控制被乘数变化
    {
        for (j = 1; j <= 9; j++)                //内层循环变量 j,控制乘数变化
            printf(" % 1d * % 1d = % 2d   ", i, j, i * j);   //输出格式控制
        printf("\n");                           //输出一行后换行
    }
    printf("\n");
    return 0;
}
```

双重循环的执行过程是:首先执行外层循环,当外层循环变量 i 取初值 1 时执行内层循环,内层循环变量 j 的值将从 1 变化到 9,在这个过程中 i 值始终不变,直到内层循环执行完毕。外层循环 i 的值才增长为 2,然后再执行一遍内层循环,j 值从 1 变化到 9。如此反复执行下去,直到外层循环变量 i 的值超过终值 9,整个双重循环才执行完毕。可以看出,在双重循环的执行过程中,外层循环执行一次,内层循环就要执行一遍。

思考:修改上面的程序,输出如图 5-11 所示的乘法口诀表。

图 5-11　乘法口诀表示意图

【例 5-7】　求 100～200 的全部素数。

解题思路:

(1) 如果一个整数只能被 1 和它本身整除,那么这个数(除了整数 1)就是素数。如 2、3、5、7 是素数,而 4、6 不是素数。

(2) 判断某数 m 是素数的方法,用 2,3,4,……,m－1 逐个去除 m,看它能否被整除。如果 m 能被其中一个数整除,那么 m 就不是素数,如果 m 不能被其中任一个数整除,那么 m 就是素数。当 m 较大时,除法执行的次数过多降低了程序的执行效率,所以可以对算法进行优化,只需用 m 除以 2,3,……,$\sqrt{m}$ 就可以了。

(3) 因为偶数一定不是素数可以直接排除,所以外层循环使循环变量 m 的值为 101～199,每循环 1 次循环变量增长 2。

```c
for (m = 101;m <= 199;m += 2)
```

程序如下:

```c
# include < stdio. h>
# include < math. h>                    //调用 sqrt()函数需要包含 math. h
int main()
{
    int m,k,i,n = 0,flag;               //设置标志变量 flag,标记 m 是否被某数整除
```

```
for (m = 101;m <= 199;m = m + 2)
{
    flag = 0;                                    //flag 初始值为 0
    k = sqrt(m);
    for (i = 2;i <= k;i++)                       //循环变量 i 的值从 2 增长到√m
    {
        if (m % i == 0)                          //如果 m 被 i 整除,则 m 不是素数
        {
            flag = 1;                            //标志变量 flag 设为 1 并停止测试,跳出内层循环
            break;
        }
    }
    if (flag == 0)                               //如果标志变量为 0,说明 m 是素数
    {
        printf(" % 4d",m);                       //输出素数
        n++;                                     //计数器加 1
        if (n % 7 == 0)
            printf("\n");                        //输出 7 个素数就换行
    }
}                                                //外循环结束
return 0;
}
```

运行结果为

```
101 103 107 109 113 127 131
137 139 149 151 157 163 167
173 179 181 191 193 197 199
```

使用循环的嵌套结构要注意的问题:

(1) 外层循环应完全包含内层循环,不能发生交叉。

例如,下面这种形式是不允许的:

```
do
{ …
    for ( … )
    { … while ( … );
    }
}
```

(2) 循环嵌套中循环变量尽量不要同名,以免造成混乱。

例如,在下面的程序中,内、外层循环使用了相同的循环变量,因此改变了原有的循环次数。

```
for (i … )
{ …
    for (i … )
    { … }
}
```

(3) 注意,使用缩进格式来明确嵌套循环的层次关系,以增加程序的可读性。

5.6 break 语句和 continue 语句

前面学习了 while 语句、do while 语句和 for 语句实现的循环结构,它们的共同特点是当循环条件满足时执行循环,只有在循环条件不满足的情况下才结束循环。然而有时需要

根据一定的条件提前跳出循环,或者在满足某种条件时提前结束本次循环,这就要用到 break 语句和 continue 语句。

5.6.1　break 语句

break 语句是限定转向语句,它能够使流程跳出所在的结构,转向执行该结构后面的语句。前面学习过可用 break 语句使流程跳出 switch 语句;break 语句还可以使流程跳出它所在的循环结构,提前结束本层循环转去执行该循环结构后面的语句。一般形式为

```
break;
```

执行过程:程序执行时先计算表达式 1 的值,如果表达式 1 的值非 0(逻辑真),则执行循环体。在循环体内,如果表达式 b 的值非 0(逻辑真),满足了提前跳出条件,则执行 break 跳出本层循环,程序的流程转去执行循环结构后面的语句。如果表达式 b 的值为 0(逻辑假),则继续执行循环体。执行流程如图 5-12 所示。从流程图可以看出,循环跳出的条件有两个:要么表达式 1 不成立时正常结束循环,要么表达式 b 成立时提前结束循环。

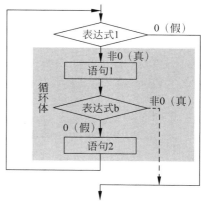

图 5-12　break 语句功能流程图

说明:

(1) break 语句只能用于 switch 语句和循环语句中。

(2) break 通常与 if 语句一起使用。当满足 if 的判断条件时提前终止循环,跳出相应的循环结构。

(3) 当 break 处于嵌套结构中时,它将使 break 语句所处的该层及内层结构循环中止,即 break 语句只能跳出它所在的循环,而对外层的结构没有任何影响。

【例 5-8】　读程序,分析程序运行结果。

程序如下:

```
# include < stdio. h>
int main()
{
    int   i, n;
    for (i = 1;i < = 5;i++)                //循环应执行 5 次
    {
        printf("Please enter n: ");
        scanf(" % d", &n);
        if (n < 0)   break;               //如果输入的 n 值小于 0,则提前跳出循环
        printf("n =  % d\n", n);
    }
    printf("Program is over!\n");
    return 0;
}
```

运行结果为

```
Please enter n: 15 ↙
n = 15
Please enter n: 20 ↙
```

```
n = 20
Please enter n: - 3 ↙
Program is over!
```

上面程序中循环变量 i 的值从 1~5 每循环 1 次递增 1,正常情况下应该执行 5 次循环。如果读入的 n 值小于 0,则执行 break 语句提前跳出循环,转去执行循环后面的语句。只有当读入的 n 值都大于或等于 0 时,才能保证循环执行 5 次后正常结束。

5.6.2 continue 语句

continue 语句也是限定转向语句,它的功能是提前结束本次循环,即跳过循环体中continue 语句后面尚未执行的语句,重新开始下一次循环。一般形式为

```
continue;
```

说明:

(1) continue 语句只能用在 while、do while 和 for 这 3 种循环语句中。通常和 if 配合使用,当条件满足时提前结束本次循环并开始下一次循环,但是并没有终止整个循环的执行。

(2) continue 语句在 3 种循环语句的执行流程略有不同。

- 在 while 和 do-while 语句中,当循环条件满足时,则执行循环体中的语句 1,然后判断表达式 b 是否满足,如果满足则越过 continue 后面的语句 2,流程转去判断表达式 1,从而开始下一次新的循环。如果表达式 b 的条件不满足,则继续执行语句 2。如图 5-13 所示。
- 在 for 语句中,当表达式 b 的条件满足时,程序流程会跳过循环体中还未执行的语句 2,转去执行表达式 3,改变循环变量的值,然后再去执行表达式 2 进行循环条件的判断,根据判断结果决定 for 循环是否继续执行。如图 5-14 所示。

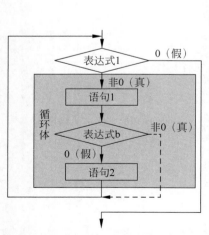

图 5-13　continue 语句功能流程图
　　　　在 while、do while 语句中

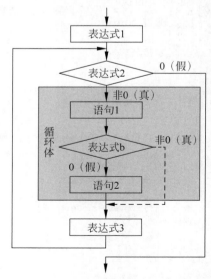

图 5-14　continue 语句功能流程图在 for 语句中

【例 5-9】 求输入的 10 个整数中正数的个数及其和。

程序如下：

```
# include < stdio. h>
int main()
{
    int i,x,s = 0,n = 0;
    for (i = 1;i < = 10;i++)
    {
        printf("请输入第 % d 个数: ",i);
        scanf(" % d",&x);
        if (x < 0) {n++;continue;}
        s = s + x;
    }
    printf("10 个数中正数有 % d 个,其和: % d\n",10 - n,s);
    return 0;
}
```

运行结果为

```
请输入第 1 个数: 25 ↙
请输入第 2 个数: 95 ↙
请输入第 3 个数: - 87 ↙
请输入第 4 个数: 95 ↙
请输入第 5 个数: 25 ↙
请输入第 6 个数: - 47 ↙
请输入第 7 个数: - 5 ↙
请输入第 8 个数: 24 ↙
请输入第 9 个数: 3 ↙
请输入第 10 个数: 12 ↙
10 个数中正数有 7 个,其和: 279
```

从上面程序的执行过程可以看出,执行 continue 语句后不会改变程序原来设定的循环次数,只是会跳过 continue 后面的语句,继续下一次循环。

5.6.3 break 语句和 continue 语句的比较

break 语句和 continue 语句都是流程转移语句,都可以应用到循环语句中,而且都要与 if 联合使用才有意义,使用时应注意它们的区别,如图 5-15 所示。

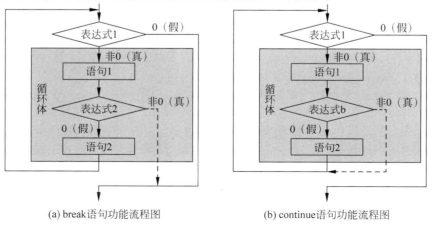

(a) break语句功能流程图   (b) continue语句功能流程图

图 5-15 break 语句和 continue 语句功能比较

- break 语句可以用在 switch 语句和循环语句中,其作用是跳出 switch 语句或跳出本层循环,转去执行 switch 语句或循环后面的语句。break 一旦执行,就会改变原来程序的循环次数。
- continue 语句只能用于循环语句中,其作用是结束本层本次循环,不再执行循环体中 continue 语句之后的语句,转入执行下一次循环。即使执行了 continue 语句,也不会改变原定的循环次数。

5.7 循环结构程序设计举例

【例 5-10】 输入一行字符,分别统计出其中英文字母、空格、数字和其他字符的个数。

解题思路:

(1) 将回车符作为输入结束标志。

(2) 每输入一个字符,就判断字符的类型:英文(大写字母'A'～'Z',小写字母'a'～'z')、空格(' ')、数字('0'～'9'),否则是其他字符。为每一类字符定义一个计数器,确定类型后就给相应的计数器加 1。

程序如下:

```c
#include<stdio.h>
int main()
{
    char c;
    int letter = 0,space = 0,digit = 0,other = 0;      //定义各类型字符的计数器,并初始化为0
    while ((c = getchar())!= '\n')                      //当输入的字符不是回车则执行循环
    {
        if (c>= 'a'&&c<= 'z'||c>= 'A'&&c<= 'Z')       //如果是字母,计数器 letter + 1
            letter++;
        else if (c == ' ')                             //如果是空格,计数器 space + 1
            space++;
        else if (c>= '0'&&c<= '9')                     //如果是数字,计数器 digit + 1
            digit++;
        else                                           //如果是其他字符,计数器 other + 1
            other++;
    }
    printf("letter = % d,space = % d,digit = % d,other = % d\n",letter,space,digit,other);
    return 0;
}
```

运行结果为

```
7a8b90 & * d2 #!abc↙
letter = 6,space = 2,digit = 5,other = 4
```

【例 5-11】 输入一个正整数 m,输出它是几位数,并将其逆序输出。

程序如下:

```c
#include<stdio.h>
int main()
{
    int m,n = 0;
```

```
    scanf(" % d",&m);                                      //输入一个整数 m
    do
    {
        printf(" % d ",m % 10);                            //输出个位上的数字
        m = m/10;                                          //将 m 更新为去掉个位数的新 m
        n++;                                               //位数计数器 + 1
    }while (m!= 0);                                        //直到新 m = 0 时结束循环
    printf("这个数是 % d 位数\n",n);
    return 0;
}
```

运行结果为

123456↙
6 5 4 3 2 1 这个数是 6 位数

【例 5-12】 输出如图 5-16 所示的菱形。

解题思路：

（1）图形的输出一般用双重循环来实现。外层循环控制行数，内层循环控制每行中的列数及每列的内容，然后在内外层循环之间加上 printf("\n") 实现换行。

```
        *
       ***
      *****
     *******
      *****
       ***
        *
```

图 5-16　菱形图形

（2）本题中的菱形可以分成两部分输出（上三角和下三角）。

- 上三角中随着行数 i 的增加每行多 2 个 "＊"，而且 "＊" 的个数 k 和行数 i 满足关系 k＝2＊i－1。同时注意控制每行第一个 "＊" 的输出位置，可以通过输出逐行递减的空格实现。

- 对于下三角，设置行数 i 由 3 递减到 1，随着行数 i 的递减每行少 2 个 "＊"，而且 "＊" 的个数 k 和行数 i 满足关系 k＝2＊i－1。同时注意控制每行第一个 "＊" 的输出位置，可以通过输出逐行递增的空格实现。

程序如下：

```c
# include < stdio. h >
int main()
{
    int i,j,k;
    for (i = 1;i < = 4;i++)              //输出上三角
    {
        for (j = 1;j < = (11 - i);j++)    //输出逐行递减的空格
            printf(" ");
        for (k = 1;k < = 2 * i - 1;k++)   //输出 2 * i - 1 个 "＊"
            printf(" * ");
        printf("\n");                     //换行
    }
    for (i = 3;i > = 1;i -- )            //输出下三角,控制输出 3 行
    {
        for (j = 1;j < = (11 - i);j++)    //输出逐行递增的空格
            printf(" ");
    for (k = 1;k < = 2 * i - 1;k++)       //输出 2 * i - 1 个 "＊"
            printf(" * ");
        printf("\n");                     //换行
    }
```

```
        return 0;
    }
```

上面程序中将菱形分为上三角和下三角两部分输出,而两部分输出的方法类似,只是外层循环变量的值不同。可用一个循环结构输出菱形,输出部分的程序段可优化为:

```
for (i = -3;i <= 3;i++)
{
    for (j = 1;j <= 2 + abs(i);j++)
        printf(" ");
    for (k = 1;k <= 6 - (abs(i) * 2 - 1);k++)
        printf(" * ");
    printf("\n");
}
```

【例 5-13】 设有红、黄、绿 3 种颜色的球,其中红球 3 个、黄球 3 个、绿球 6 个,现将这 12 个球混放在一个盒子里,从中任意摸出 8 个球,编程计算摸出球的各种颜色搭配。

解题思路:利用穷举法列出所有可能的组合,然后根据条件筛选出符合条件的组合。其中,红球可能值为:0,1,2,3,黄球可能值为:0,1,2,3,绿球可能值为:2,3,4,5,6。

程序如下:

```
# include < stdio. h >
int main()
{
    int x, y, z, n = 0;                      //定义 x、y、z 分别表示红、黄、绿球个数
    printf("red\tyellow\tgreen\n");
    for (x = 0;x <= 3;x++)                   //红球可能值为 0~3
        for (y = 0;y <= 3;y++)               //黄球可能值为 0~3
            for (z = 2;z <= 6;z++)           //绿球可能值为 2~6
                if (x + y + z == 8)          //如果红黄绿三色球之和为 8
                {
                    printf(" % d\t % d\t % d\n",x,y,z);
                    n++;                     //统计可能的组合方案个数
                }
    printf("共有 % d 种\n",n);
    return 0;
}
```

运行结果为

```
red     yellow  green
0       2       6
0       3       5
1       1       6
1       2       5
1       3       4
2       0       6
2       1       5
2       2       4
2       3       3
3       0       5
3       1       4
3       2       3
3       3       2
共有 13 种
```

【**例 5-14**】 输出 $1\sim1000$ 的同构数。同构数是指一个数 n 恰好出现它的平方数的右端,如 25 和 625 是同构数。

解题思路:依次取出 $1\sim1000$ 的整数并求其平方,然后从个位数开始,取出平方数和该数对应的每一位上的数字进行比较,如果每一位上的数都相同,则是同构数,否则不是同构数。

程序如下:

```
# include < stdio.h>
int main()
{
    int m,n,j;
    long k;
    for (m = 1;m < 1000;m++)
    {
        k = (long)m * m;
        n = m;
        while (n > 0&&k % 10 == n % 10)          //将 k 和 n 的相应位置上的数进行比较
        {
            k = k/10;
            n = n/10;
        }
        if (n == 0) printf(" % 4d % 10d\n",m,m * m);
    }
    return 0;
}
```

运行结果为

```
      1            1
      5           25
      6           36
     25          625
     76         5776
    376       141376
    625       390625
```

【**例 5-15**】 求解定积分 $\int_0^2 (x^2+1)\mathrm{d}x$ 的近似值。

解题思路:可以用矩形法求 $\int_a^b f(x)\,\mathrm{d}x$ 的近似值,其算法为:

(1)将积分区间 $[a,b]$ 分成长度相等的 n 个小区间,区间端点分别为 $x_0,x_1,x_2,\cdots,x_n$,其中 $x_0=a,x_n=b$。其中,n 值取得越大,其近似程度越好。

(2)每一个小曲边梯形的面积用对应的矩形面积来代替,如图 5-17 所示。

(3)n 个小矩形的面积之和,就是定积分的近似值。

用矩形法求定积分的公式为

$$\int_a^b f(x)\,\mathrm{d}x = \sum_{i=0}^{n-1} f(x_i)(b-a)/n$$

每个小矩形的宽度为

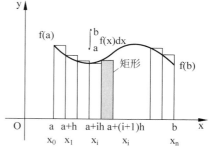

图 5-17 矩形法求定积分示意图

$$h = \frac{b-a}{n}$$

端点为

$$x_i = a + ih$$

对 $\int_0^2 (x^2+1)dx$ 而言,有

$$a=0, b=2, h=(2-0)/n, f(x)=x^2+1$$

程序如下:

```c
#include<stdio.h>
int main()
{
    int n,i;
    double a,b,x,h,f,s=0;
    printf("请输入划分的区间数 n: ");
    scanf("%d",&n);                    //输入划分的区间个数 n,n 值越大近似程度越好
    printf("请输入积分的下限和上限:");
    scanf("%lf%lf",&a,&b);             //输入积分的下、上限
    h=(b-a)/n;                         //求矩形的宽度
    for(i=0;i<n;i++)
    {
        x=a+i*h;
        f=x*x+1;                       //矩形高度
        s=s+f*h;
    }
    printf("积分值为: %.2f\n",s);
    return 0;
}
```

运行结果为

```
请输入划分的区间数 n: 500 ↙
请输入积分的下限和上限: 0 2 ↙
积分值为: 4.66
```

小结

在程序中不断被重复执行的结构称为循环结构。C 语言提供了 4 种实现循环的语句:while 语句、do while 语句、for 语句,以及非限定性跳转语句 goto 语句。其中 goto 语句必须与 if 结合使用才能实现循环结构,但结构化的程序设计一般不提倡使用 goto 语句,因此本书不作介绍。

(1) while 语句、do while 语句和 for 语句都可以用来处理同一问题,一般情况下它们可以互相代替。

(2) while 语句和 do while 语句用在循环次数不确定,但循环条件明确的循环中;for 语句使用最为灵活且结构紧凑,不仅可以用于循环次数已经确定的循环结构,还可以用于循环次数不确定只给出循环结束条件的循环结构中,它完全可以代替 while 语句。

(3) while 语句、do while 语句和 for 语句可以相互嵌套组成多重循环,嵌套的循环之间

可以并列但不能交叉。

（4）while 循环、do while 循环和 for 循环，可以用 break 语句提前跳出循环，用 continue 语句结束本次循环。而对用 goto 语句和 if 语句构成的循环，不能用 break 语句和 continue 语句进行控制。

本章常见错误分析

常见错误实例	常见错误解析

`while (i <= 10)`
`{`
`  s = s + i;`
`  i++;`
`}`
	在循环开始前，没有给循环变量 i 和累加器 s 赋初值。可改为：
	`int i = 0, s = 0;`
	`while(i <= 10)`
	`{   s = s + i; i++;   }`

`int i = 0, s = 0;`
`while (i <= 10)`
`  s += i;`
`  i++;`
	while 语句的循环体两端没有加{}使之成为复合语句。应改为：
	`int i = 0, s = 0;`
	`while(i <= 10)`
	`{   s += i; i++;   }`

`for (i = 1; i <= 10; i++);`
`{ … }`
或
`while (i <= 10);`
`{  …`
`  i++;`
`}`
	for 语句、while 语句后面加了分号，使循环体成为空循环。可改为：
	`for(i = 1; i <= 10; i++)`
	`    { … }`
	或
	`while(i <= 10)`
	`{  …`
	`  i++;`
	`}`

`int i = 0, s = 0;`
`while (i <= 10)`
`{`
`    s += i;`
`}`
	循环体中少了改变循环变量的表达式，使循环无法趋向结束，形成死循环。应改为：
	`int i = 0, s = 0;`
	`while(i <= 100)`
	`{   s += i;   i++;   }`

`do`
`{`
`  …`
`}while (i <= 10)`
	while 后面缺少了分号，会产生编译错误，应改为：
	`do`
	`{`
	`  …`
	`}while(i <= 10);`

`for (i = 1, i < 10, i++)  { … }`	for 循环中表达式 1、表达式 2 和表达式 3 之间应该用分号分隔，不是逗号，应改为： `for(i = 1; i <= 10; i++)   { … }`

`while (a = 3)`
`{ … }`
	while 后面的表达式是赋值表达式，使循环成为一个条件恒为真的死循环，应改为：
	`while(a == 3)`
	`{ … }`

习题 5

1. 基础篇

(1) C语言中常用的实现循环结构的控制语句有(　　)语句、(　　)语句和(　　)语句。

(2) do while 语句和 while 语句的区别主要是(　　　　　　　)。

(3) break 语句和 continue 语句的区别是(　　　　　)。

(4) 阅读程序,分析程序运行结果为(　　)。

```c
int i, k;
for (i = 0,k = -1;k = 1;i++,k++)
    printf("! ! ! ");
```

(5) 阅读程序,分析下述循环的循环次数为(　　)。

```c
int k = 2;
while (k == 0)
    printf(" % d",k);
    k -- ;
printf("\n");
```

(6) 阅读下列程序,分析程序的运行结果为(　　)。

```c
# include < stdio. h>
int main()
{
    int y = 10;
    while (y -- );
    printf("y = % d\n", y);
    return 0;
)
```

2. 进阶篇

(1) 阅读下列程序,分析程序的运行结果为(　　)。

```c
# include < stdio. h>
int main()
{
    int x = 23;
    do
    {
        printf(" % d", x -- );
    }while (!x);
    return 0;
}
```

(2) 阅读下列程序,分析程序的运行结果为(　　)。

```c
# include < stdio. h>
int main()
{
    int x = 3,y;
    do
    {
        y = x - 1;
```

```
        if (!y)  { printf(" * "); break;  }
        printf(" # ");
    } while(x >= 1&&x <= 2);
    return 0;
}
```

（3）阅读程序，若下述程序运行时输入的数据是'A'，则输出结果是（   ）。

```
# include < stdio. h >
int main()
{
    int c;
    while ((c = getchar())!=  '\n')
    {
        switch (c - '2')
        {   case 0 :
            case 1 : putchar(c + 4);
            case 2 : putchar(c + 4); break;
            case 3 : putchar(c + 3);
            default: putchar(c + 2); break;
        }
    }
  printf("\n");
  return 0;
}
```

（4）阅读程序，下述程序的输出结果是（   ）。

```
# include < stdio. h >
int main()
{
    int i, j, x = 0;
    for (i = 0; i < 2; i++)
    {
        x++;
        for (j = 0; j <= 3; j++)
        {
            if (j % 2) continue;
            x++;
        }
        x++;
    }
    printf("x = % d\n", x);
    return 0;
}
```

（5）计算一个数列的前 n 项之和。该数列的前两项是由键盘输入的正整数，以后各项按下列规律产生：先计算前两项之和，若和小于 200，则该和作为下一项，否则用该和除以前两项中较小的一项，将余数作为下一项。为实现上述功能，请在[填空 1]、[填空 2]、[填空 3]处填入正确内容。

```
# include < stdio. h >
int main()
{
    int n, k1, k2, k3, m, ms, j;
    scanf(" % d % d % d",&n,&k1,&k2);
    m = k1 + k2;
```

```
    [填空 1]
    for (j = 3;j < = n;j++)
    {
        if ( [填空 2] )
            if (k1 < k2)
                k3 = m % k1;
            else
                k3 = m % k2;
        else
            [填空 3];
        ms = ms + k3;
        k1 = k2;
        k2 = k3;
        m = k1 + k2;
    }
    printf(" % d\n", ms);
    return 0;
}
```

（6）下面程序的功能是：输入一组数，输出其中最大值和最小值，输入 0 时结束。为实现上述功能，请在[填空 1]、[填空 2]、[填空 3]处填入正确内容。

```
int main()
{
    float x,max,min;
    scanf(" % f",&x);
    max = x;min = x;
    while (   [填空 1]   )
    {
        if (x > max) max = x;
        if ( [填空 2] ) min = x;
        [填空 3]
    }
    printf("max = % f\nmin = % f\n", max, min);
    return 0;
}
```

3. 提高篇

（1）下面程序的功能是：输出 5!＋6!＋7!＋8!＋9!＋10! 的结果。程序中有 3 处错误，请找出错误并改正。注意：不得增行或删行，也不得更改程序的结构。

```
# include < stdio. h >
int main()
{
    long s,t;
    int i,j;
    for (i = 5;i < = 10;i++)
    {
        t = i;
        for (j = 1;j < = i;j++)
            t = t * j;
        s = t;
    }
    printf(" % ld\n",s);
```

```
      return 0;
    }
```

（2）以下程序的功能是：求出 $1*1+2*2+\cdots+n*n\le=1000$ 中满足条件的最大的 n。程序中有 3 处错误，请找出错误并改正。注意：不得增行或删行，也不得更改程序的结构。

```
# include < stdio. h>
int main()
{
  int n,s;
  s == n = 0;
  while (s > 1000)
  {
    ++n;
    s += n * n;
  }
  printf("n = % d\n",&n - 1);
}
```

（3）编程计算 $a+aa+aaa+\cdots+aa\cdots a$（n 个 a）的值，n 和 a 从键盘输入。

（4）输出所有的"水仙花数"。所谓"水仙花数"是指一个 3 位数，其各位数字立方和等于该数本身。例如，153 是一个水仙花数，$153=1^3+5^3+3^3$。

（5）输出 1～1000 中能同时被 3 和 5 整除的前 10 个数。

（6）求 $1+\dfrac{1}{1\times2}+\dfrac{1}{2\times3}+\dfrac{1}{3\times4}+\cdots+\dfrac{1}{n\times(n+1)}$，直到最后一项的值小于 10^{-2}，如果累加到第 20 项（即 n=19）时，最后一项的值还不小于 10^{-2}，则不再计算，要求输出 n 的值、最后一项的值、多项式之和。

（7）一个数如果恰好等于它的因子之和，这个数就称为"完数"。例如，6 的因子 1、3、3，而 $6=1+2+3$，因此 6 是"完数"。编程序找出 1000 之内的所有完数。

（8）设 N 是一个 4 位数，它的 9 倍恰好是其反序数，求 N。反序数就是将整数的数字倒过来形成的整数。例如：1234 的反序数就是 4321。

（9）猴子吃桃问题：猴子第一天摘下若干个桃子，当即吃了一半，还不过瘾，又多吃了一个。第二天早上又将剩下的桃子吃掉一半，又多吃了一个。以后每天早上都吃了前一天剩下的一半多一个。到第 10 天早上想再吃时，见只剩下一个桃子了。求第一天共摘了多少个桃子。

（10）编程设计一个简单的猜数游戏。程序运行时自动产生一个随机整数，用户输入猜的数字，如果猜对了，则显示"Right"，如果猜错了，则显示"Wrong!"，并告诉用户所猜的数是大还是小。

（11）百钱百鸡问题。中国古代数学家张丘建在他的《算经》中提出了著名的"百钱买百鸡问题"：鸡翁一，值钱五，鸡母一，值钱三，鸡雏三，值钱一，百钱买百鸡，问翁、母、雏各几何？

（12）编写程序：输出如下图形。

```
        1
       2 3 4
      5 6 7 8 9
     0 1 2 3 4 5 6
    7 8 9 0 1 2 3 4 5
   6 7 8 9 0 1 2 3 4 5 6
  7 8 9 0 1 2 3 4 5 6 7 8 9
```

第6章 函数与编译预处理

CHAPTER 6

计算机与人类的关系越来越紧密,人们用计算机来工作、学习、处理生活事务,很多时候需要计算机完成的事情很复杂。解决复杂问题的方法通常是:先把大的问题分成几部分,每部分再分成更小的部分,逐步细化,直至分成可以直接求解的小问题。

同样地,在计算机程序的设计中,通常把这个大的程序分割成一些相对独立而且便于管理和阅读的子程序。随着任务的分解,每个子程序越来越简单清晰,分解出的每个子程序就像是一个个乐高积木块,按规则拼在一起,就组成了解决问题的最终程序,这就是**模块化的程序设计思想**。

在 C 语言中使用函数可以实现程序的模块化,函数可以使程序设计变得简单直观、结构清晰,而且便于程序调试,同时函数可以被重复调用,减少了重复编码的工作量。

本章学习重点:
(1) 模块与函数的概念;
(2) 函数的定义和调用;
(3) 形式参数与实际参数;
(4) 函数的递归调用;
(5) 变量的作用域与存储类型;
(6) 预处理命令。

本章学习目标:
(1) 了解模块化程序设计思想;
(2) 掌握函数定义和调用的方法;
(3) 掌握函数参数的传递方式;
(4) 掌握简单的递归算法;
(5) 掌握变量的作用域和存储类型;
(6) 掌握基本的预处理命令。

6.1 模块和函数

C 语言是结构化程序设计语言。**"自顶向下,逐步细化"是结构化程序设计方法的核心。**

C 语言源程序是由函数组成的。前面各章的程序都只有一个主函数 main(),但实际上程序往往由多个函数组成,不仅有主函数还有自定义函数。每个函数可完成相对独立的小任务,按照一定的规则调用这些函数,就组成了解决某个特定问题的程序。

C语言程序的结构化理念非常符合模块化程序的设计思想。每个函数就是一个模块,由函数模块组成的C语言程序结构如图6-1所示。

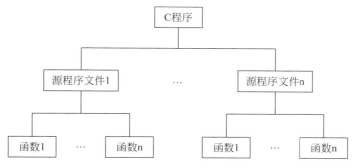

图 6-1　模块化的C语言程序结构

模块化程序设计的优点:

(1) 程序结构清晰,便于程序设计和程序调试;

(2) 函数可以被重复调用,减少重复编码的工作量;

(3) 可多人共同编制一个大程序,缩短程序设计周期,提高程序设计和调试的效率。

C语言程序的每个模块都是由函数完成的。在程序设计中,将一些常用的功能模块编写成函数,放在函数库中供调用。程序员也要善于利用库函数,以减少重复编写程序段的工作量。如果某一功能重复实现两遍及其以上,就应考虑对其模块化,将它写成通用函数,提高复用率。在编写某个函数时,遇到具有相对独立功能的程序段,应将其写成另一个函数,供其他函数调用。当某一个函数拥有较多的代码时,也应将函数中相对独立的代码分成另一个函数。

说明:

(1) 一个C源程序可以由一个或多个源程序文件组成。C编译系统在对C源程序进行编译时是以文件为单位进行的。

(2) 一个C源程序文件可以由一个或多个函数组成,所有函数都是平行的。主函数可以调用其他函数,而不可以被其他函数调用,其他函数间可以相互调用,也允许嵌套调用。

(3) 在一个C源程序中,有且仅有一个主函数main()。C程序的执行总是从main()函数开始,与它在程序中的书写位置无关,调用其他函数后最终回到main()函数,在main()函数中结束整个程序的运行。

6.2　函数的定义和调用

在C语言中,函数的含义不是数学计算中的函数关系或表达式,而是一个处理过程。**函数是由相关的语句组织在一起,有自己的名称,实现独立功能,能在程序中被调用的程序块。**

C语言中的函数分为两大类,分别是标准函数和自定义函数。

(1) 标准函数。标准函数是C语言系统为方便用户而预先编写好的函数,无须用户定义。C语言提供了丰富的标准函数,这些函数的说明在不同的头文件(*.h)中,使用前需要写上包含其头文件的预处理命令。如在前面各章中用到的 printf()、scanf()、getchar()、

putchar()等函数的定义均在 stdio.h 中,使用之前,必须写上"#include<stdio.h>"。

(2) 自定义函数。标准函数不可能满足程序设计者的所有需求,用户可以根据自己的需求设计函数。对于用户自定义函数,不仅要在程序中定义函数本身,在主调函数模块中还必须对该被调函数进行声明,然后才能使用。

6.2.1　函数的定义

和使用变量一样,函数在使用之前必须先定义。函数由函数首部和函数体组成,函数定义的一般形式为

```
<函数类型>函数名(<形式参数列表>)
{
    函数体
}
```

说明:

(1) **函数类型**是指函数返回值的类型。函数在被调用执行完毕后,将向调用者返回一个执行结果称为函数返回值。如 double cos(x)的返回值是 double 类型,表示 cos()函数在执行完毕后要返回一个 double 类型的函数值。函数也可以无返回值,只是完成某项特定的处理任务,用户在定义此类函数时要指定它的返回值为空类型 void。例如,

```
void putline();
```

(2) **函数名**是函数的唯一标识,其命名遵循 C 语言标识符的规定。为了易于记忆和阅读,通常在命名时使用与其功能相关的英文名称,做到"见名知意"。如函数功能是求最大值,函数名可命名为 max()。

(3) **形式参数列表**写在函数名后的圆括号"()"内,由一个或多个类型标识符及变量标识符组成,中间用逗号相隔,用来接收从函数外部传来的数据。函数在定义时,参数的值并不能确定,但它规定了参数的类型、个数和次序,所以函数定义中的参数称为形式参数,简称形参。例如,

```
int max(int a,int b)
```

其中,a 和 b 是函数 max 的两个形式参数,在 max 函数被调用时,必须给出 a 和 b 的具体值。

如果函数没有形式参数,则表示该函数不需要任何外部数据,称作无参数函数,但无参函数的圆括号"()"不能省略。

(4) **函数体**是由一对花括号"{ }"括起来,包括局部变量定义和执行语句序列。函数体内可以有零条或多条语句。当函数体是由零条语句组成时,该函数称为空函数,空函数的花括号是不能省略的。

下面程序段是自定义函数 sum(n),其功能是求 $1+2+\cdots+n$。

```
int sum(int n)                          /* 函数首部 */
{
    int i,s = 0;                        /* 局部变量定义 */
    for (i = 1; i <= n; i++)            /* 执行语句 */
        s = s + i;
    return s;                           /* 返回语句 */
}
```

需要注意的是,C 语言程序中不允许在一个函数定义中再定义另一个函数,即不允许函数嵌套定义。

6.2.2　函数的调用和返回语句

一个函数被定义后,其他函数就可以使用它了,这个过程称为函数调用。

1. 函数的调用

函数调用的一般形式为

> 函数名(实际参数列表)

说明:

(1) 对无参数函数调用时无实际参数表,但括号"( )"不能少。实际参数列表中实参的类型、个数、和次序必须和形参完全一致。实参可以是常量、变量或表达式,多个实参之间用逗号分隔。

(2) 自定义函数不能单独运行,但可以单独编译。可以被主函数 main( )或其他函数调用,也可以调用其他函数,但是不能调用主函数。

函数调用有 3 种形式:函数语句调用、表达式调用和函数参数调用。

(1) 函数语句调用。把函数调用作为一个语句,即函数调用表达式加分号构成函数调用语句。例如,

```
scanf("%d",&x);
sum(100);
```

(2) 表达式调用。函数出现在表达式中,以函数返回值参与表达式的运算,这种方式要求函数是有返回值的。例如,

```
c = max(a,b);                              //把函数 max 的返回值赋给变量 c
```

(3) 函数参数调用。函数调用也可以当作一个实参放在另一个函数调用的实参列表中。例如,

```
printf("%f",max(a,b));
```

函数调用将 max(a,b)作为了 printf( )函数的一个实参,实际传送的是 max(a,b)的返回值,所以这种情况也要求函数是有返回值的。

2. 函数的声明

在 C 语言中,函数声明又称为函数原型声明,标准库函数的函数原型都在头文件中提供,程序可以使用预处理命令♯include 包含这些原型文件。但对于用户自定义函数调用时应在源代码中说明函数原型,即在主调函数中调用某函数之前应对该被调函数进行原型声明,使编译系统知道被调函数返回值的类型及参数个数与类型的情况。

函数声明是一条语句,由函数定义的首部加分号";"构成,一般形式为

> <函数类型>函数名(<形式参数列表>);

说明:

(1) 函数声明的形参可以省略名称只声明形参类型。函数声明还可以写成如下形式:

> 函数类型 函数名(参数类型 1,参数类型 2,…);

例如,函数声明"int max(int a,int b);"可以写成"int max(int,int);"。

(2) 当被调函数的函数定义出现在主调函数之前时,在主调函数中可以不对被调函数再作声明而直接调用。

【例 6-1】 定义一个函数 int f(int x)判断 x 是否是完数,若是则函数返回 1,否则返回 0,并且在 main()函数中验证。

程序如下:

```c
# include "stdio. h"
int main()
{
    int x;
    int f(int x);                              //声明被调函数 f(int x)
    printf("input x: ");
    scanf("%d",&x);
    if (f(x) == 1)
        printf("%d is a perfect number!\n",x);
     else
        printf("%d is not a perfect number!\n",x);
     return 0;
}
int f(int x)
{
    int i, sum = 0;
    for (i = 1; i < x; i++)
        if(x % i == 0) sum += i;
    if (sum == x)      return 1;
    else   return 0;
}
```

运行结果为

```
input x: 28 ↙
28 is a perfect number!
```

思考:本程序如何修改,不需要对被调函数声明。

3. 函数的嵌套调用

C 语言中不允许对函数作嵌套定义,但允许在一个函数的定义中出现对另一个函数的调用,这就是函数的嵌套调用,即在被调函数中又调用其他函数。其调用关系如图 6-2 所示。

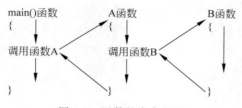

图 6-2 函数的嵌套调用

图 6-2 中表示了两层嵌套的调用情况,其执行过程为:程序从 main()函数开始,执行到 main()函数中调用函数 A 的语句时,流程转向 A 函数中,执行到 A 函数中的调用函数 B 的

语句时,流程转向 B 函数中,B 函数执行完毕返回 A 函数的断点(即调用点)继续向下执行,
A 函数执行完毕,返回 main()函数的断点继续向下执行。

【例 6-2】 编程求 1!+2!+3!+…+n!的值。

解题思路:定义求阶乘的函数 fac(int n)以及求和的函数 sum(int n)。主函数 main()
调用求和函数 sum(),sum()函数在执行过程中又调用阶乘函数 fac()。

程序如下:

```
# include < stdio. h>
int main()
{
    int n;
    long s = 0;
    long fac(int n);
    long sum(int n);                        /* 函数调用声明 */
    printf("input n: ");
    scanf("% d",&n);
    s = sum(n);                             /* 调用求和函数 */
    printf("1! + 2! + 3! + … + % d!= % ld\n",n,s);
    return 0;
}
long fac(int n)                             /* 定义求阶乘函数 */
{
    long t = 1;
    int i;
    for (i = 1; i < = n; i ++)
        t * = i;
    return t;
}
long sum(int n)                             /* 定义求和函数 */
{
    int i;
    long s = 0;
    for (i = 1;i < = n;i++)
        s = s + fac(i);                     /* 嵌套调用求阶乘函数 */
    return s;
}
```

运行结果为

```
input n: 5↙
1! + 2! + 3! + … + 5!= 153
```

理论上可以像 a(b(d(e(x))),c(f))这样嵌套无数层,但嵌套层数太多会增加程序复
杂度。

4. 函数的返回值

函数如有返回值的话需要用 return 语句将函数结果返回给主调函数中,return 语句的
一般形式为

```
return 表达式;
```

或

```
return (表达式);
```

该语句的功能是计算表达式的值,并返回给主调函数。当 return 的数据类型与函数的类型不一致时,自动将表达式的类型转换成函数类型。

【例 6-3】 自定义函数 funct1(),实现当输入一个小写字母后,返回该字母的 ASCII 码。

程序如下:

```
# include < stdio. h>
int main()
{
    int i;
    int funct1();
    i = funct1();                          / * 调用 funct1,返回的是 int 类型 * /
    printf("i = % d",i);
    return 0;
}
int funct1()
{
    char ch;
    printf("input a character: ");
    while ((ch = getchar())<'a'||ch >'z');
    return ch;
}
```

运行结果为

```
input a character: s ✓
i = 115
```

funct1()函数类型为整型,而返回值 ch 为字符型,return 语句将 char 类型的变量 ch 自动转换成与 funct1()函数类型一致的 int 类型后返回主调函数 main()。

如果函数没有返回值,return 语句可以省略。

6.2.3 函数的参数传递

主调函数向被调函数传递数据,一般是通过实际参数和形式参数结合而完成的,即实际参数把值传递给形式参数。

说明:

(1) 实参可以是变量、常量和表达式,但实参必须有确定的值。

(2) 形参变量只有在被调用时才分配内存单元,在调用结束时立即释放所分配的内存单元。因此形参是只在被调函数内部有效的局部变量,函数调用结束返回主调函数后,则不能再使用该形参变量。

(3) 函数调用中的实际参数把数据传递给形式参数,它们之间是单向的值传递,即只能把实参的值传给形参。形参的值在函数中不论怎么改变,都不会影响实参。实参与形参可以同名。

(4) 在函数调用时,实参与形参在个数、类型、顺序上必须严格一致。

【例 6-4】 分析下列程序,理解函数参数的传递过程。

程序如下:

```
# include < stdio. h>
void swap( int x, int y)
{
    int z;
    z = x; x = y; y = z;
    printf("\nswap: x = % d, y = % d",x ,y);
}
int main()
{
    int a = 10,b = 20;
    swap(a,b);
    printf("\nmain: a = % d, b = % d\n",a,b);
    return 0;
}
```

运行结果为：

```
swap: x = 20, y = 10
main: a = 10, b = 20
```

分析：本程序的功能是将主函数中的两个变量的值传递给函数 swap()中的两个形参，交换两个形参的值并输出，主函数调用 swap()后，输出两个变量的值。调用 swap()函数时，实参 a 把值 10 传给形参 x，实参 b 把值 20 传给形参 y，经过函数 swap()的交换，输出值为 x＝20，y＝10。而 main()函数中实参的值并不受影响，所以输出值还是 a＝10，b＝20。

思考：将自定义函数 swap()中形参 x 改为 a，形参 y 改为 b，结果如何呢？大家可以上机验证一下，结果还是一样的，因为实参和形参可以同名。

6.2.4　函数的递归调用

在调用一个函数的过程中直接或间接调用了该函数本身，称为**递归调用**。递归调用又分成直接递归和间接递归。例如，

```
int fun()
{
    …
    fun();
    …
}
```

fun()函数中又调用了 fun()函数本身，这是直接递归。
又如：

```
int fun1( int a)
{
    …
    fun2(b);
    …
}
int fun2( int m)
{
    …
    fun1(n);
```

```
        …
    }
```

函数 fun1()中调用了 fun2()，函数 fun2()中又调用了 fun1()，这是间接递归。

【例 6-5】 求 n 的阶乘 n!

解题思路：用递归法计算 n!，可用下述公式表示：

$$n!=\begin{cases}1 & (n=0)\\ n*(n-1)! & (n>0)\end{cases}$$

由上式可知，求 n!，要先求(n−1)!；而求(n−1)!，又要先求(n−2)!；而求(n−2)!，又要先求(n−3)!；以此类推，最后求 n! 的问题变成了求 0! 的问题。根据公式，有 0!=1，再反过来依次求出 1!，2! ……直到最后求出 n!。

程序如下：

```c
#include <stdio.h>
long fac(int n)
{
    long f;
    if (n==0)
        f = 1;
    else
        f = n * fac(n-1);
    return f;
}
int main()
{
    long y;
    int n;
    scanf("%d",&n);
    y = fac(n);
    printf("%d!= %ld",n,y);
    return 0;
}
```

运行结果为

```
4
4!= 24
```

上面程序的递归调用、返回过程如图 6-3 所示(以求 4!为例)。

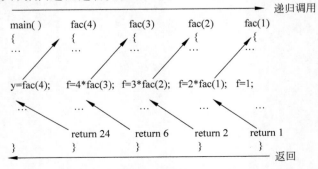

图 6-3　求 n!的递归调用、返回过程

从这个程序可以看出,在递归调用中,主调函数又是被调函数,执行递归函数将反复调用其自身,每调用一层就进入新的一层。为了解决当前问题 fac(n),就需要解决问题 fac(n−1),而 fac(n−1)的解决依赖于 fac(n−2)的解决……直到解决 fac(0)。有了 fac(0)即 0!=1,再反过来求出 1!、2!……直到最后求出 n!。

并不是所有的问题都能用递归解决,要使用递归必须要满足两个条件:递归定义和递归终止条件。

(1) **递归定义**。递归定义是对问题的分解,同时也是向递归终止条件收敛的规则。

(2) **递归的终止条件**。递归的终止条件就是要知道什么时候结束调用,不然函数就会一直不停地调用,造成"死递归"。递归终止条件一般用 if 语句控制,只有条件满足时才继续递归调用;否则递归结束。

递归函数在解决某些问题中,是一个十分有用的方法,可以使某些看起来不易描述的过程变得很简单。例 6-6 是用递归函数解决问题的例子。

【例 6-6】 猴子吃桃问题:有一堆桃子,猴子第一天吃了其中的一半,并再多吃了一个。以后每天猴子都吃其中的一半,然后再多吃一个。到第十天,想再吃时,发现只有一个桃子了。问:最初有多少个桃子? 试用递归函数编写,在主函数中输出第一天有的桃子数。

解题思路:

day10,有桃子 1 个

day9,有桃子(1+1) * 2=4 个,可以表示成(day10+1) * 2

day8,有桃子(4+1) * 2=10 个,可以表示成(day9+1) * 2

发现规律:前一天的桃子数=(后一天的桃子数+1) * 2

当天数是 10 时,桃子数为 1 就是递归终止条件。按照递归要满足的两个条件,列出递归定义的公式如下:

$$day(m) = \begin{cases} 1 & (m=10) \\ 2 * (day(m+1)+1) & (m<10) \end{cases}$$

程序如下:

```
# include < stdio. h >
int day( int m)
{
    if (m == 10)
        return 1;
    else
        return 2 * (day(m + 1) + 1);
}
void main( )
{
    printf("第一天桃子数 = % d\n",day(1));
}
```

运行结果为

第一天桃子数 = 1534

总结:

（1）递归函数主要用于解决具有递归性质的问题，即无论问题规模的大小，所处理的方法和步骤都是一样的。

（2）C语言编译系统对递归函数的自调用次数没有限制。

（3）必须要有递归终止条件。编写递归函数时不应出现无终止的递归调用，而应当在递归次数或递归调用条件上加以限制。

（4）每调用函数一次，在内存堆栈区都要分配空间，用于存放函数变量、返回值等信息，所以应避免递归次数过多，以防止可能引起的堆栈溢出问题。

递归和循环存在很多关系。从理论上讲，所有的循环都可以转化成递归，但是利用递归可以解决的问题，使用循环不一定能解决。循环又称迭代，递归算法与迭代算法设计思路的主要区别在于：函数或算法是否具备收敛性。当且仅当一个算法存在预期的收敛效果时，采用递归算法才是可行的，否则就不能使用递归算法。

6.3 变量作用域和存储类型

6.3.1 变量的作用域

在 C 语言程序中定义的各种变量，有的可以在整个程序或者文件中进行引用，有的只能在局部范围内引用，**变量的作用范围就是变量作用域**。每个变量都有自己的作用域，针对不同的作用域，将变量分为局部变量和全局变量。

1. 局部变量

局部变量也称为内部变量。局部变量是指定义在函数或程序块（程序中被花括号括起来的区域）内的变量，它们的作用域仅限于所定义的函数体或程序块内，离开该函数或程序块，该变量自动失效。函数的形式参数就是函数的局部变量。例如，

```
#include<stdio.h>
int main()
{
    int a=1, b=2;
    {
        int a=3;
        b=4;
        printf("内: a=%d,b=%d\n",a,b);
    }
    printf("外: a=%d,b=%d\n", a,b);
    return 0;
}
```

运行结果为

```
内: a=3,b=4
外: a=1,b=4
```

分析：在以上程序的 main() 函数中，语句"int a=1,b=2;"定义的变量 a 和 b 的作用域为从定义处到程序结束，复合语句内定义的变量 a 的作用域只在复合语句的花括号内。所以在复合语句中输出的 a 指的是在其花括号内定义的变量 a，变量 b 就是 main() 函数中定

义的 b,而在复合语句外输出的 a 则是 main()函数中语句"int a＝1，b＝2;"定义的 a。整个程序中有两个 a 变量,但是作用域是不同的。

关于局部变量的使用,还要说明以下几点:

(1) 局部变量在使用前必须赋值。

(2) 主函数中定义的变量和其他函数一样,也只能在主函数中使用,不能在其他函数中使用,同时主函数中不能使用其他函数中定义的变量。

(3) 形参变量属于被调函数的局部变量,实参变量属于主调函数的局部变量。

(4) 不同范围内可以定义同名变量,它们的作用范围只是在各自函数内,互不干扰。例如,上例中的两个变量 a,分别占用内存的存储单元,不会影响彼此。

(5) 在复合语句中定义变量的作用域是只在本复合语句范围内。

由于局部变量只在定义它的函数或程序块内有效,所以不同函数内命名的相同变量互不干扰,这个特性为多函数的程序设计提供了方便,程序员不必考虑自己编写函数中的变量是否与别人编写函数中的变量冲突,因此编程时提倡多用局部变量。

2. 全局变量

全局变量也称外部变量,是在函数体外部定义的变量。它不属于哪一个函数,它属于一个源文件。其作用域是从定义位置到本文件结束。

说明:

(1) 全局变量存放在静态存储区,如果没有赋初值,那么系统默认变量的值是 0。

(2) 在全局变量定义前的函数不能直接使用该全局变量。例如,

```
int x = 2, y = 8;             /* 全局变量 x,y 的作用域是从本位置开始到文件结束 */
float f1(a)                   /* 全局变量 c1,c2 在函数 f1 内无效 */
{
    …
}
char c1,c2;                   /* 全局变量 c1,c2 的作用域是从本位置开始到文件结束 */
char f2(s,t)
{
    …
}
main()
{
    …
}
```

上例中,由于函数 f1 的定义在全局变量 c1、c2 的定义前,所以不能直接使用 c1、c2,但是可以通过全局变量声明的方式使用(后续章节会涉及)。

(3) 同一个源文件中,允许全局变量与局部变量同名。在局部变量的作用域内,全局变量被"屏蔽",即它不起作用。

【例 6-7】 分析下列程序,理解不同作用域内同名变量的使用。

```
# include < stdio.h >
int a = 30, b = 50;
void swap()
{
    int t;
```

```
        t = a; a = b; b = t;
        printf("swap: a = % d,b = % d\n",a,b);
}
int main()
{
        int a,b;
        printf(" Enter a,b:");
        scanf(" % d, % d", &a, &b);
        swap();
        printf ("main: a = % d,b = % d",a,b);
        return 0;
}
```

运行结果为

```
Enter a,b:3,5↙
swap:a = 50,b = 30
main:a = 3,b = 5
```

在上面的程序中,定义并初始化了全局变量 a=30,b=50。main()函数中定义了同名的局部变量 a、b,屏蔽了同名的全局变量,所输出的 a、b 的值是从键盘输入的。而在 swap()函数中并没有定义变量 a、b,则其所处理的变量就是全局变量 a、b。

(4) 全局变量可以被其定义后的函数所使用,所以可以使用全局变量进行函数间数据的传递,而且可以传递多个数据的值。

需要指出的是,虽然使用全局变量使函数之间的数据交换更容易也更高效,但由于全局变量可以在任何函数中被访问和改写,所以使用太多的全局变量会导致程序混乱不堪给程序的调试和维护带来困难。

6.3.2 变量的生存期和存储类别

一个 C 语言程序在运行时,内存中的用户区被划分为程序代码区、静态存储区和动态存储区,如图 6-4 所示。

变量的生存期是指变量在内存中的存在时间。从生存期的角度,变量可分为静态存储类型的变量和动态存储类型的变量。

静态存储类型的变量是指在程序运行期间分配固定的存储空间,直至整个程序结束,内存空间才释放。这类变量存储在静态存储区,生存期为程序执行的整个过程。全局变量即属于此类存储方式。

动态存储类型的变量是指在程序进入该函数或程序块时才分配存储空间,当该函数或程序块执行完毕后,内存空间立即释放。这类变量存储在动态存储区,生存期为程序执行的某一段时间。函数的形参即属于此类存储方式。

| 程序区 |
| 静态存储区 |
| 动态存储区 |

图 6-4 内存中用户区的划分

在 C 语言中,变量的生存期是由变量的存储类型来说明的,变量的存储类型决定了变量的生存期。

变量的存储类型的一般声明形式为

[存储类型] 数据类型 变量名表;

C 语言中提供了 4 种存储类型:自动型(auto)、外部型(extern)、静态型(static)、寄存器型(register)。

1. 自动变量

自动变量的类型说明符是 auto。它属于动态存储变量,存储在动态存储区。例如,

auto int a,b;   /*定义 a,b 为自动变量*/

注意:若省略关键字 auto,则默认为自动存储类别。

2. 用 extern 声明全局变量的作用范围

全局变量都是存放在静态存储区的。其生存期是固定的,存在于程序的整个执行过程。全局变量作用域的一般范围是从全局变量定义处起到所在文件结束。可以通过 extern 声明语句扩展全局变量的作用域到整个源文件或者多个源文件。

(1) 在一个文件内扩展全局变量的作用域。

在全局变量定义位置之前的函数不能引用该全局变量。如果想引用该全局变量,则可以用关键字 extern 对该变量作"外部变量声明"。外部变量声明的一般形式为

extern 类型说明符 外部变量名表;

有了此声明就可以从声明处起合法地使用该全局变量。例如,

```
#include<stdio.h>
int main()
{
    extern int a,b;              /*全局变量作用域从此处开始*/
    int max(int x,int y);
    printf("max=%d\n",max(a,b));
    return 0;
}
int max(int x,int y)
{
    int z;
    z=x>y?x:y;
    return z;
}
int a=3,b=5;
```

运行结果为

max=5

上面程序在文件末尾定义了全局变量 a 和 b,函数 max()和函数 main()都不能直接使用它们。当在程序所示位置处用 extern 进行了"外部变量声明"后,main()函数和 max()函数都属于全局变量有效范围内。

为了省去此麻烦,提倡将外部变量的定义放在所有引用它的函数之前。

(2) 将外部变量的作用域扩展到其他文件。

上例介绍了在一个源文件中扩展全局变量的作用域。当一个程序包含多个文件时,若在一个文件中引用另一个文件的全局变量,则可把全局变量的作用域扩展到其他文件。实际上,这和前述方法道理是相同的。

【例 6-8】 将全局变量的作用域扩展到其他文件。

在文件 doc1.c 中定义了全局变量,内容如下:

```
#include<stdio.h>
int i;
int main()
{
    void f1(),f2(),f3();
    i=1;
    f1();
    printf("\tmain: i = %d",i);
    f2();
    printf("\tmain: i = %d",i);
    f3();
    printf("\tmain: i = %d\n",i);
    return 0;
}
void f1()
{
    i++;
    printf("\nf1: i = %d",i);
}
```

文件 doc2.c 的内容如下：

```
#include<stdio.h>
extern int i;
void f2()
{   int i=3;
    printf("\nf2: i = %d",i);
}
void f3()
{   i=3;
    printf("\nf3: i = %d",i);
}
```

运行结果为

```
f1:i = 2 main:i = 2
f2:i = 3 main:i = 2
f3:i = 3 main:i = 3
```

　　该程序从 main()函数开始执行,先调用函数 f1(),再调用另一个文件 doc2.c 中的函数 f2(),最后调用 doc2.c 中的函数 f3()。f2()中访问的 i 是其定义的局部变量,由于在文件 doc2.c 中通过外部变量声明语句"extern int i;",将文件 doc1.c 中的全局变量 i 的作用域扩展到了文件 doc2.c。变量 i 在 doc2.c 的作用域是从声明处到文件末。所以,f3()中访问的 i 是 doc1.c 中的全局变量 i。而且,全局变量 i 的存储空间在运行文件 doc1.c 时分配,在 doc2.c 中不再重复分配。

　　使用 extern 时还需要注意,extern 是全局变量的声明符,只是用来作外部变量声明以扩展全局变量的作用域的。不能直接作为存储类别定义全局变量。

3. 静态变量

　　静态变量的类型说明符是 static。静态变量当然属于静态存储类型,存放在静态存储区,但是属于静态存储方式的变量不一定就是静态变量。例如,全局变量虽属于静态存储方式,但不一定是静态变量,必须由 static 加以定义后才能称为静态全局变量。

1）静态全局变量

通过 extern 声明可以实现全局变量在一个程序文件或多个程序文件中共享使用。但这样也有可能带来不利影响，如给程序文件间带来不可控的干扰，降低程序的通用性与模块独立性，所以有时希望全局变量的作用域仅限于定义其的文件内。这时，可以使用关键字static 定义全局变量。static 全局变量的定义格式为

static 类型标识符 全局变量表；

【例 6-9】 static 全局变量的使用示例。

在文件 doc1.c 中定义了全局变量，内容如下：

```
#include<stdio.h>
static int i = 1;
int main()
{
    void f1(),f2(),f3();
    f1();
    printf("\tmain: i = %d",i);
    f2();
    printf("\tmain: i = %d",i);
    f3();
    printf("\tmain: i = %d\n",i);
    return 0;
}
void f1()
{
    i++;
    printf("\nf1: i = %d",i);
}
```

文件 doc2.c 的内容如下：

```
#include<stdio.h>
extern int i;
void f2()
{
    int i = 3;
    printf("\nf2: i = %d",i);
}
void f3()
{
    i = 3;
    printf("\nf3: i = %d",i);
}
```

此例将例 6-8 中文件 doc1.c 定义的全局变量 i，通过语句"static int i=1;"改成了静态全局变量。文件 doc2.c 的语句"extern int i;"在编译时提示错误"无法解析的外部符号 int i"，表明用 static 限制了全局变量 i 的作用域于 doc1.c 中，在文件 doc2.c 中找不到该全局变量。

2）静态局部变量

有时希望函数中的局部变量的值在函数调用结束后不消失而保留原值，这时就应该指定局部变量为静态局部变量，用关键字 static 进行声明，格式如下：

> static 类型标识符 局部变量表;

静态局部变量具有以下特点:

(1) 静态局部变量属于静态存储类别,在静态存储区内分配存储单元,在程序整个运行期间都不释放。

(2) 静态局部变量在函数内定义,其作用域仍与自动变量相同,即只能在定义该变量的函数内或程序块中使用该变量。但是,退出该函数或程序块后,尽管变量还继续存在,但不能使用它。

(3) 静态局部变量是在编译时赋初值的,即只赋初值一次,在程序运行时它已有初值。以后每次调用函数时不再重新赋初值,而只是保留上次函数调用结束时的值。因此当多次调用一个函数,且要求在调用之间保留某些变量的值时,可考虑采用静态局部变量。

(4) 如果在定义局部变量时没有赋初值,则对静态局部变量来说,编译时自动赋初值 0 (对数值型变量)或空字符(对字符变量)。而对自动变量来说,如果不赋初值则它的值是一个不确定的值。

【例 6-10】 观察下面两段程序,理解自动局部变量和静态局部变量的特点。

程序 1:
```
# include < stdio. h >
int f( int x)
{
  int y = 0;
  int z = 3;
  y++;z++;
  printf("x= % d,y= % d,z= % d", x, y, z);
  return(x + y + z);
}
int main()
{
  int n = 2,k;
  for (k = 0;k < 3;k++)
      printf(" % 3d\n",f(n));
      return 0;
}
```

程序 2:
```
# include < stdio. h >
int f( int x)
{
    int y = 0;
    static int z = 3;
    y++;z++;
    printf("x= % d,y= % d,z= % d", x, y, z);
    return(x + y + z);
}
int main()
{
    int n = 2,k;
    for (k = 0;k < 3;k++)
    printf(" % 3d\n",f(n));
    return 0;
}
```

运行结果为

```
x = 2, y = 1, z = 4   7
x = 2, y = 1, z = 4   7
x = 2, y = 1, z = 4   7
```

运行结果为

```
x = 2, y = 1, z = 4   7
x = 2, y = 1, z = 5   8
x = 2, y = 1, z = 6   9
```

程序 1 中函数 f()定义的变量 x、y、z 都是自动局部变量,函数被调用时才临时分配空间,调用完毕后立即释放空间,变量就不存在了。main()函数一共调用了 f()函数 3 次,每次调用时,都初始化 x、y、z,所以有 3 行相同的结果。而程序 2 中函数 f 定义了静态局部变量 z,z 在整个程序运行期间一直存在,z 的初始化只在编译时进行一次,即语句"static int z=3;"只被执行一次,再次调用函数 f()时,z 的值是上次调用函数保留的值。

4. 寄存器变量

C 语言允许将局部变量的值存放在 CPU 的寄存器中,这样将减少 CPU 从内存读取数据的时间,提高程序的运行效率。有一些使用频繁的变量,如循环控制变量就可以定义为寄存器变量。用关键字 register 进行声明。例如,

```
register int i;                    /*定义 i 为寄存器变量*/
```

【例 6-11】 寄存器变量的使用示例。

```
#include<stdio.h>
int main()
{
    register long sum = 0;
    register int i;
    for (i = 1; i <= 10000; i++)
        sum += i;
    printf("sum = % ld\n",sum);
}
```

运行结果为

```
sum = 50005000
```

程序中的变量 i 和 sum 都要被使用 10000 次,为了提高运行效率,将 i 和 sum 定义为寄存器型变量。

只有局部自动变量和形式参数可被定义为寄存器变量。寄存器变量的值保存在 CPU 的寄存器中,受寄存器长度的限制,寄存器变量只能是整型、字符型和指针型的局部变量。随着编译系统的优化,系统可以自动识别频繁使用的变量,并把它们放在寄存器中。一般不需要程序开发者自己指定该类型变量。

6.4 预处理命令

预处理功能是 C 语言的一个重要特征。前面已多次使用过,如包含命令(♯include)、宏定义命令(♯define)等预处理命令。预处理也称为预编译,是指在进行编译的第一遍扫描(词法扫描和语法分析)之前所做的工作。在 C 语言源程序中加入预处理命令,可以增强代码的移植性,提高编程效率。

C 语言的预处理命令必须以"♯"开头,末尾不加分号,并且每条命令独占一行,可以出现在程序中的任何位置,作用域是自出现点到源程序的末尾。一般都放在源文件的最前面,所有函数之外。

C 语言提供了多种预处理功能,如宏定义、文件包含、条件编译等。

6.4.1 宏定义

宏定义的功能是用一个标识符来表示一个字符串,标识符称为"宏名"。在编译预处理过程时,对程序中所有出现的"宏名",都用宏定义中的字符串去代换,这称为"宏代换"或"宏展开"。

在 C 语言中,宏分为无参数和带参数两种形式。

1. 无参数的宏定义

无参数的宏定义的一般形式为

```
#define 宏名 字符串
```

其中,"#"表示这是一条预处理命令。关键字 define 为宏定义命令。宏名是一个标识符,必须符合 C 语言标识符的规定,一般以大写字母标识宏名。字符串可以是常数、表达式等。在前面介绍过的符号常量的定义就是一个无参数宏定义。例如,

```
#define PI 3.14159              /*定义后,可以用 PI 来代替串 3.14159*/
```

在宏定义之后,该程序中宏名就代表了该字符串。在编写源程序时,所有的(x+x*x+1)都可由 N 代替,而在编译源程序时,将先由预处理程序进行宏代换,即用(x+x*x+1)去替换所有的宏名 N,然后再进行编译。

【例 6-12】 无参宏定义示例。

```
#include "stdio.h"
#define N (x+1)
int main()
{
    long s;
    int x;
    scanf("%d",&x);
    s = N*2;
    printf("s=%d",s);
    return 0;
}
```

在上面的程序中进行了宏定义,定义 N 来替代"(x+1)",在"s=N*2;"中作了宏调用。在预处理时经宏展开后该语句变为

```
s=(x+1)*2;
```

需要指出的是,宏展开时字符串必须原样替换,不能加括号,也不能去掉括号。上例中的宏定义如下:

```
#define N x+1
```

在宏展开时得到如下语句:

```
s=x+1*2;
```

两种结果显然不一样,在宏定义时必须要注意,保证宏代换后不发生错误。

说明:

(1) 宏定义是用宏名来表示一个字符串,在宏展开时又以该字符串取代宏名,只是一种简单的代换。字符串中可以含任何字符,可以是常数、表达式等,处理程序对它不做任何检查,如有错误,只能在编译已被宏展开的源程序时才能发现。

(2) 宏定义不是语句,在行末不必加分号,如加上分号,则连分号也一起置换。

(3) 宏定义一般写在函数之外,其作用域为宏定义命令起到源程序文件结束,如要终止其作用域可使用#undef 命令。例如,

```
#define PI 3.14159
f1()
{
    ...
```

```
}
# undef PI
int main()
{
    …
}
```

表示 PI 的有效范围只是在函数 f1()内,在 main()函数中无效。

(4)双引号中有与宏名相同的字符串不进行替换。例如,

```
# define YES 10
int main()
{
    printf("YES");
    printf("\n");
    return 0;
}
```

上面的程序定义了宏名 YES 表示 10,但在 printf 语句中 YES 在双引号中,因此不做宏代换。

(5)宏定义允许嵌套定义,但不能递归定义。在宏定义的字符串中,可以使用已经定义的宏名,在宏展开时由预处理程序层层代换。例如,

```
# define R 3.0
# define PI 3.14159
# define L 2 * PI * R          / * 宏定义是表达式 * /
# define S PI * R * R
```

如有语句:

```
printf(" % f\n % f\n",L,S);
```

那么,在宏代换后变为

```
printf(" % f\n % f\n",2 * 3.14159 * 3.0, 3.14159 * 3.0 * 3.0);
```

(6)为了增加程序的可读性,建议宏名用大写字母,其他的标识符用小写字母。

(7)可用宏定义表示数据类型,使书写更方便。例如,

```
# define PER struct person
```

在程序中可用 PER 进行变量说明:

```
PER person1,person2;
```

(8)宏展开只是简单地进行替换,不做计算,不做表达式求解,它不同于函数参数的传递。

2. 带参数的宏定义

C 语言允许宏带有参数。在宏定义中的参数称为形式参数,在宏调用中的参数称为实际参数,对带参数的宏在调用中不仅要宏展开,而且要用实参去代换形参,带参数的宏定义的一般形式为

> #define 宏名(形参表) 字符串

其中,字符串中包含了形参表中的各个形参。

带参数的宏调用的一般形式为

宏名(实参表);

例如,有宏定义:

define S(a,b) a * b

宏调用为

area = S(3,2);

在进行宏替换时,分别用实参 3、2 去代替形参 a、b,经预处理宏展开后的语句为

area = 3 * 2;

说明:

(1) 宏定义中,宏名和形参表之间不能有空格出现。例如,

define S(a,b) a * b

将被认为是无参宏定义,宏名 S 代表字符串"(a,b) a * b",在进行宏展开时,宏调用语句"area = S(3,2);"将变为"area=(a,b) a * b(3,2);",这显然是错误的。

(2) 在带参数的宏定义中,形式参数不同于函数中的形参,带参宏定义中的参数不是变量,不分配内存单元,因此也不必做类型说明。它只是在宏调用时用相对应的实参去代换形参,即只是符号替换,不是值的传递。

(3) 在宏定义中的形参是标识符,而宏调用中的实参可以是表达式。函数调用是先计算出实参的值,再将值传递给形参;而宏的调用是用表达式直接替换形参。例如,有宏定义

define S(a,b) a * b

宏调用为

area = S(x + y,y + z);

在进行宏替换时,实参是 x+y 和 y+z 都是表达式,在进行宏展开时,不计算表达式的值,而分别直接用 x+y 代换 a,y+z 代换 b,经预处理宏展开后的语句为

area = x + y * y + z;

(4) 在进行带参数的宏定义时,必须考虑加不加括号的问题,以避免出错。在上例中的宏定义中,a * b 如果写成(a) * (b),那么宏展开的结果就为"area=(x+y) * (y+z);"。显然,两种结果完全不同。

【例 6-13】 观察下面两个程序,分析程序运行结果。

示例一:
```
# include < stdio. h >
# define SQU(n) n * n
int main()
{
    printf("s = % f\n",27.0/SQU(3.0));
    return 0;
}
```
运行结果为

s = 27.000000

示例二:
```
# include < stdio. h >
# define SQU(n) (n * n)
int main()
{
    printf("s = % f\n",27.0/SQU(3.0));
    return 0;
}
```
运行结果为

s = 3.000000

分析：在示例一中，带参的宏定义中的字符串没有带括号，宏调用语句宏展开后为

```
printf("s = % f\n",27.0/3.0 * 3.0);
```

故输出结果为：s＝27.000000。而在示例二中，带参的宏定义中的字符串外面带了括号，宏调用语句宏展开后为

```
printf("s = % f\n",27.0/(3.0 * 3.0));
```

故输出结果为：s＝3.00000。

由此可见，对于宏定义不仅应考虑在参数两侧是否需要加括号，也应考虑在整个字符串外是否需要加括号。

6.4.2 文件包含

文件包含是将指定的某个源文件的内容全部包含到当前文件中。用＃include命令实现，它的一般形式为

＃include<文件名>

或

＃include"文件名"

文件包含的具体过程是：把指定包含的文件插入该命令行位置，取代该命令行，从而把指定包含的文件和当前的源程序文件连成一个源文件，当程序编译链接时，系统会把所有＃include指定的文件链接生成可执行代码。

例如，调用sin(x)函数时，就要在程序的开头使用如下命令：

＃include < math.h>

或

＃include "math.h"

在预处理时，用math.h文件内容替换该命令行。

两种包含命令格式的区别为：

(1) 使用尖括号表示在包含文件目录中查找（包含目录是由用户在设置环境时设置的），而不在源文件目录查找；

(2) 使用双引号则表示首先在当前的源文件目录中查找，若未找到则到包含目录中去查找。

需要说明的是，一个include命令只能指定一个被包含文件，如果有多个文件要包含，则需要用多个include命令。文件包含允许嵌套，即在一个被包含的文件中，又可以包含另一个文件。嵌套的层数与具体C语言系统有关，但是一般可以嵌套8层以上。

6.4.3 条件编译

预处理程序还提供了条件编译功能。在预处理时，按照不同的条件去编译程序的不同部分，从而得到不同的目标代码。使用条件编译，可方便地处理程序的调试版本和正式版本，也可提高程序的可移植性。

条件编译有3种形式。

1. ＃if形式

与C语言的条件分支语句类似，在预处理时，也可以使用分支，根据不同的情况编译不

同的源代码段。具体格式如下：

```
# if 常量表达式
        程序段 1
# else
        程序段 2
# endif
```

其功能是：若常量表达式的值为真(非 0)，则对程序段 1 进行编译；否则，对程序段 2
进行编译。因此可以使程序在不同条件下完成不同的功能。

【例 6-14】　条件编译示例一。

```
# include "stdio.h"
# define R 1
int main()
{
    float r,s,c;
    printf("input a number:");
    scanf("% f",&r);
    # if R
        s = 3.14 * r * r;
        printf("s = % f",s);
    # else
        c = 2 * 3.14 * r;
        printf("c = % f",c);
    # endif
    return 0;
}
```

在程序第一行宏定义中定义 R 为 1，因此在条件编译时，常量表达式的值为真，故程序
最终计算并输出圆的面积。

2. ♯ifdef 形式

在上面的 ♯if 条件编译命令中，需要判断符号常量定义的具体值。在很多情况下，其实
不需要判断符号常量的值，只需要判断是否定义了该符号常量。这时，可不使用 ♯if 命令，
而使用另外的预编译命令：♯ifdef 或者 ♯ifndef，♯ifdef 命令的使用格式如下：

```
# ifdef 标识符
    程序段 1
# else
    程序段 2
# endif
```

其功能是：如果 ♯ifdef 后面的标识符已被 ♯define 命令定义过，则对程序段 1 进行编
译；如果没有定义该标识符，则编译程序段 2。一般不使用 ♯else 及后面的程序段 2。

3. ♯ifndef 形式

♯ifndef 的作用与 ♯ifdef 相反，其格式如下：

```
# ifndef 标识符
    程序段 1
# else
    程序段 2
# endif
```

其功能是：如果标识符未被 #define 命令定义过，则编译程序段 1；否则编译程序段 2。

【例 6-15】 条件编译示例二。

```
# include"stdio. h"
# define inttag ok
int main()
{
    int ch;
    scanf(" % d",&ch);
    # ifdef inttag
        printf(" % d",ch);
    # else
        printf(" % c",ch);
    # endif
    return 0;
}
```

上例中条件编译的含义是：如果标识符 inttag 被 #define 定义过，则输出变量 ch 的十进制形式；否则，输出 ch 的字符形式。如果同样的结果，用 #ifndef 形式实现，程序写成：

```
# include"stdio. h"
# define inttag ok
int main()
{
    int ch;
    scanf(" % d",&ch);
    # ifndef inttag
        printf(" % c",ch);
    # else
        printf(" % d",ch);
    # endif
        return 0;
}
```

实际上，就是将例 6-15 的程序段 1 和程序段 2 交换了位置。

"#define inttag ok"定义了标识符 inttag，所以上述程序被编译后的结果为

```
int main()
{
    int ch;
    scanf(" % d",&ch);
    printf(" % d",ch);
    return 0;
}
```

上面介绍的条件编译，也可以用条件语句来实现，但是用条件语句将会对整个源程序进行编译，生成的目标代码程序较长，而采用条件编译，则根据条件只编译其中的程序段 1 或程序段 2，生成的目标代码较短。所以，如果条件选择的程序段很长，那么采用条件编译的方法是十分必要的。

6.5 函数综合应用举例

C 语言是结构化程序设计语言，一个 C 语言程序是由多个函数构成的，在实际应用中，用模块化思想设计程序是很有必要的。

【例 6-16】 编写自定义函数判断一个正整数是否为素数。

解题思路：定义一个函数 int f(int x)判断 x 是否是素数,若是则函数返回 1,否则返回 0,并且在 main( )函数中验证。

程序如下：

```c
# include < stdio. h >
int f(int x)
{
    int i, flag = 1;
    for(i = 2; i < x; i++)
    if (x % i == 0)
        {flag = 0; break; }
    return flag;
}
int main()
{
    int x;
    printf("input x:");
    scanf(" % d", &x);
    if (f(x) == 1)
        printf(" % d is a prime number!\n", x);
    else
        printf(" % d is not a prime number!\n", x);
    return 0;
}
```

运行结果为

```
input x:89 ↙
89 is a prime number!
```

【例 6-17】 编写递归函数求解斐波那契数列,并在主函数中输出数列的前 n 项,每行输出 5 个。

解题思路：斐波那契数列的每一项是前两项之和,且第 1 项和第 2 项是 1,符合递归定义。

可以列出其递归定义的公式：

$$fib(n) = \begin{cases} 1, & n=1 \text{ 或 } n=2 \\ fib(n-1) + fib(n-2), & n>2 \end{cases}$$

程序如下：

```c
# include < stdio. h >
int fib( int n)
{
    if (n == 1 || n == 2)
        return 1;
    else
        return fib(n - 1) + fib(n - 2);
}
```

```
int main()
{
    int i,n;
    printf("input n:");
    scanf(" % d",&n);
    for (i = 1;i < = n;i++)
    {
            printf(" % - 6d", fib(i));
            if(i % 5 = = 0) printf("\n");
    }
    printf("\n");
    return 0;
}
```

运行结果为

```
input n:20 ↙
1       1       2       3       5
8       13      21      34      55
89      144     233     377     610
987     1597    2584    4181    6765
```

【例 6-18】　编写程序,输入年月日,输出该日期为该年的第几天。

解题思路:本题可编写 leap()函数用于返回是否闰年的信息;month_days()函数用于返回各不同月份的天数;days()函数用于累加所输入月份之前的天数。使用主函数接收从键盘输入的日期,嵌套调用 3 个函数。

程序如下:

```
# include "stdio. h"
int leap(int year)                         / * leap 函数判断是否闰年,返回 0 或 1 * /
{
    int flag;
    if ( year % 4 = = 0&&year % 100!= 0 | | year % 400 = = 0)
        flag = 1;
    else
        flag = 0;
    return flag;
}
int month_days(int year,int month)        / *  month_days 函数按月份返回该月天数 * /
{
    int day;
    switch (month)
    {
        case 1:case 3:case 5:
        case 7:case 8: case 10:
        case 12:day = 31;break;
        case 2:day = leap(year)?29:28;break;
        default:day = 30;
    }
    return day;
}
int days(int year,int month,int day)      / * days 函数按日期累加天数 * /
{
```

```
    int i,s = 0;
    for (i = 1;i < month;i++)
        s = s + month_days(year,i);
    s = s + day;
    return s;
}
int main()
{
    int year,month,day,n;
    printf("Input year - month - day:\n");
    scanf("%d - %d - %d",&year,&month,&day);
    n = days(year,month,day);            /* 调用函数 days */
    printf("%d - %d - %d is %dth day of the year!\n",year,month,day,n);
    return 0;
}
```

运行结果为

```
Input year - month - day:
2000 - 12 - 31 ↙
2000 - 12 - 31 is 366th day of the year!
```

小结

函数是组成 C 语言程序的基本单位,使用它可以遵循“自上而下、逐步细化”的结构化程序设计方法。将复杂的问题,逐层分解细化成一个个模块,并定义成一个个函数,最终解决问题。

(1) 函数的定义为

```
<函数类型>函数名(<形式参数列表>)
{
    函数体
}
```

(2) 函数的类型是函数返回值的类型,可以是字符型、整型、实型和其他数据类型,也可以为空类型(void)。

(3) 在函数调用时,实参与形参在类型、个数、顺序上必须严格一致。函数的形式参数是在函数被调用时才临时分配空间,实际参数将值传给形参。

(4) C 语言变量按作用域分为全局变量和局部变量,全局变量的作用域一般从定义点到源文件结束,而局部变量只能在定义函数或程序块内部使用。

(5) C 语言变量的存储方式有两类:动态存储方式和静态存储方式,具体包含 4 种:自动型(auto)、外部型(extern)、静态型(static)和寄存器型(register)。

(6) 函数不允许嵌套定义,但可以嵌套调用。

(7) 在利用递归法时,要确定问题的递归定义和递归的终止条件。

(8) C 语言提供了多种预处理功能,如宏定义(♯define)、文件包含(♯include)、条件编译等。

本章常见错误分析

常见错误实例	常见错误解析

int fun();
{
　printf("error!");
}
	定义函数时()后面多加了分号,会产生语法错误

int fun()	在函数调用声明后没加分号
	使用标准库函数时忘记文件包含(#include)
int fun(int a,b)	在函数定义时,省略了形参列表中的某些形参的类型声明。C语言规定,每个形参前都要有类型符
	函数定义时与函数原型中给出的函数返回值类型不一致,将会自动转换成函数原型中的类型
	在定义一个有返回值的函数时,未用return语句返回一个值
	没有返回值的函数却使用return语句返回一个值。在没有返回值的函数中,可以使用return语句,但后面不能跟表达式,否则,会产生语法错误

int main()
{
　　int fun(int a);
　　…
　　fun(2.5);
}
	在函数调用时实参类型与形参类型不兼容。实例中,形参a的值为2

c = fun(int a);	在函数调用时实参前面多了类型标识符。实参前不能有类型标识符

int main()
{
　　int fun(int a,int b);
　　…
　　c = fun(2);
}
	在函数调用时实参个数与形参个数不一致。函数调用时,实参个数必须和形参个数相等,否则编译错误

int fun(int a,int b) {　int a; }	函数的局部变量与形参同名。实例中,形参和实参在同一作用域,不能重名
#define PI 3.14;	定义宏时在末尾加分号。在宏替换时,将连同分号一起被替换,导致语法错误
include < stdio.h>	使用预处理命令时,忘了以"#"开头,预处理程序无法识别出该命令
#define THS thank you	用宏定义字符串常量时,字符串常量没有加引号,编译时会出错
#define M 5 int N = 5; #if N == 5 … #endif	使用条件编译时,条件中使用变量,可改为 　　#if M == 5

习题 6

1. 基础篇

(1) 一个完整的 C 语言函数包括函数说明和(　　)。

(2) 一个函数的返回值类型是由(　　)时所指定的函数类型决定的。

(3) 在 C 语言中,函数类型为(　　)时,代表函数无返回值,可省略 return 语句。

(4) 如果一个变量在整个程序运行过程期间都存在,但是仅在说明它的函数内可见的,那么这个变量的存储类型应该被说明为(　　)。

(5) 在 C 语言程序中,函数不允许嵌套(　　),但允许嵌套(　　)。

(6) 表达式 sqrt(25)和 pow(3,3)的值分别是(　　)和(　　)。

(7) 函数调用语句 y=func(a,b,max(d,e)); func()函数含有实参的个数为(　　)。

(8) 有以下函数声明和函数调用:

```
int fun(int a,int b);
y = fun(3,4);
```

则函数的实参和对应形参之间的数据传递方式为(　　)。

(9) 预处理命令必须以(　　)开头。

(10) 已有宏定义"♯define M(y)(y)*(y)"和宏调用"n＝M(3＋3)/M(2＋2);",则执行宏的调用后 n 的值为(　　)。

2. 进阶篇

(1) 在执行以下程序时输出结果是(　　)。

```
# include < stdio.h >
int func(int a,int b)
{
    int c;
    c = a + b;
    return c;
}
int main()
{
    int x = 6,r;
    r = func(x,x += 2);
    printf("%d\n",r);
    return 0;
}
```

(2) 在执行以下程序时输出结果是(　　)。

```
# include < stdio.h >
long fun(int n)
{
    long s;
    if (n == 1 || n == 2)
        s = 2;
    else
        s = n - fun(n - 1);
```

```
        return s;
}
int main()
{
    printf("%ld",fun(6));
    return 0;
}
```

（3）在执行以下程序时输出结果是（　　）。

```
#include<stdio.h>
#define MAX(a,b) (a>b)?a:b
int main()
{
    int x,y,max;
    x=y=8;
    max=MAX(x+5,y-6);
    printf("max=%d\n",max);
    return 0;
}
```

（4）在执行以下程序时输出结果是（　　）。

```
#include<stdio.h>
void fun(int x)
{   static int a=0;
    a+=x;
    printf("%d",a);
}
int main()
{
    int cc;
    for (cc=1;cc<4;cc++)
        fun(cc);
    return 0;
}
```

（5）以下程序段的功能是实现求两个正整数的最大公约数，为实现上述功能，请在［填空 1］、［填空 2］、［填空 3］、［填空 4］处填入正确内容。

```
#include<stdio.h>
int divisor(int a,int b)
{
    int r;
    do
    {
        r=(［填空 1］);
        a=b;
        b=r;
    }while(［填空 2］);
    return a;
}
int main()
{
    int a,b,d;
    scanf("%d,%d",&a,&b);
```

```
    if (a > b)      d = divisor(a,b);
    else            d = divisor([填空 3]);
    printf("最大公约数 = % d\n",[填空 4]);
    return 0;
}
```

3. 提高篇

(1) 下面程序的功能是：输入两个整数,输出二者中的大者。程序中有 4 处错误,请找出错误并改正。注意：不得增行或删行,也不得更改程序的结构。

```c
# include < stdio. h >
int main()
{
    int max(int x, int y)
    int a, b,c;
    printf("please input two number:");
    scanf("% d, % d",&a,&b);
    max(a,b);
    printf("max is % d\n",c);
    return 0;
}
int max(int x, y)
{
    int z;
    if (x > y)
        z = x;
    else
        z = y;
        return ;
}
```

(2) 有 5 个学生坐在一起,问第 5 个学生多少岁,他说比第 4 个学生大 2 岁,问第 4 个学生岁数,他说比第 3 个学生大 2 岁。问第 3 个学生,又说比第 2 个学生大 2 岁,问第 2 个学生说比第 1 个大 2 岁,最后问第 1 个学生,他说 10 岁。请问第 5 个学生多大? 下面程序用递归法实现了上述功能。程序中有 3 处错误,请找出错误并改正。注意：不得增行或删行,也不得更改程序的结构。

```c
int age(int n);
{
    int c;
    if (n == 5)
        c = 10;
    else
        c = age(n) + 2;
    return(c);
}
# include < stdio. h >
int main()
{
    printf("% d\n",age(5));
    return 0;
}
```

(3) 编写一个函数,求两个数的最小公倍数。

（4）编写一个函数,对任一输入的正整数做反向输出。例如,输入 12345,输出 54321。

（5）一个 3 位数,如果它的各位数字之立方和等于该数本身,则称其为水仙花数。如 $153=1^3+5^3+3^3$,编写一个函数,判断是否是水仙花数,若是则返回 1,否则返回 0,并且在 main()函数中验证。

（6）定义函数"int f(int x)",输入 x 是否是回文数,若是则返回 1,否则返回 0,并且在 main()函数中验证。如输入 123321 和 12345,输出其是否是回文数的对应信息。

（7）用递归法编写一个函数,将一个整数 n 转换成若干字符显示在屏幕上。例如整数 -345 转换成 4 个字符"-345"显示。

（8）编写函数将十进制整数转换成 R 进制整数,在主函数中进行验证并输出。

（9）编写程序,已知某一正整数,其各位数字均为素数,而且各位数字之和也为素数。例如,232 的各数字 2、3、2 及各位数字之和 $2+3+2=7$ 也为素数。编写程序找到 $1\sim1000$ 中满足条件的所有正整数,并将结果按每行 10 个数的形式输出。分别编写求各位数字之和的函数和判断素数的函数,在主函数中进行判断并输出。

## 第 7 章

数　　组

前面章节涉及和处理的数据都属于基本数据类型,如整型、实型或字符型,不同的数据可使用不同类型的变量存放。但在实际应用中,经常需要对批量数据进行处理,而且这些批量数据之间存在特定的联系。例如,对某班学生考试成绩进行统计排名、从成绩表中找出某一学生的成绩信息等,如果用单一类型的单个变量来描述难以反映这些数据之间的联系,那么对于一组相同类型的数据,能不能把它们组织在一起? C 语言提供了一种构造数据类型即数组,可以方便地处理同类型的批量数据。

数组是一组具有相同类型的数据集合,数据中的每一个数据称为**数组元素**或数组分量,数组元素由其所在的位置序号(称数组元素的下标)来区分,一个数组元素就是一个相对独立的变量。利用数组名与下标就可以用统一方式方便地处理数组中所有元素。数组根据数组元素下标的个数分为一维数组、二维数组和多维数组。

本章学习重点:
(1) 数组的基本概念;
(2) 一维数组的定义、初始化和数组元素的引用;
(3) 二维数组的定义、初始化和数组元素的引用;
(4) 字符串的处理;
(5) 数组作为函数的参数。

本章学习目标:
(1) 掌握一维数组的定义与应用;
(2) 掌握二维数组的定义与应用;
(3) 了解字符数组与字符串的区别;
(4) 掌握字符串的应用;
(5) 掌握数组元素和数组名作为函数参数的使用。

7.1　一维数组的定义和引用

在程序设计过程中,为了方便处理,通常把具有相同类型的若干个变量按有序的形式组织起来,这些按序排列的同类数据元素的集合称为数组。**数组的有序性**是指数组元素存储的有序性,而不是指数组元素值的有序。

7.1.1　一维数组的定义

在 C 语言中使用数组必须先进行定义，一维数组的定义的一般形式为

存储类别　类型标识符　数组名[常量表达式];

说明：

（1）存储类别就是数组的存储属性，可以是静态型（static）、自动型（auto）及外部型（extern），当使用 auto 型时可以省略。

（2）类型标识符即数组元素的数据类型，如 int、long、char、float、double 等。

（3）数组名的命名规则遵循标识符的命名规则。

（4）方括号中的常量表达式表示数组中元素的个数，也称为数组长度。它可以是整型常量、整型常量表达式或整型符号常量，类型只能是整型。

例如，有以下定义：

```
static int score[5];
```

在该定义中，int 代表数组的**基类型**（**Base Type**），即数组中元素的类型，score 为数组名，方括号内的 5 代表数组元素的个数，因此，该语句定义了一个有 5 个元素的一维 int 型数组 score，其中的数组元素名字相同，只是下标不同，下标起始标号为 0，下标的最大值为数组的个数减 1，数组元素分别为 score[0]、score[1]、score[2]、score[3]、score[4]。

下面是合法的数组定义：

```
char str[80];                    //定义了一个有 80 个元素的字符数组 str
float score[10];                 //定义了一个有 10 个元素的实型数组 score
#define N 30
int a[N];                        //定义了一个有 30 个元素的整型数组 a
```

下面是错误的数组定义：

```
int sum(35);                     //对数组的定义时必须用方括号，不能用圆括号
int n = 10;                      //对数组定义时数组的大小只能为常量，不能是变量
float a[n];
```

注意：

① 数组的下标用方括号括起来，而不是圆括号。

② 表示数组长度的常量表达式只能是整型常量、整型常量表达式或整型符号常量，数组的长度不能为变量。因为数组长度必须在编译时就确定下来，而变量的值只有到程序执行时才能确定下来。

7.1.2　一维数组的存储与初始化

1. 一维数组的存储结构

在 C 语言中定义数组后，数组中各元素在内存中占有一块连续的存储空间，而且数组元素的下标为 $0 \sim (n-1)$，n 为数组的大小。例如，

```
int a[5];
```

设 a 的首地址为 0019FF18（用十六进制表示），数组 a 在内存中存储示意图如图 7-1 所

示。数组 a 中有 5 个数组元素,分别为 a[0]、a[1]、a[2]、a[3]、a[4],数组元素下标从 0 开始,每个元素都是整型,并占有相同的字节数即 4 字节,数组元素在内存里是按顺序存放的。**数组名代表数组的首地址**,即 a 的值与 a[0]的地址值相同。

由于一维数组是连续存储的,数组名为数组在内存中的首地址,而每个元素所占的字节数相同,因此,可以根据数组元素的序号计算出数组元素在内存中的地址。

0019FF18	23	a[0]
0019FF1C	12	a[1]
0019FF20	4	a[2]
0019FF24	−5	a[3]
0019FF28	8	a[4]

图 7-1　数组 a 在内存中存储示意图

数组元素地址 = 数组起始地址 + 元素下标 * sizeof(数组类型)

例如,a[3]的地址＝0019FF18＋3×4＝0019FF24。

2. 一维数组的初始化

在定义数组的同时给各数组元素赋值,称为**数组初始化**。数组初始化是在编译阶段进行的,不占用运行时间,这样可以减少程序的运行时间。C 语言允许在定义数组的同时为数组的部分或全部数组元素赋初值,各元素的初值放在花括号内,各值之间用逗号间隔。

注意:花括号内至少有一个值,否则出现语法错误。

数组初始化的一般形式为

存储类别 类型标识符 数组名[常量表达式] = {值 1,值 2,…,值 n};

对数组初始化一般有以下几种形式:

(1) 在定义数组的同时对数组的全部元素赋初值,例如,

```
static int a[5] = {0,1,2,3,4};
```

初始化后各数组元素的值为:a[0]＝0,a[1]＝1,a[2]＝2,a[3]＝3,a[4]＝4。

(2) 给**部分**数组元素赋初值,例如,

```
int a[10] = {1,2};          //等价于 a[0] = 1,a[1] = 2,其他 8 个元素都赋 0
```

(3) 对**全部**数组元素赋初值时可省略数组长度,C 编译系统自动根据初值的个数确定数组的长度。例如,

```
static int a[ ] = {1,2,3,4,5,6,7,8,9,10};
```

等价于

```
static int a[10] = {1,2,3,4,5,6,7,8,9,10};
```

(4) 如果想使一个数组中全部元素都为 0,则可以写成:

```
int a[10] = {0};          //未赋值的部分元素自动赋初值为 0
```

数组初始化时应注意以下几个问题:

① 初值个数大于数组元素的个数是错误的。例如,

```
int a[5] = {1,2,3,4,5,6};
```

② 若一个 static 或外部数组未进行初始化,则对数值型数组元素初值为 0,而对字符型数组元素初值为空字符'\0'。

③ 若不对 auto 数组进行初始化,则其初值是不可知的,系统给出随机数。

7.1.3 一维数组元素的引用

定义了数组以后,就可使用它了,但不能利用数组名来整体引用一个数组,只能单个使用数组元素。每个数组元素就是一个简单变量,数组元素名字都相同,只是下标不同,下标表示了数组元素在数组中位置顺序。

一维数组元素引用的一般形式为

数组名[下标]

说明:下标是指数组元素在数组中的顺序号,可以是整型常量、整型变量或整型表达式,下标取值范围为 0~(n-1)(n 为数组元素的个数)。

【例 7-1】 数组下标越界访问的程序示例。

程序如下:

```
#include <stdio.h>
int main()
{
    int a[5] = {11,12,13,14,15};
    int i;
    for (i = 0;i <= 5;i++)
        printf("a[ % d] = % 3d ",i,a[i]);  //下标越界,数组中没有 a[5]元素
    printf("\n");
    return 0;
}
```

运行结果为

a[0] = 11 a[1] = 12 a[2] = 13 a[3] = 14 a[4] = 15 a[5] = 1703792

从结果可以看出,**C 语言编译系统不检查数组下标是否越界**,a[5]不是数组 a 中的元素,它的值是数组以外存储空间的变量值。因此,使用数组编写程序时应格外注意下标越界问题,以免因下标越界而造成了对其他存储单元中数据的破坏。

数组定义后,可以像使用简单变量一样使用数组元素,对它们进行赋值或使用在各种表达式中,但要注意只能逐个使用数组元素,而不能整体引用数组。

假设有 5 个元素的数组,可以使用循环语句逐个输入输出各数组元素。例如,

```
for (i = 0;i < 5;i++)
    scanf(" % d",&a[i]);              //循环输入数组元素
for (i = 0;i < 5;i++)
    printf(" % d",a[i]);              //循环输出数组元素
```

而下面的写法是错误的:

```
float score[5];
scanf(" % f",score);
printf(" % f",score);
```

以上写法错误地整体引用了数组。

除了上面介绍的可以通过 scanf( )给数组元素赋值,还可以用赋值语句为元素赋值。例如,

```
a[0] = 2;
a[i] = 4 * b[i] + 8;
fib[n] = fib[n - 1] + fib[n - 2];
```

【例 7-2】 用 for 语句对有 10 个数组元素的数组赋值,它们的初值分别为 1,2,3,4,5,6,7,8,9,10,并逐个正序和反序输出这 10 个数。

程序如下:

```
# include "stdio.h"
int main()
{
    int i,a[10];
    for (i = 0;i < 10;i++)
        a[i] = i + 1;                    //循环给各数组元素赋值
    for (i = 0;i < 10;i++)
        printf("% d  ",a[i]);            //正序输出各数组元素
    printf("\n");
    for (i = 9;i > = 0;i -- )
        printf("% d  ",a[i]);            //反序输出各数组元素
    printf("\n");
    return 0;
}
```

运行结果为

```
 1  2  3  4  5  6  7  8  9  10
10  9  8  7  6  5  4  3  2   1
```

7.1.4 一维数组的应用举例

一维数组的应用很广泛,它通常用来处理相同类型的批量数据,如从一批数中找到最大值和最小值以及它们的位置、数组求解 Fibonacci 数列、对一批无序的数据进行排序、从批量数据中查找相关的数据等等。下面将对一些经典案例进行详细解析,以帮助初学者掌握一维数组的应用方法与技巧,有助于提升分析问题和解决问题的综合能力。

【例 7-3】 初始化 10 个数,输出其中最大元素和最小元素的值以及它们的下标。

解题思路:设定两个整型变量 j、k,分别记录最大数和最小数的下标,那么 a[j]代表最大数,a[k]代表最小数。先对 j、k 赋初值为 0,假定第一个元素既是最大数,又是最小数,然后再通过循环变量 i 将 a[j]和 a[k]逐一与其他元素一一比较,如果 a[i]>a[j],则将 i 的值赋给 j;如果 a[i]<a[k],则将 i 的值赋给 k,循环结束输出最大值 a[j]、最小值 a[k]以及最大值的下标 j、最小值的下标 k。

程序如下:

```
# include "stdio.h"
int main()
{
    int i,j,k;                                //整型变量 j、k 分别记录最大数、最小数的下标
    int a[10] = {2,3, - 4,12,34, - 23,36,7, - 8,19};//数组初始化
    for (i = 0; i < 10; i++)
        printf(" % 4d",a[i]);
    printf("\n");
```

```
    j = k = 0;                                    //设定第一个数既是最大数又是最小数
    for (i = 1; i < 10; i++)
    {   if (a[j] < a[i]) j = i;                   //a[j]为最大数
        if (a[k] > a[i]) k = i;                   //a[k]为最小数
    }
    printf("max = a[ % d] = % d\n",j,a[j]);
    printf("min = a[ % d] = % d\n",k,a[k]);
    return 0;
}
```

运行结果为

```
2   3   - 4   12   34   - 23   36   7   - 8   19
max = a[6] = 36
min = a[5] = - 23
```

【例7-4】 假定某班有 N 个学生进行了 C 语言程序设计考试,从键盘输入学生考试成绩,将这些成绩按从低到高的升序排列。

排序是数组的常见应用,目的是将一组无序的数据按升序或降序的顺序重新组织。排序的方法很多,经典的排序方法有冒泡法、选择法和插入法。下面介绍冒泡法排序的方法,首先定义数组 score[N],将 N 个学生的考试成绩存放到数组中。

冒泡法排序的基本思想如下:

(1) 进行第一轮比较,从 score[0] 开始到 score[N-1],两两相邻元素进行 N-1 次比较,如前面的元素大于后面的元素,则交换这两个元素的位置。通过一轮比较结束,求出最大数放在 score[N-1] 中。

(2) 进入第二轮比较,对 score[0] 到 score[N-2] 的 N-1 个数进行同(1)的操作,次大数放在 score[N-2] 中。

以此类推,进行 N-1 轮排序后,所有元素都已按从小到大的顺序排好序了。

程序如下:

```
# include "stdio. h"
# define N 6
int main()
{
    int score[N];
    int i,j,t;
    printf("intput score[ % d]: \n",N);
    for (i = 0; i < N; i++)
        scanf(" % d",& score [i]);
    printf("排序前: \n");
    for (i = 0;i < N;i++)
        printf(" % 4d", score [i]);
    printf("\n");
    for (i = 1; i <= N - 1; i++)                  //控制比较的轮数
        for (j = 0; j < N - i; j++)               //每轮两两比较的次数
            if (score [j] > score [j + 1])
            {
                t = score [j]; score [j] = score [j + 1]; score [j + 1] = t;
            }
    printf("排序后: \n");
```

```
for (i = 0;i < N;i++)
    printf(" % 4d", score [i]);
printf("\n");
return 0;
}
```

运行结果为

```
input score[6]:
65  54  87  92  78  85 ↙
排序前:
65  54  87  92  78  85
排序后:
54  65  78  85  87  92
```

【例 7-5】 随机产生 10 个 1～100 的整数存放到数组 a[10],再输入一个整数 x,在数组 a 中查找该数,如找到则输出该数所在的位置,否则输出没有找到该数的提示。

在数组中搜索某个特定元素的处理过程,称为**查找**(Searching),通常有两种查找方法: **顺序查找**(Sequential Search)和**折半查找**(Binary Search 也称二分法检索),本例采用顺序查找法。

解题思路:首先使用随机函数 rand()产生 1～100 的随机数存放到数组中。设定变量 found 用来记录查找数的状态,初值为 0 表示没找到数,再输入一个整数 x,在数组中从头到尾依次与 x 比较,直到所要找到的数,此时,记录数组元素的下标,found 的值修改为 1,终止查找。最后,如果 found 的值为 1,则表示找到数 x,输出其在数组中位置;如果 found 的值为 0,则表示数组中没找到 x,输出没有找到数的信息。

程序如下:

```
# include < stdio. h >
# include < stdlib. h >
int main()
{
    int a[10],i,x,k,found = 0;
    for (i = 0;i < 10;i++)
    {
        a[i] = rand() % 100 + 1;              //产生 1～100 之间的随机整数
        printf(" % d   ",a[i]);
    }
    printf("\ninput x:") ;
    scanf(" % d",&x);                          //输入要查找的数 x
    for (i = 0;i < = 9;i++)                     //循环比较 a[i]与 x 的值是否相等
        if (a[i] == x)
        {
            k = i ;
            found = 1;
            break;                             //在数组中找到数 x,循环结束
        }
    if (found == 0)   printf("There is not % d\n",x);
    else   printf("There index of % d is % d\n",x,k + 1);
    return 0;
}
```

运行结果为

42 68 35 1 70 25 79 59 63 65	42 68 35 1 70 25 79 59 63 65
input x: 35	input x: 75
There index of 35 is 3	There is not 75

从运行结果发现每次运行产生的随机数是一样的,实际上,rand()函数产生的随机数是伪随机数,是根据一个数值按照某个公式推算出来的,这个数值称为"种子"。种子在每次启动计算机时是随机的,但是一旦计算机启动以后它就不再变化了,也就是说,每次启动计算机以后,种子就是定值了。可以通过 srand()函数来重新"播种",这样种子就会发生改变。随着时间的推移每次运行时产生的随机数是不一样的。产生随机数程序代码可做如下修改:

```
# include < stdio. h >
# include < stdlib. h >              //包含 srand()函数所在的头文件 stdlib. h
# include < time. h >
int main()
{
    int a[10], i, x, k, found = 0;
    srand((unsigned)time(NULL)); //srand()用来设置 rand()产生随机数时的随机数种子
    for (i = 0; i < 10; i++)
    {
        a[i] = rand() % 100 + 1;     //产生 1~100 的随机数
        printf(" % d", a[i]);
    }
    …
}
```

7.2 二维数组的定义和引用

前面介绍的数组只有一个下标,称为一维数组,其数组元素也称为单下标变量。但在实际应用中有很多有两个下标甚至多个下标的数据,如多个学生多门课程的考试成绩、矩阵、杨辉三角形等,虽然用一维数组可以描述这些问题,但处理起来不方便,C 语言提供了二维数组类型很方便地处理这些形式上有行有列的数据。

数组的维数是指数组的下标个数,一维数组元素只有一个下标,二维数组元素有两个下标。

7.2.1 二维数组的定义

二维数组的定义形式与一维数组类似,其定义的一般形式为

存储类别 类型标识符 数组名[常量表达式1][常量表达式2];

说明:
(1) 常量表达式 1 代表行,常量表达式 2 代表列;
(2) 数组元素的个数为行、列长度的乘积;
(3) 同一维数组一样,其行、列下标皆从 0 开始。

　　在实际应用中,常常用二维数组处理有行列关系的数据,如多个学生的多门课程的成绩统计。假定有如表 7-1 所示的成绩表。

表 7-1　学生成绩表

	大学英语	高等数学	C 程序设计	大学物理
第 1 个学生	87	92	83	90
第 2 个学生	55	65	78	72
第 3 个学生	72	82	80	89

　　对于以上的成绩表,可以将它定义成 3 行 4 列的数组 score[3][4],用第一维(行)下标以 0~2 代表 3 名不同学生,第二维(列)下标以 0~3 代表 4 门不同课程成绩。例如,

```
float score[3][4];
```

那么数组 score 中有 12 个元素,其元素排列顺序如下:

```
score[0][0]    score[0][1]    score[0][2]    score[0][3]
score[1][0]    score[1][1]    score[1][2]    score[1][3]
score[2][0]    score[2][1]    score[2][2]    score[2][3]
```

其中,数组元素 score[2][2]就代表第 3 位同学 C 语言程序设计的成绩。

　　从上述数组元素的排列顺序中,不难发现每一行第一维的名字都是相同的,分别为 score[0]、score[1]、score[2],因此,可以把 score[0]、score[1]、score[2]看作 3 个一维数组的名字,每个一维数组有 4 个元素。C 语言的这种处理方法在数组初始化和指针表示时显得很方便,这在以后章节会体会到。

7.2.2　二维数组的存储与初始化

1. 二维数组的存储

　　定义二维数组后,系统为二维数组在内存中分配一片连续的内存空间,将二维数组元素按行的顺序存储在所分配的内存区域,即在内存中先顺序存放第 0 行的各元素,接着再存放第 1 行的各元素,以此类推。例如,设有定义

```
static int a[2][3];
```

对数组 a 来说,先存储第 0 行元素,即 a[0][0]、a[0][1]、a[0][2],再存第 1 行元素,即 a[1][0]、a[1][1]、a[1][2],其存储形式如图 7-2 所示。

　　为了进一步理解二维数组在内存中的存储情况,编写一个程序观察二维数组元素在内存中的存储。

　　【例 7-6】　定义了二维数组"static int a[2][3];",输出数组 a 的首地址以及各数组元素在内存中的地址,%p 为变量地址值。

　　程序如下:

```
# include "stdio.h"
int main()
{
    int i,j,a[2][3];
```

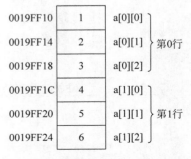

图 7-2　二维数组 a 存储形式示意图

```
for (i = 0;i < 2;i++)
    for (j = 0;j < 3;j++)
        scanf(" % d",&a[i][j]);
printf("数组的起始地址: % p\n",a);
for (i = 0;i < 2;i++)
    for (j = 0;j < 3;j++)
        printf("数组元素 a[ % d][ % d]的地址: % p\n",i,j,&a[i][j]);
return 0;
}
```

运行结果为

```
1 2 3 4 5 6↙
数组的起始地址: 0019FF10
数组元素 a[0][0]的地址: 0019FF10
数组元素 a[0][1]的地址: 0019FF14
数组元素 a[0][2]的地址: 0019FF18
数组元素 a[1][0]的地址: 0019FF1C
数组元素 a[1][1]的地址: 0019FF20
数组元素 a[1][2]的地址: 0019FF24
```

从运行结果可以看出:

(1) %p 输出变量的内存地址,以十六进制形式表示,输出宽度取决于系统地址总线的位数。

(2) 数组名代表元素的起始地址与数组的第一个元素 a[0][0]的值相同。

(3) 二维的数组元素在内存中是连续存储的,先按行后按列,前后元素的地址相差 4 字节。

2. 二维数组的初始化

与一维数组相同,在定义二维数组的同时也可以对各数组元素赋以初值,二维数组初始化时可以按行分段赋值,也可以按行连续赋值。一般有以下几种情形。

(1) 分行给二维数组赋初值,即**按行赋值**。例如,

int a[2][4] = {{1,2,3,4},{5,6,7,8}};

这种赋初值方法比较直观,将第 1 个花括号内数据赋给第 0 行的元素,将第 2 个花括号内数据赋给第 1 行的元素。初始化后数组各元素的值如下所示:

1	2	3	4
5	6	7	8

(2) 可以将所有数据写在一个花括号内,按数组元素在内存中的排列顺序对各元素赋初值。例如,

int a[3][4] = {1,2,3,4,5,6,7,8,9,10,11,12};

C 语言中的二维数组元素在内存中是连续存储的,存完第 0 行后再存第 1 行,以此类推。因此,初始化后数组各元素的值如下所示:

1	2	3	4
5	6	7	8
9	10	11	12

（3）只对部分元素赋值，没有赋初值对应的元素赋 0 值或空字符（如是字符数组）。例如，

```
int a[3][4] = {{1},{0,6},{0,0,11}};
```

初始化后数组各元素的值如下所示：

$$
\begin{array}{cccc}
1 & 0 & 0 & 0 \\
0 & 6 & 0 & 0 \\
0 & 0 & 11 & 0
\end{array}
$$

也可以只对数组几行元素赋初值，例如，

```
int a[3][4] = {{1},{},{9,10,11}};
```

初始化后数组各元素的值如下所示：

$$
\begin{array}{cccc}
1 & 0 & 0 & 0 \\
0 & 0 & 0 & 0 \\
9 & 10 & 11 & 0
\end{array}
$$

（4）给全部元素赋初值或分行初始化时，可不指定第一维大小，其大小系统可根据初值数目与列数（第二维）自动确定；但必须指定第二维的大小。例如，

```
static int a[ ][2] = {0,1,2,3,4,5};
static int a[ ][3] = {0,1,2,3,4,5};
```

这两种初始化后数组各元素的值是不一样的。

```
static int a[ ][2] = {0,1,2,3,4,5};     //与 static int a[3][2] = {0,1,2,3,4,5}; 等价
static int a[ ][3] = {0,1,2,3,4,5};     //与 static int a[2][3] = {0,1,2,3,4,5}; 等价
```

注意：数组第二维的长度声明不能省略。

7.2.3　二维数组元素的引用

二维数组元素的引用形式为

数组名[下标1][下标2]

下标 1、下标 2 分别代表数组元素在二维数组中行和列的序号。例如，
a[2][3]表示 a 数组中行序号为 2、列序号为 3 的元素。

注意：

① 数组元素行、列下标分别用方括号括起来，不能用圆括号。如写成以下形式是错误的：

```
a[2,3],a(2)(3)
```

② 数组元素引用时注意行下标、列下标不要越界。例如，"float a[3][4];"，数组 a 中就没有 a[3][4]这个数组元素，下标越界了。

【例 7-7】　二维数组的输入与输出。

对二维数组的输入输出一般都使用二层循环结构来实现。外层循环处理各行，循环控制变量 i 作为数组元素的第一维下标；内层循环处理一行的各列元素，循环控制变量 j 作为元素的第二维下标。

程序如下:

```
#include "stdio.h"
#define M 3
#define N 4
int main()
{
    int a[M][N],i,j;
    printf("Input array a: ");
    for (i = 0; i < M; i++)
        for (j = 0; j < N; j++)
            scanf(" %d",&a[i][j]);
    printf("\n Output array a: \n");
    for (i = 0; i < M; i++)
    {
        for (j = 0; j < N; j++)
            printf(" %d\t",a[i][j]);
        printf("\n");
    }
    return 0;
}
```

运行结果为

```
Input array a: 1 2 3 4 5 6 7 8 9 10 11 12↙

Output array a:
1       2       3       4
5       6       7       8
9       10      11      12
```

【例 7-8】 用如下的 4×4 矩阵初始化数组 a[4][4],求其转置矩阵 b[4][4]并输出。

$$
\begin{array}{cccc}
1 & 2 & 3 & 4 \\
5 & 6 & 7 & 8 \\
9 & 10 & 11 & 12 \\
13 & 14 & 15 & 16
\end{array}
\quad\Longrightarrow\quad
\begin{array}{cccc}
1 & 5 & 9 & 13 \\
2 & 6 & 10 & 14 \\
3 & 7 & 11 & 15 \\
4 & 8 & 12 & 16
\end{array}
$$

解题思路:转置矩阵是将原矩阵的元素按行列互换所形成的矩阵,使用二维数组可以方便地处理矩阵问题,二维数组常常用二重循环来控制,外循环控制行下标、内循环控制列下标。

程序如下:

```
#define M   4
#define N   4
#include "stdio.h"
int main()
{
    int i,j;
    int a[M][N] = {{1,2,3,4},{5,6,7,8},{9,10,11,12},{13,14,15,16}};
    int b[M][N];
    printf("转置前: \n");
    for (i = 0; i < M; i++)
```

```
    {
        for (j = 0; j < N; j++)
            printf(" % d\t",a[i][j]);
        printf("\n");
    }
    for (i = 0;i < M;i++)
        for (j = 0;j < N;j++)
            b[i][j] = a[j][i];     //转置矩阵就是原矩阵行列互换
    printf("转置后：\n");
    for (i = 0; i < M; i++)
    {
        for (j = 0; j < N; j++)
            printf(" % d\t",b[i][j]);
        printf("\n");
    }
    return 0;
}
```

运行结果为

```
转置前：
1       2       3       4
5       6       7       8
9       10      11      12
13      14      15      16
转置后：
1       5       9       13
2       6       10      14
3       7       11      15
4       8       12      16
```

思考：若要将一个矩阵按顺时针或逆时针方向旋转90°,该如何实现呢?

7.2.4　二维数组的应用举例

二维数组通常用来批量处理有行列关系的数据,例如,矩阵问题、杨辉三角形、学生多门课程成绩表等的处理。

【例 7-9】 随机生成 16 个 1～20 内的正整数,构成 4×4 矩阵,求矩阵的主对角线的和。

解题思路：首先通过循环随机产生 16 个 1～20 的正整数存放到 a[4][4]数组中。由于主对角线上元素的行、列下标相等,可以用二维数组求主对角线的和,也可以用一维数组处理。

（1）用二维数组求矩阵主对角线的和。

程序如下：

```
# include "stdio. h"
# include "stdlib. h"
# include < time. h >
# define M 4
int   main()
{
    int a[M][M],i,j,s = 0;
    srand((unsigned)time(NULL));
```

```
    for (i = 0; i < M; i++)
        for (j = 0; j < M; j++)
            a[i][j] = rand() % 20 + 1;            //随机产生 16 个 1～20 的正整数
    printf("\n Output array a: \n");
    for (i = 0; i < M; i++)
     {
        for (j = 0; j < M; j++)
            printf(" % d\t",a[i][j]);             //输出 4×4 矩阵
        printf("\n");
     }
    for (i = 0; i < M; i++)
        for (j = 0; j < M; j++)
            if (i == j)   s = s + a[i][j];         //行号列号相等为主对角线上的元素
    printf("主对角线的和 = % d\n",s);
    return 0;
}
```

运行结果为

```
Output array a:
2       10      3       13
8       4       1       14
8       2       2       3
15      14      2       17
主对角线的和 = 25
```

注意：程序使用了随机函数，每次运行的结果是不一样的。

（2）用一维数组求矩阵主对角线的和。

可以将上面源程序中主对角线的和，用一维数组处理。

```
for (i = 0; i < M; i++)
    s = s + a[i][i];
```

思考：若要求矩阵的副对角线的和，该如何实现？

【**例 7-10**】 利用二维数组产生并输出如图 7-3 所示的杨辉三角形。

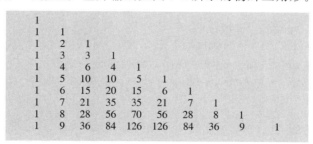

图 7-3 杨辉三角形

解题思路：从图形中可以看出杨辉三角形有以下特点：

（1）所有首列元素为 1；

（2）主对角线元素也为 1；

（3）除首列和主对角线以外的元素值为其上一行当前列的元素与上一行前一列元素的和，可以这样表示：a[i][j] = a[i-1][j-1] + a[i-1][j]。

程序如下：

```
# include "stdio. h"
int main()
{
    int i,j;
    int a[10][10];
    for (i = 0;i < 10;i++)
    {   a[i][i] = 1;                                  //所有主对角线元素均为1
        a[i][0] = 1;    }                             //每行第1列元素均为1
    for (i = 2;i < 10;i++)
    {
        for(j = 1;j < i;j++)
            a[i][j] = a[i - 1][j - 1] + a[i - 1][j];  //给其他元素赋值
    }
    for (i = 0;i < 10;i++)
    {
        for (j = 0;j <= i;j++)
            printf(" % 5d",a[i][j]);                  //按行输出杨辉三角形
        printf("\n");                                 //每输完一行要换行\n
    }
    return 0;
}
```

思考：若要输出如图 7-4 所示的杨辉三角形,输出部分的程序该如何修改呢?

```
                      1
                    1   1
                  1   2   1
                1   3   3   1
              1   4   6   4   1
            1   5  10  10   5   1
          1   6  15  20  15   6   1
        1   7  21  35  35  21   7   1
      1   8  28  56  70  56  28   8   1
    1   9  36  84 126 126  84  36   9   1
```

图 7-4　杨辉三角形

【**例 7-11**】　一个学习小组有 5 个人,每个人有 3 门课的考试成绩,求这个学习小组每人的总分,并按总分从低到高排序。

解题思路：5 个学生 3 门课成绩再加上总分成绩,可以设置一个二维数组 score[5][4],每行第 4 列元素存放总分成绩。选择法排序时依据学生的总分列 score[i][3]排序,进行交换时不仅要交换总分列,还要相应交换前面各门课程的成绩。

程序如下：

```
# include "stdio. h"
int main()
{
    int score[5][4] = {{65,76,87},{63,54,61},{87,76,89},{89,98,86},{76,87,75}};
    int i,j,k,t;
    for (i = 0;i < 5;i++)
    {   score[i][3] = 0;
        for (j = 0;j < 3;j++)
            score[i][3] += score[i][j];
    }
    printf("排序前: \n");
```

```
printf("    高等数学    大学英语    计算机    总分\n");
for (i = 0;i < 5;i++)
{
    for (j = 0;j < 4;j++)
        printf("%8d  ",score[i][j]);
    printf("\n");
}
for (i = 0;i < 4;i++)
{
    k = i;
    for (j = i + 1; j < 5; j++)
        if (score[k][3]> score[j][3]) k = j;
    if (k!= i)
    {
        t = score[i][0];score[i][0] = score[k][0];score[k][0] = t;    //交换高等数学成绩
        t = score[i][1];score[i][1] = score[k][1];score[k][1] = t;    //交换大学英语成绩
        t = score[i][2];score[i][2] = score[k][2];score[k][2] = t;    //交换计算机成绩
        t = score[i][3];score[i][3] = score[k][3];score[k][3] = t;    //交换总分列
    }
}
printf("排序后：\n");
printf("    高等数学    大学英语    计算机    总分\n");
for (i = 0;i < 5;i++)
{
    for (j = 0;j < 4;j++)
        printf("%8d  ",score[i][j]);
    printf("\n");
}
return 0;
}
```

运行结果为

排序前：

高等数学	大学英语	计算机	总分
65	76	87	228
63	54	61	178
87	76	89	252
89	98	86	273
76	87	75	238

排序后：

高等数学	大学英语	计算机	总分
63	54	61	178
65	76	87	228
76	87	75	238
87	76	89	252
89	98	86	273

从源代码中发现中间有关交换的程序段比较烦琐,可以用一个循环语句优化,改进的程序段如下：

```
if (k!= i)
{
    for (j = 0;j < 4;j++)
```

```
        {
            t = score[i][j];score[i][j] = score[k][j];score[k][j] = t;
        }
    }
```

7.3 字符数组和字符串

字符型数组用来处理字符型数据,其与数值型数组在初始化、输入输出及处理方面是不同的。C 语言中没有字符串类型,字符串是存放在字符数组中。

7.3.1 字符数组的定义与初始化

1. 字符数组的定义

用来存放字符数据的数组就是字符数组,字符数组中每个元素存放一个字符。

定义字符数组的方法与定义数值型数组方法类似。例如,

char c[5];

定义一个有 5 个元素的字符数组,每个元素相当于一个字符变量。这 5 个元素分别为 c[0]、c[1]、c[2]、c[3]、c[4],每个元素可存放 1 个字符。

字符数组也可以是二维数组或多维数组,例如,"char c[5][10];",即为二维字符数组。

2. 字符数组的初始化

对字符数组初始化时,将字符常量以逗号分隔写在花括号中,把各个字符依次赋给数组中各元素。例如,

char s[11] = { 'W','e','l','c','o','m','e',' ','y','o','u'};

把 11 个字符依次赋给 s[0]~s[10]数组元素。数组中各元素的值如下:

s[0]	s[1]	s[2]	s[3]	s[4]	s[5]	s[6]	s[7]	s[8]	s[9]	s[10]
W	e	l	c	o	m	e		y	o	u

说明:

(1) 如果在定义字符数组时不进行初始化,则数组中各元素的值是不可预料的。

(2) 如果括号中提供的字符个数大于数组长度,则出现语法错误。

(3) 如果初值个数小于数组长度,则只将这些字符赋给数组中前面那些元素,其余的元素自动定为空字符('\0')。例如,

char s[13] = { 'W', 'e', 'l', 'c', 'o', 'm', 'e', ' ', 'y', 'o', 'u'};

则数组中各元素的值如下:

s[0]	s[1]	s[2]	s[3]	s[4]	s[5]	s[6]	s[7]	s[8]	s[9]	s[10]	s[11]	s[12]
W	e	l	c	o	m	e		y	o	u	\0	\0

(4) 在对全部元素指定初值时,可省写数组长度。例如,

char s[ ] = { 'W', 'e', 'l', 'c', 'o', 'm', 'e', ' ', 'y', 'o', 'u'};

字符数组 s 的长度自动定为 11,用这种方式不必人工去数字符的个数,尤其在赋初值的字符个数较多时比较方便。

7.3.2　字符数组的输入输出

字符数组定义后可以像数值型数组一样使用循环语句逐个输入输出元素。

【例 7-12】　有 10 个元素的字符数组 ch[10],可以用以下语句输入输出各数组元素。
程序如下:

```
# include "stdio. h"
int main()
{
    char ch[10];
    int i;
    for (i = 0;i < 10;i++)
        scanf(" % c",&ch[i]);
    for (i = 0;i < 10;i++)
        printf(" % c",ch[i]);
    printf("\n");
    return 0;
}
```

例如从键盘输入:

```
welcome!↙
```

输出结果为

```
welcome!
```

注意:输入字符的个数不能多于数组的长度,多余的字符不会存入到数组中。

例如从键盘输入:

```
welcome you!↙
```

输出结果为

```
welcome yo
```

7.3.3　字符串的概念与存储

C 语言中没有专门的字符串变量,但可以使用字符串常量,也称为字符串。字符串是指用双引号括起来的字符序列,可包含转义字符、ASCII 码表中的字符,字符串的结束符为 '\0'。

例如,"welcome you!",用双引号括起的一串字符是字符串常量,C 语言自动为其添加 '\0' 结束符,其内存中的存储状态如下:

W	e	l	c	o	m	e		y	o	u	!	\0

在 C 语言中,使用字符数组和字符指针来处理字符串,当一个字符串存入字符数组时,也把结束符 '\0' 存入数组,并以此作为该字符串是否结束的标志。有了 '\0' 标志后,就不必再用字符数组的长度来判断字符串的长度。

一个字符串可以存于字符数组中,但一个字符型数组中存储的并非一定是一个字符串,这要看最后元素是否是 '\0',当其最后一个字符是 '\0' 时才表示字符串,结束符标志占 1 字节的内存,但它不计入字符串的实际长度,只计入数组的长度。例如,

定义 "char str[13];",将字符串 "welcome you!" 存入数组中可以有两种形式:

（1）将字符串中的字符逐个存入数组的各元素中。

W	e	l	c	o	m	e		y	o	u	!

（2）以字符串形式存入到数组的各元素中，C编译系统自动加上字符串结束标志'\0'。

W	e	l	c	o	m	e		y	o	u	!	\0

因此，字符串要存入到字符数组中，字符数组的长度至少要比字符串的长度多 1 个，留出存储空间存放字符串结束标记'\0'。

注意：'\0'代表 ASCII 码为 0 的字符，不是一个可以显示的字符，而是一个"空操作符"，用它来作为字符串结束标记，而不会产生附加的操作。

7.3.4　字符串初始化

字符串初始化一般有以下两种方式。

1. 用字符常量对数组初始化

例如，

```
char str[6] = {'C','h','i','n','a','\0'};
```

2. 用字符串常量直接对数组初始化

例如，

```
char str[6] = {"China"};
char str[6] = "China";
char str[ ] = "China";
```

注意：

① 字符串结束标志'\0'只是用来判别字符串是否结束，输出时不会输出结束标记。

② 用确定大小的字符数组初始化字符串时，数组长度应大于字符串的长度。例如，

```
char s[7] = {"Chinese"};
```

是错误的。

③ 在初始化一个一维字符数组时，可以省略花括号。例如，

```
char s[8] = "Chinese";
```

④ 不能直接将字符串赋值给字符数组。例如，"s＝"Chinese";"是错误的，s 是数组名，是一个常量值，代表数组在内存中的起始地址。

7.3.5　字符串的输入与输出

在采用字符串方式后，字符数组的输入输出变得简单了，除了采用上述用字符串赋初值的方法外，还可以用 printf()函数、puts()函数和 scanf()函数、gets()函数一次性地输入输出一个字符数组，不必使用循环语句逐个输入输出每个字符。

1. 使用 printf()输出字符串

字符串初始化后，用"％s"格式符可以将字符串一次输出。例如，

```
char c[ ] = "China";
printf("％s\n",c);
```

输出时,遇到结束符'\0',就停止输出。例如,

```
char c[ ] = "China\0Ningxia";
printf("%s\n",c);
```

则输出结果为:China,后续的字符 Ningxia 不输出。

说明:

(1) 输出的字符串不应包括结束符,一旦遇到结束符'\0',就停止输出。

(2) 用"%s"格式符输出字符串时,printf()函数的输出项是字符数组名,而不是数组元素名,写成下面的形式是错误的:

```
printf("%s",c[i]);
```

(3) 如果字符数组长度大于字符串的实际长度,也只输出到遇到结束符'\0'为止。例如,

```
char c[10] = "China";
printf("%s\n",c);
```

只输出字符串的有效字符"China",而不是输出 10 个字符。

有了字符串结束标志'\0'后,字符数组的长度就显得不那么重要了。在程序设计时往往依靠检测'\0'的位置来判定字符串是否结束,而不是根据字符数组的长度来决定字符串是否结束。例如,表达式 str[k]!= '\0'就是用来检验字符串是否结束的。

【例 7-13】 字符数组和字符串输出的区别。

字符数组用格式符"%c",逐个输出字符,而字符串输出时也可用格式符"%c",从数组的第一个字符开始逐个字符输出,直到遇到第一个'\0'为止,输出字符数组的数组元素;还可用 printf()输出字符串时,要用格式符"%s"。

程序如下:

```
# include < stdio.h>
int main()
{
    char str[20] = {'P','r','o','g','r','a','m','\0','J','a','v','a'};
    int i;
    for (i = 0;i < 20;i++)
        printf("%c",str[i]);              //用%c控制符循环逐个输出所有字符
    printf("\n");
    for (i = 0;str[i]!= '\0';i++)
        printf("%c",str[i]);              //用%c控制符循环逐个输出字符,遇'\0'结束
    printf("\n%s",str);                   //用%s控制符一次性输出字符串,遇'\0'结束
    printf("\n");
    return 0;
}
```

运行结果为

```
Program Java
Program
Program
```

2. 字符串输出函数 puts()

调用格式:

```
puts(str)
```

函数功能：输出一个字符串，输出后自动换行。

说明：str 可以是字符数组名或字符串常量。

例如，

```
char str1[ ] = "China";
char str2[ ] = "Beijing";
puts(str1);
puts(str2);
```

用 puts 函数输出的字符串中也可以包含转义字符。例如，

```
char str [ ] = "China\nBeijing ";
puts(str);
```

输出结果为

```
China
Beijing
```

即输出完 China 后换行输出 Beijing。

注意：函数 puts()每次只能输出一个字符串，而 printf()可以输出多个，例如，

```
printf("%s %s",str1,str2);
```

3. 用 scanf()函数输入字符串

用"%s"格式符可以将字符串一次输入。例如，

```
char s[14]
scanf("%s",s);
```

表示读入一个字符串，直到遇到空白字符(空格、回车符或制表符)为止。

注意：

① "scanf("%s",&s);"是错误的，因为 s 就代表了该字符数组的首地址，所以在数组名 s 的前面不能再加上取地址运算符 &。

② 用%s 输入字符串时，忽略空格、回车或制表符等空白字符，读到这些字符时，系统默认为读入结束，将剩余字符连同回车符留在输入缓冲区，即用 scanf()输入的字符串中不能含有空格，也不读取回车。

③ 使用格式字符串%s 时会自动加上结束标志'\0'。

【例 7-14】 下面程序从键盘输入一个带空格的字符串，并输出字符串。

程序如下：

```
# include < stdio. h >
int main()
{
    char s1[20],s2[20];
    printf("Enter a string :");
    scanf("%s",s1);
    printf("s1 = %s\n",s1);
    scanf("%s",s2);
    printf("s2 = %s\n",s2);
    return 0;
}
```

运行结果为

```
Enter a string: Hello Friend! ↙
s1 = Hello
s2 = Friend!
```

从结果可以看出,s1 遇空格读入结束,剩余的字符留在输入缓冲区,因此,s2 就读取留在缓冲区的剩余字符"Friend!"。

思考:如何输入带空格的字符串?

4. 字符串输入函数 gets()

调用格式:

```
gets(str)
```

函数功能:从键盘读入一个字符串到 str 中,并自动在末尾加字符串结束标识符 '\0'。

说明:str 是数组名,输入字符串时以回车结束输入,这种方式可以读入含空格符的字符串。例如,

```
char c1[20],c2[20];
gets(c1);
puts(c1);
```

程序运行时输入:

```
Hello Friend! ↙
```

程序运行结果为

```
Hello Friend!
```

从结果可以看出,运行时用 gets() 函数输入字符串中含有空格时,输出全部的字符串,说明 gets() 函数并不以空格作为字符串输入结束的标志,而以回车作为输入结束,也就是说,gets() 函数会读取回车符号,这与 scanf() 函数不同的。

由于 gets() 和 puts() 都是 C 语言的标准输入输出库函数,因此,在使用时只要在程序开始时将头文件< stdio. h >包含到源文件中即可。

【例 7-15】 scanf() 函数与 gets() 函数的区别。

程序如下:

```
# include "stdio. h"
int main()
{
    char str1[20],str2[20],end[20];
    scanf("%s%s",str1,str2);
    printf("str1 = %sstr2 = %s\n",str1,str2);
    gets(end);
    gets(str1); gets(str2);
    puts(str1); puts(str2);
    return 0;
}
```

运行结果为

```
Hello World! ↙
str1 = Hello str2 = World!
Hello World! ↙
Welcome you! ↙
Hello World!
Welcome you!
```

思考：程序中为什么要加"gets(end);"这条语句？它的作用是什么？

如果程序中没有 gets(end); 语句，运行结果如下：

```
Hello World! ↙
str1 = Hello str2 = World!
Hello World! ↙

Hello World!
```

从结果中可以发现，用 gtes()函数读取的字符串 str1 为空串，为什么出现这种情况？因为 scanf()函数只读取文字，将回车符留在了输入缓冲区被 gets(str1)读走了。所以，添加语句"gets(end);"的作用是为了读取由 scanf()函数输入时留在缓冲区的剩余字符与回车符。

7.3.6　字符串处理函数

字符串处理函数库提供了很多函数用于字符串处理操作(如字符串连接、复制、比较等)，若在编程时使用这些字符串处理函数，则必须要在程序的开头将头文件 string.h 包含到源文件中，形式如下：

```
# include < string.h >
```

或

```
# include "string.h"
```

1. 求字符串长度函数 strlen()

调用格式：

```
strlen(str)
```

函数功能：测试字符串长度，函数值就是 str 中字符的个数，不包括'\0'在内。

例如，

```
char str[10] = "China";
printf(" % d",strlen(str));
```

或

```
printf(" % d",strlen("China"));
```

结果都为 5，不包括字符串结束标志。

注意：

① 字符串结束符'\0'不计入字符串长度。

② 字符串"China"的长度和 str 数组在内存中各占几字节？

以下字符串的长度 strlen(str)的值为多少?

```
char str[] = "\t\v\\\0Visual C++\n";          //结果为 3
char str[] = "\x41\082\n";                     //结果为 1
```

2. 字符复制函数 strcpy( )和 strncpy( )

调用格式:

```
strcpy(str1,str2)
```

函数功能:将 str2 中的字符串复制到 str1 数组中。

例如,

```
char str1[10],str2[] = "Beijing";
strcpy(str1,str2);
```

或

```
strcpy(str1,"Beijing");
```

执行后,str1 的结果如下:

B	e	i	j	i	n	g	\0	\0	\0

说明:

(1) 字符数组 str1 必须定义得足够大,以便能容纳被复制的字符串 str2。

(2) 字符数组 str1 必须是数组,字符串 str2 可以是字符数组,也可以是字符串常量。

(3) 如果在复制前字符数组 str1 已有值,那么复制时将 str2 中的字符串和其后的 '\0' 一起复制到 str1,覆盖 str1 中相应位置的字符,其后字符并不一定是 '\0',而是 str1 中原有的内容。例如,

```
char str1[] = "Welcome you!",str2[] = "Beijing";
strcpy(s1,s2);
```

执行后,str1 的结果如下:

B	e	i	j	i	n	g	\0	y	o	u	!	\0

(4) 可用 strncpy 函数将 str2 中前 n 个字符复制到 str1 数组中,如 str1 中已有值,覆盖 str1 中相应位置的字符。例如,

```
char str1[] = "Beijing",str2[] = "Nan";
strncpy(str1,str2,3);
puts(str1);
```

执行后,str1 的结果如下:

N	a	n	j	i	n	g	\0

思考:如果表示复制个数的 n 为 4,结果如何?

【例 7-16】 字符串复制函数 strcpy 举例。

程序如下:

```
# include "stdio. h"
# include "string. h"
```

```
int main()
{
    char s1[20] = "This is a string!",s2[] = "That";
    int i;
    strcpy(s1,s2);
    printf("s1 = % s\n",s1);               //字符串整体输出
    for (i = 0;i < 20;i++)                  //字符数组逐个字符输出
        printf(" % c",s1[i]);
    printf("\n");
    return 0;
}
```

运行结果为

```
s1 = That
That is a string!
```

从上述结果也可以看出字符串整体输出与字符数组逐个字符输出时的区别。

注意:

① 不能用赋值语句将一个字符串常量或字符数组直接给一个字符数组赋值,例如,下面的写法都是不合法的:

```
s2 = "Beijing";
s1 = s2;
```

因为 s1、s2 是数组首地址,是常量,常量是不能被重新赋值的。

② 可以用 strncpy()函数将字符串 str2 中前面 n 个字符赋值到字符数组 str1 中去。例如,

```
char s1[13] = "welcome you!"
char s2[] = "Beijing";
strncpy(s1,s2,7);
```

执行后,str1 的结果如下:

```
Beijing you!
```

3. 字符串连接函数 strcat()

调用格式:

```
strcat(str1,str2)
```

函数功能:把 str2 中的字符串连接到 str1 字符串的后面,结果放在 str1 数组中,函数值是 str1 的值。

例如,

```
char str1[21] = "Beijing and ";
char str2[ ] = "Shanghai";
printf(" % s",strcat(str1,str2));
```

执行后,str1 的结果如下:

| B | e | i | j | i | n | g | | a | n | d | | S | h | a | n | g | h | a | i | \0 |

注意: str1 字符数组要足够大,能容纳两个字符串的长度,再加一个字符串结束标志'\0'。

4. 字符串比较函数 strcmp( )

调用格式：

```
strcmp(str1,str2)
```

函数功能：若 str1＝str2，则函数返回值为 0；若 str1＞str2，则函数返回值为正整数；若 str1＜str2，则函数值返回为负整数。

比较规则：

(1) 两个字符串自左至右逐个字符比较，直到出现不同字符或遇到'\0'为止；

(2) 如字符全部相同，则两个字符串相等；

(3) 若出现不同字符，则遇到的第一个不同字符的 ASCII 码值大者为大。

注意：

① C 语言中字符串的比较不是比字符串的长度，而是比较 ASCII 码值的大小。

② 比较两字符串是否相等一般用以下形式：

```
if (strcmp(str1,str2) == 0){ … };
```

而"if(str1＝＝str2){…};"是错误的。

5. 大写字母转换成小写字母函数 strlwr( )

调用格式：

```
strlwr(str)
```

函数功能：将 str 字符串中的大写字母转换成小写字母。

例如，

```
char str[] = "MICROSOFT WORD";
strlwr(str);
puts(str);
```

输出结果为

```
microsoft word
```

6. 小写字母转换成大写字母函数 strupr(str)

调用格式：

```
struper(str)
```

函数功能：将 str 字符串中的小写字母转换成大写字母。

例如，

```
char ch[10] = "visual c++";
printf(" % s,strupr(ch));
```

输出结果为

```
VISUAL C++
```

7.3.7　字符数组和字符串的应用举例

【例 7-17】　输入一个字符串，反序输出该字符串，例如，输入 China，输出 anihC。

解题思路：

(1) 用 gets( )函数读字符串 str，求出该字符串的长度 strlen(str)。

(2) 分别设两个变量"i＝0；j＝strlen(str)－1;"。

(3) 循环交换 str[i]、str[j]两个数。

(4) 执行"i＋＋；j－－;"，直到 i＞j 为止。

程序如下：

```
# include "stdio.h"
# include "string.h"
int main()
{
    int i,j;
    char t,str[80];
    printf(" 请输入字符串: ");
    gets(str);                          //输入字符串
    i = 0;j = strlen(str) - 1;
    while (i < j)
    {
        t = str[i];str[i] = str[j];str[j] = t;   // 交换字符
        i++;j-- ;
    }
    puts(str);                          //输出字符串
    return 0;
}
```

运行结果为

```
请输入字符串: China↙
anihC
```

【例 7-18】 从居民身份证号中取出出生信息。

解题思路：我国居民身份证号为 18 位的一串数字字符，其中，第 7～14 位为个人的出生信息，身份证号、出生信息都是字符串。因此，可以定义一个字符数组 id[19]，存放 18 位的居民身份证号，再定义一个字符数组 bd[9]，存放出生信息，都要留出存放字符串结束标志'\0'。本题就是将数组 id 的第 7 个元素到第 14 个元素逐个复制到字符串 bd，最后添加字符串结束标志'\0'。

程序如下：

```
# include < stdio.h>
int main()
{
    char id[19],bd[9];
    int i,j;
    printf("输入身份证号,直到连续两次输入回车结束:\n");
    gets(id);
    while (id[0]!= '\0')
    {
        printf("身份证号: ");
        puts(id);
        for (i = 6,j = 0;i < 14;i++,j++)      //身份证号中7～14位为出生日期
            bd[j] = id[i];
        bd[j] = '\0';                        //字符复制结束,添加字符串结束符'\0'
```

```
        printf("出生日期: ");
        puts(bd);
        printf("输入身份证号,直到连续两次输入回车结束:\n");
        gets(id);
    }
    return 0;
}
```

运行结果为

```
输入身份证号,直到连续两次输入回车结束:
640102200206012433↙
身份证号: 640102200206012433
出生日期: 20020601
输入身份证号,直到连续两次输入回车结束:
320103200309252643↙
身份证号: 320103200309252643
出生日期: 20030925
输入身份证号,直到连续两次输入回车结束:↙↙
```

思考:如果要确保每次输入的身份证号是有效的,应如何修改上述程序?

【例 7-19】 将 N 个人名按字母顺序排序后输出。

解题思路:从键盘输入 N 个人名存放到一个二维字符数组 s[N][M]中,然后用选择法对这 N 个字符串排序。

程序如下:

```
#define N   5
#define M   20
# include "stdio.h"
# include "string.h"
int main()
{   char s[N][M],str[M];
    int i,j;
    printf("输入姓名: \n");
    for (i=0;i<N;i++)        gets(s[i]);                          //循环输入姓名
    printf("排序前: \n");
    for (i=0;i<N;i++)        printf("%s ",s[i]);                  //循环输出排序前姓名
    printf("\n");
    for (i=0;i<N-1;i++)
        for (j=i+1;j<N;j++)
            if (strcmp(s[i],s[j])>0)
            {
                strcpy(str,s[i]);strcpy(s[i],s[j]);strcpy(s[j],str);  //字符交换位置
            }
    printf("排序后: \n");
    for (i=0;i<N;i++)    printf("%s ",s[i]);                      //循环输出排序后姓名
    printf("\n");
    return 0;
}
```

运行结果为

```
输入 5 个人的姓名:
蔡敏↙
李丽丽↙
杨敏华↙
马强↙
```

```
钱大力↙
排序前：
蔡敏  李丽丽  杨敏华  马强  钱大力
排序后：
蔡敏  李丽丽  马强  钱大力  杨敏华
```

注意：结果按汉语拼音的字母从小到大的顺序输出。

7.4　数组作为函数参数

数组可以作为函数的参数使用，进行数据的传递。数组作为函数参数有两种形式。

（1）数组元素作为函数的实参。

这种情况与普通变量作实参一样，是将数组元素的值传给形参。形参的变化不会影响实参数组元素，这种参数传递方式称为**"值传递"**。

（2）数组名作函数的实参。

这种方式要求函数形参是相同类型的数组或指针，参数传递的方式是把实参数组的起始地址传给形参数组，形参数组元素值的改变也是对实参数组的改变，这种参数传递方式称为**"地址传递"**。

7.4.1　数组元素作为函数参数

数组元素作为函数实参与简单变量相同，是将元素的值传给函数形参，是单向值传递，函数形参使用简单变量。

【例 7-20】　求 5 个数中的最小值。

程序如下：

```
# include "stdio.h"
int main()
{
    int a[5],i,m;
    int min(int x, int y);                    //函数声明
    printf("input 5 number:\n");
    for (i = 0; i < 5; i++)
        scanf("%d",&a[i]);
    m = a[0];
    for (i = 1; i < 5; i++)
        m = min(m,a[i]);                      //数组元素 a[i]作为函数参数
    printf("min = %d\n", m);
    return 0;
}
int min(int x, int y)
{
    return (x < y?x:y);
}
```

运行结果为：

```
input 5 number:
23 - 45 67 12 - 23↙
min =- 45
```

【例 7-21】　从键盘输入两个字符串,不用字符串函数 strcmp()比较两者的大小。

解题思路:

(1) 输入两个字符串,分别存放在 str1 与 str2 中;

(2) 设计函数 comparestr()比较两字符,返回 ASCII 码之差,赋给主函数的变量 flag;

(3) 用 do while 循环依次比较两个字符串的对应字符,结束的条件是两字符串至少有一个结束,或者比较字符不相等;

(4) 当循环结束时,flag 的值为 0 或为第一个不相等的字符的 ASCII 码值之差,由此可以判断出字符串的大小。

程序如下:

```
# include "stdio. h"
int main()
{
    int i = 0,tag;
    int comparestr(char,char);                    //函数声明
    char string1[80],string2[80];
    printf("input first string:\n");
    gets(string1);
    printf("input second string:\n");
    gets(string2);
    do
    {
        tag = comparestr(string1[i],string2[i]);    //数组元素 string1[i]、string2[i]作实参
        i++;
    }
    while((string1[i]!= '\0')&&(string2[i]!= '\0')&&(tag == 0));
    if (tag == 0)   printf("% s = % s\n",string1,string2);
    else if (tag > 0)   printf("% s > % s\n",string1,string2);
        else   printf("% s < % s\n",string1,string2);
    return 0;
}
int comparestr(char ch1, char ch2)
{
    int tag;
    tag = ch1 - ch2;
    return   tag;
 }
```

运行结果为

```
input first string :
This is test!↙
input second string :
That is a book!↙
This is test!> That is a book!
```

7.4.2　数组名作为函数参数

用数组名作为函数实参时,向形参(数组名或指针变量)传递的是数组首元素的地址,因此在数组名作函数参数时所进行的传送只是地址的传递,也就是说,实参数组地址传给了形参数组,形参与实参共享一段连续的存储空间,形参数组和实参数组实际上为同一数组,函

数内对形参数组的操作将直接影响实参数组,函数调用之后实参数组元素的值将由于形参数组元素值的变化而变化。

数组名作为函数参数时有以下说明:

(1) 形参与实参都应使用数组名,且分别在被调用函数与主调函数中的说明。

(2) 实参与形参数组类型相同、维数相同。

(3) 数组名作为函数参数时,不是把数组元素的值传给形参,而是把实参数组的起始地址传给了形参数组,即形参数组与实参数组共同占用同一段内存单元。

(4) 实参数组与形参数组大小可以不一致,形参数组可不指定大小。C 编译程序不检查形参数组的大小。形参数组不指定大小时应注意在一维形参数组名后面可只跟一对空的方括号。为了在被调用函数中处理数组元素,可另设一个参数来传递数组元素个数。例如,

```
int   lenstr(char str1[],int k);                //k 为要处理的字符数
```

【例 7-22】   一维数组 score 内存放了 10 个学生的考试成绩,将它们按从小到大的顺序排序。

前面讨论过排序的方法,本例讨论用数组名作为函数参数进行排序。图 7-5 说明了数组名作为实参传递给形参的过程。例如,数组 a 在内存中从 0019FF1C 地址开始存放,则 a 的值为 0019FF1C,将数组 a 的地址传给数组 b,从图 7-5 可以看出,实参 a 和形参 b 共享同一个存储空间,实际上,形参 b 和实参 a 是对同一数组操作,当函数调用结束后,形参 b 被释放了,实参 a 还留在存储空间中,实参数组的值也排好顺序。

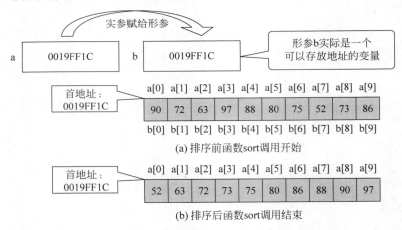

(a) 排序前函数sort调用开始

(b) 排序后函数sort调用结束

图 7-5   数组名作为实参传递给形参的过程

程序如下:

```
# include "stdio. h"
void sort( int b[ ], int n);                //函数声明
void printarr( int b[ ]);                    //函数声明
int main()
{    int a[10] = {90,72,63,97,88,80,75, 52,73,86};
     printf("Before sort:\n");
     printarr(a);                            //调用打印函数,数组名 a 作为函数参数
     sort(a,10);                             //调用排序函数,数组名 a 作为函数参数
     printf("After sort:\n");
     printarr(a);
```

```
        return 0;
    }
    void printarr( int b[10])                          //打印函数
    {
        int i;
        for (i = 0; i < 10; i++)
            printf(" %5d",b[i]);
        printf("\n");
    }
    void sort( int b[ ], int n)                        //排序函数
    {
        int i,j,t;
        for (i = 1; i < n; i++)
        for (j = 0; j < n - i; j++)
        if (b[j]> b[j + 1]) { t = b[j];b[j] = b[j + 1];b[j + 1] = t; }
    }
```

运行结果为

```
Before sort:
    90   72   63   97   88   80   75   52   73   86
After sort:
    52   63   72   73   75   80   86   88   90   97
```

【例 7-23】 输入一行字符,统计其中有多少个单词,单词之间用一个或多个空格隔开。

解题思路:

(1) 输入字符串存入字符数组 s 中;

(2) 定义单词统计函数 countwords;

(3) 在函数 countwords 中整理字符串 s,去掉首部和尾部多余的空格,并使字符串以'\0'结束;

(4) 单词统计处理,从头开始扫描,空格便表示一个单词结束。

程序如下:

```
# include "stdio.h"
# include "string.h"
int main( )
{
    int n;
    char str[80];
    int countwords(char str[ ]);
    printf("input a string :");
    gets(str);
    n = countwords(str);
    printf("单词个数为: %d 个\n",n);
}
int countwords(char str[ ])
{
    int k, num = 0;
    k = strlen(str);
    do
    {
        k -- ;
```

```
    }while (str[k] == ' ');                      //去掉尾部空格
    str[k + 1] = '\0';                           //添加字符串结束符
    k = 0;
    while (str[k] == ' ') k++;                    //去掉首部空格
    if (str[k] != '\0') num = 1;
    while (str[k] != '\0')
    {
        if (k > 0 && str[k] == ' ' && str[k - 1] != ' ')
            num++;
        k++;
    }
    return   num;
}
```

运行结果为

```
input a string :
Welcome to the beautiful Ningxia!↙
单词个数为: 5 个
```

小结

数组是程序设计中常用的数据结构,是一种构造类型,数组中的每个元素类型是相同的,并且在内存中是连续存放的。数组变量名是数组在内存中的首地址,是地址常量,不能对其赋值。数组按存放信息的类型可以分为数值数组、字符数组以及后面章节介绍的指针数组、结构体数组等。

学习本章后,应掌握以下知识点:

(1) 一维数组、二维数组的定义、存储结构、初始化和数组元素的引用。

(2) 了解字符数组与字符串的区别,掌握字符串的应用。

(3) 对数值型数组不能用赋值语句整体赋值、输入或输出,必须用循环语句逐个对数组元素进行操作,而字符数组可利用"％s"格式整体输入或输出,也可利用字符串库函数整体赋值、复制等操作。

(4) 数组作为函数参数,有两种数据传递形式:数组元素作为函数参数(值传递)和数组名作为函数参数(地址传递)。数组元素作为函数参数与简单变量做参数一样,是单向的值传递,形参值的改变不会影响实参的值;而利用数组名作为函数参数时,实际参数将实参数组的首地址传给形参数组,形参数组的改变会影响实参数组。

本章常见错误分析

常见错误实例	常见错误解析
int a(10);	C语言中对数组的定义或引用数组元素时必须用方括号[ ],不能用圆括号,应改为: int a[10];

续表

常见错误实例	常见错误解析
float b(3,4)、float b[3,4];	C语言规定二维数组行、列下标在定义和引用时必须将每一维分别用方括号括起来,应改为: float b[3][4];
int n = 10; float a[n];	对数组定义时数组的大小只能为整型类型的常量,不能是变量,应改为: float a[10];
int a[5]; a = {1,2,3,4,5};	数组名a代表数组的首地址,是个常量,不能赋值。 应改为: int a[5] = {1,2,3,4,5};
int a[4] = {1,2,3,4,5};	在对数组初始化时提供初值的个数大于数组元素的个数。 应改为: int a[4] = {1,2,3,4};
char a[20]; scanf("%s",&a);	数组名a本身就是地址,再加&就是画蛇添足了。 应改为: char a[20]; scanf("%s",a);

int a[20],i;
for (i = 0;i < 20;i++)
scanf("%d",a[i]);
	a[i]为数组元素的值,不是数组元素地址。应改为:
	
	int a[20],i;
	for (i = 0;i < 20;i++)
	　　scanf("%d",&a[i]);

int a[10],i;
for (i = 1;i <= 10;i++)
printf("%d",a[i]);
	数组a中数组元素的下标为0~9,没有数组元素a[10],下标超界。
	应改为:
	
	int a[10],i;
	for (i = 0;i < 10;i++)
	　　printf("%d",a[i]);

char str[7] = "Program";	字符数组的长度应大于字符串的长度。应改为: char str[8] = "Program";
比较两个字符串 str1 和 str2 是否相等 if (str1 == str2){…};	str1 和 str2 都为数组名,是常量值,应改为: 　　if (strcmp(str1,str2) == 0){ … };
设有字符数组 s1 和 s2,用以下形式赋值: s1 = "Beijing";或　s1 = s2	s1 和 s2 都为数组名,是常量值,应改为: strcpy(s1, "Beijing"); 或 strcpy(s1,s2);

习题 7

1. 基础篇

(1) 假设 int 型变量占 4 字节的存储单元,若有定义语句"int a[5] = {1,2,3};",则数组 a 占用内存的字节数为(　　)。

（2）若有数组"int a[][3]＝{9,4,12,8,2,10,7,5,1,3}"，则该数组 a 第一维的大小是（   ）。

（3）设有定义"int a[2][3]＝{{1},{2,3}}"，则值为 3 的数组元素是（   ）。

（4）C 语言中，数组名是一个不可改变的（   ），不能对它进行赋值运算。

（5）有以下语句：

```
char c[] = "\tv1\045"; printf("%d",strlen(c));
```

数组 c 的长度为（   ）。

（6）

```
char c[] = "China\0yinchuan"; printf("%s",c);
```

输出结果为（   ）。

（7）在定义数组的同时，对数组各元素指定初值，则数组的初始化是（   ）阶段完成的。

（8）字符串比较函数 strcmp 是一个标准库函数，它的函数原型在头文件（   ）中。

（9）执行语句"char str[25]＝"University";"后，字符串 str 结束标志存储在 str[ ]（填写下标值）中。

（10）设有"char str[ ]＝"Shanghai";"，则执行以下语句后：

```
printf("%d\n", strlen(strcpy(str,"Ningxia")));
```

输出结果为（   ）。

2. 进阶篇

（1）在执行以下程序时输出结果是（   ）。

```
#include<stdio.h>
int main()
{
    int n[5] = {0,1,2,3,4},i,k = 5;
    for (i = 1;i < k;i++)
        n[i] = n[i] * n[i - 1] + 1;
    printf("%d",n[k - 2]);
    return 0;
}
```

（2）下面程序的输出结果是（   ）。

```
#include <stdio.h>
int main()
{
    char a[] = "ab12cd34ef";
    int i,j;
    for (i = j = 0;a[i]!= '\0';i++)
        if (a[i] >= 'a'&&a[i] <= 'z')   a[j++] = a[i];
    a[j] = '\0';
    printf("%s\n",a);
    return 0;
}
```

（3）下面程序的运行结果是（   ）。

```
#include "stdio.h"
```

```
int f(int a[], int n)
{
    if (n >= 1)   return f(a, n - 1) + a[n - 1];
    else     return 0;
}
int main()
{
    int aa[5] = {1, 3, 4, 7, 9}, s;
    s = f(aa, 5);
    printf("s = %d\n", s);
    return 0;
}
```

（4）程序填空：以下程序段从终端读入数据到数组中，统计其中正数的个数，并计算它们之和。为实现上述功能，请在[填空 1]、[填空 2]、[填空 3]处填入正确内容。

```
# include < stdio.h >
void main()
{
    int i, a[10], sum, count;
    sum = count = [填空 1];
    for (i = 0; i < 10; i++)
        scanf("%d", &a[i]);
    for (i = 0; i < 10; i++)
    if (a[i] > 0)
    {
        [填空 2];
        sum += [填空 3];
    }
    printf("count = %d sum = %d\n", count, sum);
}
```

（5）请完成以下程序，从键盘上输入两个字符串，若不相等，将短的字符串连接到长的字符串的末尾并输出。为实现上述功能，请在[填空 1]、[填空 2]、[填空 3]处填入正确内容。

```
# include "stdio.h"
[填空 1]
int main()
{
    char s1[80], s2[80];
    gets(s1); gets(s2);
    if ([填空 2])
    {
        if ([填空 3]   )
        {  strcat(s1, s2);   puts(s1);    }
        else
        {  strcat(s2, s1);   puts(s2);    }
    }
    return 0;
}
```

3. 提高篇

（1）下面程序的功能是：求一维数组 a 中值为偶数的元素之和，请找出错误并改正。注意：不得增行或删行，也不得更改程序的结构。

```c
# include < stdio. h>
int main()
{
    int a(10),i,s;
    for (i = 0;i < 10;i++)
        scanf(" % d",&a[i]);
    for (i = 0;i <= 10;i++)
        if (a[i] % 2 == 0)
            s = s + a[i];
    printf("The result is: \n", s);
    return 0;
}
```

（2）以下程序的功能是随机生成 16 个 1～20 的正整数，构成 4×4 矩阵，求矩阵的主对角线的和，请找出错误并改正。注意：不得增行或删行，也不得更改程序的结构。

```c
# include "stdio. h"
# include "stdlib. h"
# define M 4;
int main()
{
    int i,j,s;
    int a[4,4];
    for (i = 0; i <= M; i++)
    for (j = 0; j <= M; j++)
        a[i][j] = rand() % 20 + 1;              //随机产生 16 个 1～20 的正整数
    printf("\n Output array a: \n");
    for (i = 0; i < M; i++)
    {
        for (j = 0; j < M; j++)
            printf(" % d\t",a[i][j]);
        printf("\n");
    }
    for (i = 0; i < M; i++)
    for (j = 0; j < M; j++)
        if (i = j)   s += a[i][j];              //求主对角线的和
    printf("主对角线的和 % d = \n",s);
    return 0;
}
```

（3）编写程序，利用数组处理，从键盘输入某年某月某日（包括闰年），编程输出是该年的第几天。

（4）编写程序，用数组处理求[2,100]区间的所有素数，并存于数组 a 中，再输出全部的素数，一行输出 8 个数。

（5）编写程序，从键盘输入一个数插入到一个有序的数组中，插入后的数组仍然有序。

（6）编写程序解决狐狸抓兔子问题。围绕着山顶有 10 个洞，狐狸想要吃兔子，兔子说："可以，但必须找到我，我就藏身于这 10 个洞中，你从 10 号洞出发，先到 1 号洞找，第二次隔 1 个洞找，第三次隔 2 个洞找，以后如此类推，次数不限。"但狐狸从早到晚进进出出了 1000次，仍没有找到兔子。问兔子究竟藏在哪个洞里？

（7）编写程序，用数组求解 Fibonacci 数列的前 20 项，一行输出 5 个，而且数据左对齐方式显示。

（8）编写程序，输入 N 阶矩阵，判断它是否是对称矩阵（即判断是否所有的 a[i][j]与 a[j][i]相等）。

（9）编写程序，求矩阵的鞍点。矩阵中的某个元素若在其所在行中最大，但在其所在列中最小，则该元素被称为矩阵的鞍点。

（10）编写程序，输入一个字符串，利用数组判断是否为回文字符，如 madam。

（11）编写程序，输入一行字符串，统计该字符串中出现 ab 的次数。

（12）编写程序，将两个字符串连接起来，不能使用 strcat()函数。

（13）大学生参加网页设计大赛，有 10 个评委进行打分（百分制），试编写程序求这位选手的平均得分（去掉一个最高分和一个最低分）。

说明：

① 将 10 位评委的打分放入一个含有 10 个元素的一维数组中，输出这 10 个数。

② 对 10 个数排序，输出排序后的数。

③ 排序后去掉最高分和最低分，只要用中间的 8 个元素即可，输出这 8 个数。

④ 对剩余的 8 个数求平均值，输出平均得分，输出格式为：

选手的平均得分为：＊＊！

## 第8章

指 针

前面章节学习了基本数据类型(整型、实型、字符型)和数组类型的数据,由于这些类型的数据都存放在计算机的内存中,那么一定会跟存储单元有关,而每一个存储单元都有唯一的编号,把内存单元的编号称为**内存地址**。那么是否存在这样的数据类型的变量能存放其他变量的地址? 例如,有以下定义:

```
int a = 0, * pa;
pa = &a;
```

图 8-1 就表示了变量与指针变量之间的关系。

由此看出,pa 存放了整型变量 a 的地址,则称 pa 是指向整型变量 a 的指针变量,用 * pa 也可表示 a 的内容。指针是 C 语言中的一个重要概念,也是 C 的一个重要特色。正确而灵活地运用它,可以使程序简洁、高效。每一个学习 C 语言的人,都应当深入地学习和掌握指针。可以说,不掌握指针就是没有掌握 C 的精华。

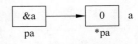

图 8-1 变量与指针变量的
关系示意图

本章学习重点:

(1) 指针的概念、指针的初始化和指针的运算;

(2) 指针函数和指向函数的指针;

(3) 指向一维数组和二维数组的指针;

(4) 指针与字符串;

(5) 指针数组。

本章学习目标:

(1) 掌握指针的概念、指针的初始化和指针运算;

(2) 掌握指针与一维数组、指针与二维数组、指针与字符串、指针与函数、指针数组等的应用;

(3) 了解指针数组与命令行参数。

8.1 指针与指针变量

8.1.1 指针的概念

要理解指针的概念,必须先了解存储数据的内存地址。计算机中的内存是以字节为单元的一片连续存储空间,每字节单元都有唯一的编号(地址),就像宾馆中的房间都有唯一的房间号。地址是按字节编号的,其字长一般与主机相同,32 位机使用 32 位地址。地址是一个无符号整数,从 0 开始依次递增。通常把地址写成十六进制数,在 C 语言中定义一个变量,是根据变量的类型分配内存的存储空间大小的。例如,有下面的定义:

```
int x = 6;
float y;
char ch1,ch2;
```

上面的定义表示给 x 分配 4 字节的存储空间,给 ch1、ch2 各分配 1 字节,而 y 分配 4 字节的空间,如图 8-2 所示。

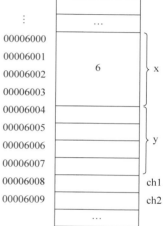

通常把变量所分配的首字节单元地址称为该变量的地址。如 x 的地址为 00006000,y 的地址为 00006004,ch1 和 ch2 的地址分别为 00006008 和 00006009。因此要处理计算机中的数据,在 C 语言中,就是对内存中的变量进行访问。通过变量名可以存取数据,不需要知道变量在内存中的地址,这是因为 C 编译系统会自动对变量的地址与具体地址建立联系。内存单元的地址与内存单元的内容是两个不同的概念。

先回顾一下前面第 2 章中的变量相关知识:变量的三要素、变量的读写和变量的访问。其中变量的三要素是名字、类型和值,每个变量都是通过变量名与其对应的存储单元相联系,由 C 编译系统完成变量名到对应的内存单元地址的变换;变量的类型决定变量在内存中的大小;而变量的值则是它在相应存储单元的内

图 8-2 变量内存图

容。如图 8-2 所示变量的 x 的名字是 x、x 的地址是 00006000、x 的值是 6(内容)、x 的类型是 int 型,分配 4 字节。通过 x 变量名来存和取 00006000 整型单元里的内容 6。在内存中,访问变量就是根据变量的地址去读写对应存储单元的内容的。因此变量的访问有直接访问和间接访问两种方式。

(1) **直接访问**:它是根据变量名存取变量值。

【**例 8-1**】 使用取地址运算符 & 取出变量的地址,然后将其显示在屏幕上。

程序如下:

```
# include "stdio.h"
int main()
{
    int x = 0, y = 1;
    float z = 9.7;
    int * px = &x, * py = &y;        //定义了指向整型数据的指针变量 px,py
    float * pz = &z;                 //定义了指向字符型数据的指针变量 pz
    printf("x is % 8d,&x is % p\n",x,&x);
    printf("y is % 8d,&y is % p \n",y,&y);
    printf("z is % 8f,&z is % p \n",z,&z);
    return 0;
}
```

运行结果为

```
x is          0, &x is 0061fec4
y is          1, &y is 0061fec8
z is 9.700000, &z is 0061fecc
```

说明：%p 表示输出某变量的地址值。

（2）**间接访问**：它是根据指针变量得到变量的地址，再根据变量的地址访问到变量的值。

例如，

```
short int a = 5;
short int   * a_pointer;
a_pointer = &a;
```

变量的两种访问如图 8-3 所示。

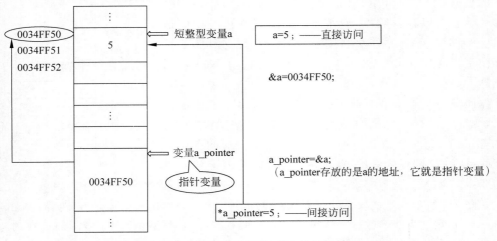

图 8-3　变量的直接访问、间接访问示意图

从图 8-3 可以看到，在内存中通过变量 a 的名字找到 a 的自身地址，进而访问 a 的内容 5，这是直接访问。而指针变量 a_pointer 存放变量 a 的地址，再通过此地址值访问 a 的内容 5，这是间接访问。直接访问和间接访问都是可以访问到想要访问的变量，那么用哪种方法访问变量的速度更快、更灵活、更方便呢？这就引出了本章要学习的内容——指针。这为我们打开了另一个思路，用指针的方法也可访问变量，这就是间接访问。

8.1.2　指针变量的定义

存放变量的地址需要一种特殊类型的变量，这种特殊的数据类型就是指针类型。具有指针类型的变量，称为**指针变量**。它是专门用于存储变量的地址的变量。其定义的一般形式为

[存储类型] 数据类型关键字 * 变量名；

说明：数据类型关键字代表指针变量要指向的变量的数据类型，即指针变量的基类型。* 表示后面的变量名是指针变量。例如，

```
int * p1;
```

```
float  * x;
static char  * name;
```

上面的语句中 p1 是指针变量,它可指向一个整型变量。x 也是指针变量,但它只能指向单精度实型变量。

注意:

① "int * p1,* p2;"与"int p1,p2;"不同,前者是定义了两个指向整型变量的指针变量 p1 和 p2,后者是定义了两个整型变量 p1 的 p2。

② 对于"int * p1,* p2;"来说,指针变量名是 p1 和 p2 而不是 * p1 和 * p2。

③ 指针变量只能指向定义时所规定类型的变量。

④ 指针定义后其变量值不定,必须先赋值后才能使用。

⑤ 指针变量并不固定指向一个变量,可指向同类型的不同变量,但不能指向不同类型的变量。例如,

```
int a = 7;
float b = 2.5;
int * p;
p = &a;                          //语法正确
p = &b;                          //语法错误,因为 b 是单精度实型变量,p 是整型指针
```

【例 8-2(a)】 使用指针变量在屏幕上显示变量的地址值。

程序如下:

```
# include "stdio.h"
int main()
{
        int x = 0,  y = 1;
        float z = 9.7;
        int * px = &x,  * py = &y;        //定义了可以指向整型数据的指针变量 px,py
        float * pz = &z;                  //定义了可以指向字符型数据的指针变量 pz
        printf("x is  % 8d,&x is  % p,px is  % p\n",x,&x,px);
        printf("y is  % 8d,&y is  % p,py is  % p\n",y,&y,py);
        printf("z is  % 8f,&z is  % p,pz is  % p\n",z,&z,pz);
        return 0;
}
```

运行结果为

```
x is        0, &x is 0061fec0, px is 0061fec0
y is        1, &y is 0061febc, py is 0061febc
z is 9.700000,&z is 0061feb8, pz is 0061feb8
```

【例 8-2(b)】 使用指针变量在屏幕上显示变量和指针变量的地址值。

程序如下:

```
# include "stdio.h"
int main()
{
      int x = 0,  y = 1;
      float z = 9.7;
      int    * px,  * py;                 //定义了指针变量 px,py
      float * pz;                         //指针变量 pz
```

```
    px = &x;                              //初始化 px 是变量 x 的地址
    py = &y;                              //初始化 py 是变量 y 的地址
    pz = &z;                              //初始化 pz 是变量 z 的地址
    printf("x is %8d,&x is %p,px is %p,&px is %p\n",x,&x,px,&px);
    printf("y is %8d,&y is %p,py is %p,&py is %p\n",y,&y,py,&py);
    printf("z is %8f,&z is %p,pz is %p,&pz is %p\n",z,&z,pz,&pz);
    return 0;
}
```

运行结果为

```
x is       0, &x is 0061feb8, px is 0061feb8, &px is 0061fec4
y is       1, &y is 0061febc, py is 0061febc, &py is 0061fec8
z is 9.700000, &z is 0061fec0, pz is 0061fec0, &pz is 0061fecc
```

8.1.3　间接寻址运算符

在 C 语言中,获取变量的地址需要使用**取地址运算符 &**。在例 8-2(b)中,就是使用地址符 & 将变量 x 的地址 &x 赋值给指针变量 px,使指针变量 px 指向变量 x,这样就可以通过指针变量 px 来访问变量 x 了。那么,如何通过指针变量 px 来存取变量 x 的值呢?

这就是要用到**指针运算符**,也称**间接寻址运算符 ***。间接寻址运算符 * 用来访问指针变量所指向变量的值。运算时要求指针已指向内存中某个确定的存储单元。

【例 8-2(c)】　使用指针变量通过间接寻址输出变量的值。

程序如下:

```
# include "stdio.h"
int main()
{
    int x = 0, y = 1;
    float z = 9.7;
    int * px, * py;                       //定义了指针变量 px,py
    float * pz;                           //指针变量 pz
    px = &x;                              //初始化 px 是变量 x 的地址
    py = &y;                              //初始化 py 是变量 y 的地址
    pz = &z;                              //初始化 pz 是变量 z 的地址
    printf("x is %8d,&x is %p,px is %p, * px is %8d\n",x,&x,px, * px);
    printf("y is %8d,&y is %p,py is %p, * py is %8d\n",y,&y,py, * py);
    printf("z is %8f,&z is %p,pz is %p, * pz is %8f\n",z,&z,pz, * pz);
    return 0;
}
```

运行结果为

```
x is       0, &x is 0061fec0, px is 0061fec0, * px is        0
y is       1, &y is 0061febc, py is 0061febc, * py is        1
z is 9.700000, &z is 0061feb8, pz is 0061feb8, * pz is 9.700000
```

将变量 x 的地址值存储到指针变量 px 中以后,就可以通过形如 * px 这样的表达式得到指针变量 p 所指向变量 x 的值,因此,输出 * px 的值和输出 x 的值是等价的,这样修改 * px 的值也就相当于修改 x 的值。这说明可以像使用普通变量 x 一样来使用 * px。指针变量定义后,就有两个指针运算符是 & 和 *,它们都是单目运算符,是同一优先级,以自右而左的方向结合。& 是取变量的地址,例如,"p=&i;",＊是间接访问运算符,取指针所指向的内容,例如＊p。

思考：＊&a 的含义是什么?

注意：

① 指针变量 p 必须指向同类已说明过变量。例如,

```
int i;
int * p = &i;
```

② 指针变量必须用已初始化指针变量作初值。例如,

```
int i;
int * p = &i;
int * q = p;
```

③ 变量必须先定义后,才能用指针指向该变量。例如,下面的定义是错误的。

```
int * p = &i;
int i;
```

8.1.4　指针变量的初始化

下面将讨论指针定义之后,它与普通变量有何不同。

【例 8-3(a)】　使用指针变量在屏幕上显示变量的地址值。

程序如下:

```
# include "stdio.h"
int main()
{
    int x = 0, y = 1;
    float z = 9.7;
    int * px, * py;                  //定义了可以指向整型数据的指针变量 px, py
    float * pz;                      //定义了可以指向字符型数据的指针变量 pz
    printf("x is % 8d,&x is % p,px is % p\n",x,&x,px);
    printf("y is % 8d,&y is % p,py is % p\n",y,&y,py);
    printf("z is % 8f,&z is % p,pz is % p\n",z,&y,pz);
    return 0;
}
```

程序在 VC++ 6.0 下编译这个程序,结果出现了如下的 warning 提示:

```
local variable 'px' used without having been initialized
local variable 'py' used without having been initialized
local variable 'pz' used without having been initialized
```

　　此例的警告信息是局部指针变量 px、py、pz 没有初始化。未初始化的指针变量是一个随机值,无法预知它会指向哪里,使用未初始化的指针变量是初学者常犯的错误,其隐患是非常严重的。对刚定义的指针变量必须先初始化后才能使用。

　　在定义指针变量的同时给指针一个初始值,称为**指针变量初始化**。其定义的一般形式为

[存储类型] 数据类型 ＊指针名＝初始地址值；

例如，

```
# include "stdio.h"
int main()
{
    int i = 10,k = 5;
    int * p = &k;
    * p = i;
    printf("% d   % d\n", * p,k);
    return 0;
}
```

运行结果为

10   10

图 8-4 是指针变量初始化后的指向示意图。

但下面的语句却是错误的。

```
int i = 10;
int * p;
* p = i;                              //指针变量 p 未初始化
printf("% d", * p);
```

原因是指针 p 未初始化，所以 p 的值是随机的，如图 8-5 所示。

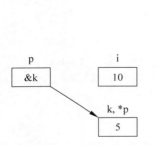

图 8-4　指针变量指向示意图

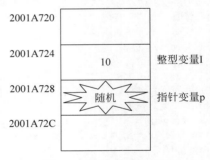

图 8-5　指针变量示意图

　　为避免未初始化指针带来的风险，习惯上在定义指针变量的同时将其初始化为 NULL（stdio.h 中定义为零值的宏）。因此，如果不知指针指向哪里，则让它指向 NULL。

```
# define NULL 0
int * p = NULL;
```

【例 8-3（b）】　修改例 8_3（a）程序。使用指针变量在屏幕上显示变量的地址值。
程序如下：

```
# include "stdio.h"
int main()
{
    int x = 0, y = 1;
    float z = 9.7;
```

```
    int    * px = NULL, * py = NULL;        //定义了可以指向整型数据的指针变量 px,py
    float  * pz = NULL;                     //定义了可以指向浮点型数据的指针变量 pz
    printf("x is % 8d,&x is % p,px is % p\n",x,&x,px);
    printf("y is % 8d,&y is % p,py is % p\n",y,&y,py);
    printf("z is % 8f,&z is % p,pz is % p\n",z,&z,pz);
    return 0;
}
```

运行结果为

```
x is       0, &x is 0061fec0, px is 00000000
y is       1, &y is 0061febc, py is 00000000
z is 9.700000,&z is 0061feb8, pz is 00000000
```

注意:

① p＝NULL 与未对指针 p 赋值不同。后者是指针 p 没赋值就是无指向。

② 指针变量刚定义时,它的值是不确定的,指向一个不确定的单元。

③ 对全局指针变量与局部静态指针变量而言,在定义时未初始化,则自动初始化为空指针。

④ 局部指针变量不会自动初始化,因而指向不明确,对这种指针的引用要极为小心。

⑤ 不能用 auto 变量的地址去初始化 static 型指针。例如,

```
int i;
static int * p = &i;                        //这是错误的
```

【例 8-4】 使用指针变量,通过间接寻址输出变量的值。

程序如下:

```
# include "stdio. h"
int main()
{
    int x = 0, y = 1;
    float z = 9.7;
    int * px, * py;                  //定义指针变量 px,py
    float * pz;                      //定义指针变量 pz
    px = &x;                         //初始化 px 是变量 x 的地址
    py = &y;                         //初始化 py 是变量 y 的地址
    pz = &z;                         //初始化 pz 是变量 z 的地址
    printf("x is % 8d,&x is % p, px is % p, * px is % 8d ,&px is % p \n",x,&x,px, * px,&px);
    printf("y is % 8d,&y is % p, py is % p , * py is % 8d ,&py is % p \n",y,&y,py, * py,&py);
    printf("z is % 8f,&z is % p, pz is % p , * pz is % 8f ,&pz is % p \n",z,&z,pz, * pz,&pz);
    return 0;
}
```

运行结果为

```
x is       0, &x is 0061feb8, px is 0061feb8, * px is       0, &px is 0061fec4
y is       1, &y is 0061febc, py is 0061febc, * py is       1, &py is 0061fec8
z is 9.700000, &z is 0061fec0, pz is 0061fec0, * pz is 9.700000, &pz is 0061fecc
```

在本例中使用指针变量 px、py、pz,通过间接寻址访问了变量 x、y、z,如图 8-6 所示。

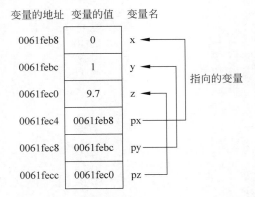

图 8-6　变量 x、y、z 和指针变量 px、py、pz 关系示意图

8.1.5　指针运算

指针一旦定义,就可以引用它。对指针变量的引用有两方面:一是对指针变量自身的引用,例如,对指针变量进行各种运算;二是利用指针变量来访问它所指向的变量,这是对指针的间接引用。

1. 指针变量的赋值运算

(1) 将变量的地址赋给指针变量,使指针指向该变量。设有如下定义:

```
int i,j, * pi, * pj;
i = 33;
j = 29;
pi = &i;
pj = &j;
float * pf;
```

第一行定义了整型变量 i 和 j 及指针变量 pi 和 pj。pi 和 pj 还没有被赋值,因此 pi 和 pj 没有指向任何变量,如图 8-7(a)所示。在上面的语句中将 i 和 j 两个变量的地址分别赋给了指针变量 pi 和 pj,使 pi、pj 分别指向了变量 i 和 j。那么变量 i 和变量 j 也可以用 * pi 和 * pj 表示,如图 8-7(b)所示。

(2) 相同类型的指针变量之间的赋值。

pi 与 pj 都是整型指针变量,它们是可以相互赋值的,例如,"pj＝pi;"是合法的,此时 pi、pj 都指向变量 i,i、* pi、* pj 是等价的。如图 8-7(c)所示。但"pf＝pi;"是错的,因为 pi 是整型指针,pf 是浮点型指针。

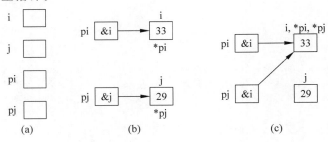

图 8-7　指针变量赋值示意图

（3）给指针变量赋空值。习惯上在定义指针变量的同时将其初始化为 NULL（空值）。例如，

```
int * p = NULL;
```

【例 8-5】 输入 a、b 两个整数，使用指针变量按大小顺序输出这两个整数。

方法 1：目标变量值不变，改变指针变量指向的求解。

程序如下：

```
# include "stdio. h"
int main()
{
  int a,b, * p1, * p2, * p;
  p1 = &a;
  p2 = &b;
  scanf("a = % d,b = % d",p1,p2);
  if ( * p1 < * p2)
  {   p = p1; p1 = p2; p2 = p; }
  printf("a = % d, b = % d\n",a,b);
  printf("max = % d, min = % d\n", * p1, * p2);
  return 0;
}
```

运行结果为

```
a = 6, b = 8 ↙
a = 6, b = 8
max = 8, min = 6
```

方法 2：利用指针变量直接改变目标变量值的求解。

程序如下：

```
# include "stdio. h"
int main()
{
  int a,b, * p1, * p2,t;
  p1 = &a;
  p2 = &b;
  scanf("a = % d,b = % d",p1,p2);
  if ( * p1 < * p2)
  { t = * p1;  * p1 = * p2;  * p2 = t;}
  printf("a = % d, b = % d\n",a,b);
  printf("max = % d, min = % d\n", * p1, * p2);
  return 0;
}
```

运行结果为

```
a = 6, b = 8 ↙
a = 8, b = 6
max = 8, min = 6
```

分析：方法 1 是 p1 指向 a，p2 指向 b，实现了 p1 与 p2 指向的交换，但 a 和 b 的值没变，仍是 6 和 8。方法 2 是 p1 指向 a，p2 指向 b，实现了 * p1 与 * p2 交换，就等同于 a 与 b 的值交换，a 的值从 6 变成 8，b 的值从 8 变成了 6。

2. 指针算术运算

指针加减运算是指一个指针可以加、减一个整数 n，其结果与指针所指对象的数据类型有关。指针加一个正整数 n 表示指针向地址高的方向移动，减一个正整数 n 表示指针向地址低的方向移动，指针变量的值（地址）增加或减少了 n×sizeof（指针类型）。

例如，设 x、y、z 三个变量被分配在一个连续的内存区，x 的起始地址为 00006000，如图 8-8(a)所示。

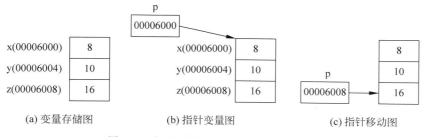

(a) 变量存储图   (b) 指针变量图   (c) 指针移动图

图 8-8　变量、指针变量、指针移动示意图

```
int x = 8,y = 10,z = 16,  * p;
p = &x;
p = p + 2;
```

语句"p＝&x;"表示 p 指向了 x 变量,即 p 的内容为 0000600,如图 8-8(b)所示。语句"p＝p＋2;"表示 p 指针向地址高的方向移动了 2 个整型变量的位置,p 的值 0000600＋2×sizeof(int)＝00006008,而不是 00006002,因为整型变量占 4 字节,如图 8-8(c)所示。

注意:

① 指针加减整数运算常用于数组的处理。对指向一般数据的指针,加减运算无实际意义。例如,

```
int a[10], * p = a, * x;
x = p + 3;
```

实际上,是 p 加上 3×4 字节赋给 x,x 指向数组的第四个元素。

② 对于不同基类型的指针,指针变量"加上"或"减去"一个整数 n 所移动的字节数是不同的。例如,

```
double a[10], * p = a, * x;
x = p + 3;
```

实际上,是 p 加上 3×8 字节赋给 x,x 依然指向数组的第四个元素。

③ 只有当指针变量指向同一数组时两指针的减法运算才有意义,其结果为相差多少个元素。例如,

```
# include"stdio. h"
int main()
{
    short int a[] = {10,20,30,40,50}, * p1, * p2;
    p1 = p2 = a;                        //p1 = 0019FF24 , * p1 = 10
    printf("p1 = % p,  * p1 = % d\n", p1, * p1);
    p2 += 3;                            // p2 = 0019FF2A , * p2 = 40
    printf("p2 = % p,  * p2 = % d, p2 - p1 = % d\n", p2,  * p2, p2 - p1);
    return 0;
}
```

运行结果为

```
p1 = 0019FF24,  * p1 = 10
p2 = 0019FF2A,  * p2 = 40, p2 - p1 = 3
```

指针减法运算如图 8-9 所示。

3. 指针的关系运算

与基本类型变量一样,指针也能进行关系运算。例如,p 和 q 是两个同类型的指针变量,则 p＞q、p＜q、p＝＝q、p!＝q、p＞=q、p＜=q 都是允许的。指针的关系运算在指向数组的指针中被广泛运用。假设 p、q 是指向同一数组的两个指针,执行 p＞q 的运算,若表达式结果为真(非 0 值),则说明 p 所指元素在 q 所指元素之后,或者说 q 所指元素离数组的第一个元素更近。

注意:

① 指针进行关系运算之前,指针必须初始化。

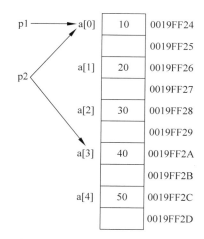

图 8-9 指向同一数组的两指针的减法运算示意图

② 指向同一数组的两个指针可以进行关系运算,表明它们所指向元素的相对位置关系。如上例中的两个同类的且指向同一数组的指针变量:p2>p1、p2==p1。

③ 指针与一个整型数据进行比较是没有意义的。

④ 只有同类型的指针才能进行比较,不同类型指针变量之间比较是非法的。

⑤ NULL 可以与任何类型指针进行==、!=的关系运算,用于判断指针是否为空指针。

4. 指针变量的自增、自减运算

指针变量自增、自减运算具有上述运算的特点,还有前置后置、先用后用的区别。* 与++都是单目运算符,结合方向自右向左。例如,

```
int a[10] = {1,2,3,4,5,6,7,8,9,10}, * p = a, * x;
x = p++;                          // x 是指向下标值为 0 的元素,p 指向下标值为 1 的元素
x = ++p;                          // x、p 均指向数组的下标值为 1 的元素
```

根据单目运算符的自右向左结合方向,* p++相当于 * (p++)。

* (p++)与(* p)++含义不同,前者表示地址自增,后者表示当前所指向的数据自增。在 8.3.1 节将用示例详细讲解两者之间的区别。

8.1.6 多级指针

指针不仅可以指向基本类型变量,亦可以指向指针变量,这种指向指针型数据的指针变量称为指向指针的指针,或称**二级指针**。二级指针定义的一般形式为

数据类型 **指针变量;

例如,有以下程序段:

```
# include "stdio. h"
int main()
{
    int x = 35, * p, ** pp;
    p = &x;
    pp = &p;
```

```
        printf(" * p = % d\n", * p);
        printf(" ** pp = % d\n", ** pp);
        return 0;
    }
```

运行结果为:

```
* p = 35
** pp = 35
```

结论:

(1) 若"p＝&x;",则有 *p 与 x 等同。

(2) 若"pp＝&p;",则有 ** pp 与 p 等同,即 ** pp 与 * p 等同,于是 ** pp 与 x 等同。

如图 8-10 所示,x 的地址为 00003100,指针 p 的地址为 00003300,指针 pp 的地址为 00003600,由此可得出,pp 指针指向了指针 p,所以 pp 是指针的指针,称之为二级指针,而 p 称为一级指针。因此要引用 x 的值,就可用 * p,亦可用 ** p。 * p 是一级指针引用, ** pp 是二级指针引用。

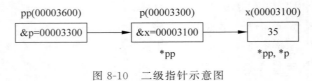

图 8-10　二级指针示意图

注意:

① p、pp 都是指针变量,但 pp 只能指向指针变量而不能指向普通变量。例如,"p＝&x; pp＝&p;"是合法的,而语句"pp＝&x;"是非法的。

② 二级指针与一级指针是两种不同类型的数据,尽管它们都保存的是地址,但不可相互赋值。

③ 二级指针在建立复杂的数据结构时,提供了极大的灵活性。在实际使用时,一般只用二级,多了反而会引起混乱,给编程带来麻烦。

8.2　指针与函数

8.2.1　指针作为函数参数

在函数调用时主调函数与被调函数之间有两种参数传递方式:**值传递和地址传递**。采用值传递方式时将实参的值单向传递给形参,形参的变化不会影响实参的值;采用地址传递方式时可将实参变量的地址传给形参,形参的值可以改变实参的值。传值调用可以这样类比为把你的文件复制一份给别人,别人想怎么改都对你自己保存的文件没有任何影响。而传地址调用就好比是把你的开机密码告诉别人并允许别人访问你的文件一样,那么别人就会改动你的文件,而你所保存的文件就很难维持原样了。所以,使用普通变量作函数参数,还是使用数组名或指针变量作函数参数,要看用户的具体需求而定。

在 C 语言中,指针变量存的是个地址值,指针的一个重要作用就是用作函数的参数。指针变量作函数参数时,实际上传给被调函数的是变量的地址,即按地址调用。指针变量作函数形参可以修改实参的值,为函数提供了修改变量值的手段。

下面实例详细介绍函数参数的各种调用形式,以及形参与实参变量的值变化。

【例8-6(a)】 编写程序实现两数的互换。

(1) 函数形参为变量,实参为变量,调用形式如图8-11(a)所示。

程序1如下:

```
# include "stdio.h"
void swap(int x, int y)
{
    int temp;
    temp = x;
    x = y;
    y = temp;
}
int main(void)
{
    int a = 7, b = 15;
    swap(a, b);
    printf("a = % d,b = % d\n", a, b);
    return 0;
}
```

运行结果为

```
a = 7,b = 15
```

(2) 形参为变量地址,实参为指针,调用形式如图8-11(b)所示。

程序2如下:

```
# include "stdio.h"
void swap(int * x, int * y)
{
    int temp;
    temp = * x;
    * x = * y;
    * y = temp;
}
int main(void)
{
    int a = 7, b = 15;
    swap(&a, &b);
    printf("a = % d,b = % d\n",a,b);
    return 0;
}
```

运行结果为

```
a = 15,b = 7
```

结论:图8-11(a)是传值调用,a、b并没有实现交换,但图8-11(b)是传地址调用,a,b实现了交换。

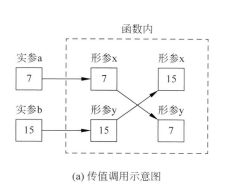

(a) 传值调用示意图

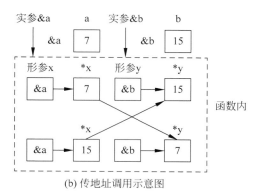

(b) 传地址调用示意图

图 8-11 传值调用和传地址调用示意图

【例8-6(b)】 函数形参为指针变量,实参为指针变量实现两数的互换。

程序如下:

```
# include "stdio.h"
int main()
{
    int   a,b;
```

```
    int   * pa, * pb;
    void swap(int * p1,int * p2);
    scanf("a = % d,b = % d",&a,&b);
    pa = &a;                        //pa 指向变量 a
    pb = &b;                        //pb 指向变量 b
    swap(pa,pb);
    printf("a = % d,b = % d\n",a,b);
    return 0;
   }
void swap(int * p1,int * p2)
{
    int   temp;
    temp = * p1;                    //交换指针 p1、p2 所指的变量的值
    * p1 = * p2;
    * p2 = temp;
    }
```

运行结果为

```
a = 7,b = 15 ↙
a = 15, b = 7
```

分析：形参 p1 和 p2 得到 main()函数中 a 和 b 的地址,这样 p1 和 p2 指向的目标变量就是 main()函数的变量 a 和 b。在 swap()函数中交换 * p1 和 * p2 的内容,就是交换 a 和 b 的内容,所以当函数调用结束后,尽管 p1 和 p2 已经释放,但操作结果仍保留在 main()函数的变量 a 和 b 中,这就是通过指针形参指向域扩展到主调函数的方法,达到主调函数与被调函数间实现交换两个数据的目的。

【例 8-6(c)】 在函数中进行对形参指针的交换不能影响到实参,调用过程如图 8-12 所示。

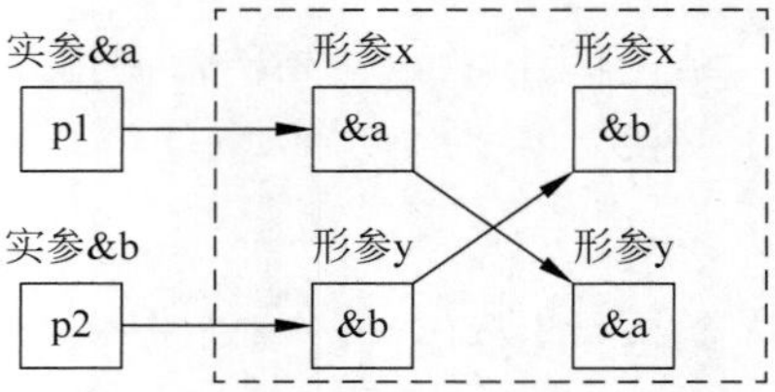

程序如下：

```
# include< stdio. h>
swap(int * x, int * y)
{
    int * p;
    p = x;
    x = y;
    y = p;                          //借助指针 p,交换的是地址值不是指针指向的内容
}
int main()
{
    int a,b;
    int * p1, * p2;
    scanf("a = % d,b = % d",&a,&b);
    p1 = &a;   p2 = &b;
    swap(p1,p2);
    printf("a = % d,b = % d\n", * p1, * p2);
    return 0;
}
```

图 8-12   x,y 地址值交换示意图

运行结果为

```
a = 7,b = 15
a = 7,b = 15
```

分析：为什么同样用指针作形参，却达不到想要实现交换的结果呢？C 语言中实参和形参之间数据传递是单向的值传递方式。用指针变量作函数参数时同样要遵循这一规则。不可能通过执行调用函数来改变实参指针变量的值，但是可以改变实参指针所指向变量的值。

注意：函数的调用只能得到一个返回值，而使用指针变量作参数，可以得到多个变化了的值。如果不用指针变量是难以做到这一点的。因此要善于利用指针。

【例 8-6（d）】　编写程序实现两数的互换，指针变量在使用前必须赋值。

程序如下：

```
#include<stdio.h>
int main()
{
    int a,b;
    int * pa, * pb;
    void swap(int * p1,int * p2);
    scanf("%d,%d",&a,&b);
    pa = &a;                    //pa 指向变量 a
    pb = &b;                    //pb 指向变量 b
    swap(pa,pb);
    printf("\na = %d,b = %d\n",a,b);
    return 0;
}
void swap(int * p1, int * p2)
{
    int * p;
    * p = * p1;                 //指针变量 p 未初始化
    * p1 = * p2;
    * p2 = * p;
}
```

结论：此程序无法实现交换。原因是 swap() 函数体内的指针 p 未初始化，指针 p 指向哪里未知，对未知单元写操作是危险的，不能借助一个未初始化的指针变量进行两数互换，使用时要特别小心。

8.2.2　指针函数

一个函数可以返回一个整型值、字符型值、实型值等，也可以返回一个地址值，即返回值是一个指针值。**指针函数**就是指函数的返回值为指针的函数。

指针函数定义的一般形式为

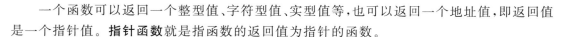

类型标识符　* 函数名(形式参数表)

例如，

```
int * fun(int a,int b)
{
    函数体语句
}
```

函数 fun()即是一个指针函数,要求返回值为一个 int 型指针,在函数体中有返回指针或地址的语句,其一般形式如下:

```
return(& 变量名);
```

或

```
return(指针变量);
```

对初学 C 语言的人来说,可能不太习惯这种定义形式,容易弄错,所以使用时要十分小心。通过下面的实例初步了解返回值为指针的函数。

【例 8-7】 用指针函数求两数中小的数。

程序如下:

```c
#include "stdio.h"
int main()
{
    int a,b, * p;
    int * min(int x,int y);              //函数声明
    int * minp(int * x,int * y);         //函数声明
    scanf("% d% d",&a,&b);
    p = min(a,b);                        //返回最小值指针
    printf("\nmin = % d", * p);
    p = minp(&a,&b);
    printf("\nminp = % d\n", * p);       //输出最小值
    return 0;
}
int * min(int x,int y)                   //min()是求最小数的指针函数,返回值是指针
{
    if (x < y) return (&x);
    else return(&y);
}
int * minp(int * x,int * y)              //minp()是求最小数的指针函数,返回值是指针
{
    int * q = NULL;
    q = * x < * y?x:y;
    return (q);
}
```

运行结果为

```
78 16 ↙
min = 16
minp = 16
```

8.2.3 指向函数的指针

一个函数包括一组指令序列存储在某一段内存中,这段内存空间的起始地址称为函数的入口地址,函数名代表函数的入口地址,反过来也可以通过该地址找到这个函数。因此,称函数的入口地址为**函数指针**。

定义一个指针变量,其值等于某函数的入口地址,它便指向了这个函数。通过这个指针

变量也能调用这个函数,这种指针变量称为指向函数的指针变量。

1. 指向函数的指针变量的定义

指向函数的指针变量定义的一般形式为

数据类型 (*指针变量名)(形参列表);

例如,

```
int( * p)(int,int);
char( * s)();
```

前面一行定义了指针变量 p 指向由两个整型形参的函数,返回值是一个整型值。后面一行定义了一个指针变量 s,指向一个返回值是字符型值的函数。

2. 用指针调用函数

用指针调用函数的一般形式为

(*指针变量)(实参表)

显然,这种调用函数的方式与前面介绍的用函数名调用函数的方式不一样的,其差别类似于用指针来访问它所指向的变量。用指针来调用函数是间接访问,而用函数名来调用函数是直接访问。若 a 是一个整型变量,则可以用两种方法实现函数调用。

(1)函数名调用法,称为**函数直接调用**。例如,

```
a = max(m,n);
```

(2)使用指针 p 调用函数,称为**函数间接调用**。例如,

```
a = ( * p)(m,n);
```

注意:int * p()与 int (* p)()有什么区别?

在此特别注意 * 和()的优先级,前者是指针函数,后者是函数的指针。

3. 函数指针使用时的常见错误

(1)在定义函数的指针时忘了写前一个(),如

```
int * f(int a,int b);
```

这是声明了一个函数名为 f 且返回值是整型指针的函数,而不是定义函数的指针。

(2)忘了写后一个(),如

```
int ( * f);
```

这是定义了一个整型指针变量 f,也不是定义函数的指针。

(3)定义时函数的参数类型与指向的函数类型不匹配。例如,

```
int ( * f)(float a,float b);
```

(4)不建议写成

```
int ( * f)();
```

4. 指向函数的指针的使用步骤

(1)定义一个指向函数的指针变量,形如:

```
float ( * p)();
```

（2）为函数指针赋值，格式如下：

```
p = 函数名;
```

赋值时只需给出函数名，不要带参数，即是将函数的入口地址赋给指针变量 p。下面的赋值形式是错误的：

p = max(m,n);   //max(m,n)是函数调用,返回函数值不是指针

（3）通过函数的指针调用函数（即求得的函数值），格式如下：

s = (* p)(m,n);

5．函数指针的应用实例

（1）用函数指针调用函数。

【例 8-8】 函数 maximum()用来求一维数组的元素的最大值，在主调函数中用函数名调用该函数与用函数指针调用该函数两种方式来实现。

程序如下：

```
# include "stdio. h"
# define M 8
int main()
{
    float sumf,sump;
    float a[M] = {11,2, - 3,4.5,5,69,7,80};
    float ( * p)(float a[ ],int n);          //定义指向函数的指针 p
    float maximum(float a[ ],int n);         //函数声明
    sumf = maximum(a,M);                     //函数名调用法,直接调用
    printf("sumf = % .2f\n",sumf);

    p = maximum;                             //函数名(函数入口地址)赋给指针 p,间接调用
    sump = ( * p)(a,M);                      //用指针方式调用函数
    printf("sump = % .2f\n",sump);
}
float maximum(float a[ ],int n)
{
    int k;
    float x;
    x = a[0];
    for (k = 0;k < n;k++)
      if (x < a[k]) x = a[k];
    return x;
}
```

运行结果为

```
sumf = 80.00
sump = 80.00
```

（2）用指向函数的指针作函数参数。

【例 8-9】 用函数指针变量作函数参数，求最大值、最小值和两数之和。

程序如下：

```
# include "stdio. h"
void Fun(int x, int y, int ( * f)(int, int));
int Max(int x, int y);
```

```
        int Min( int x, int y);
        int Add( int x, int y);
        int main( )
        {
            int a, b;
            scanf(" % d, % d", &a, &b);
            Fun(a, b, Max);
            Fun(a, b, Min);
            Fun(a, b, Add);
            return 0;
        }
        void Fun( int x, int y, int ( * f )( int, int))
        {
            int result;
            result = ( * f )( x, y) ;
            printf(" % d\n", result);
        }
        int Max( int x, int y)
        {   printf("max = ");
            return   x > y? x : y;
        }
        int Min( int x, int y)
        {
            printf("min = ");
            return   x < y? x : y;
        }
        int Add( int x, int y)
        {
            printf("sum = ");
            return   x + y;
        }
```

运行结果为

```
5,9 ↙
max = 9
min = 5
sum = 14
```

在学习函数的指针时应注意：

① 所定义的指针变量只能指向定义时所指定的类型的函数。

int (* p)(int, int);

p 只能指向返回值为 int 且有两个整型参数的函数的指针。

② 用指针调用函数前，必须先使指针指向该函数，为函数指针变量赋值时，只需给出函数名。如：

p = max;

③ 用函数指针变量调用函数时，只需将(* p)代替函数名，在形参的位置根据需要写上实参，如：

c = (* p)(a, b);

④ 不能对执行函数的指针变量进行算术运算。如"p＋n;"或"p＋＋;"都是错的。

⑤ 用函数名调用函数，只能调用所指定的一个函数，而通过指针变量调用函数时，可以

根据不同情况先后调用不同的函数。

8.3 指针与数组

在 C 语言中,一旦定义了数组,编译系统就会为其在内存中分配固定的存储单元,相应数组的首地址也就确定了数组名为该数组的首地址(即数组中首元素的地址)。根据指针的概念,数组的指针指向数组的起始地址,而数组元素的指针是各元素的地址。像指针变量可以指向各个基本类型变量一样,也可以定义指针变量指向数组与数组元素,由于数组元素在内存中连续存放,因而利用指针指向数组能更加灵活地表示数组的各个元素。

8.3.1 指向一维数组的指针

数组名是一个常量指针,它的值为该数组的首地址,即数组首元素的地址。因此,指向数组的指针的定义方法与指向基本类型变量的指针的定义方法相同。例如,

```
int a[5]={2,4,6,8,10};
int * p;
p=a;                          //把数组 a 的首地址赋给指针变量 p
p=&a[0];                      //把数组 a 的首元素地址赋给指针变量 p
p=&a[2];                      //把数组元素 a[2]的地址赋给指针变量 p
```

图 8-13 是指向一维数组的指针变化的示意图。

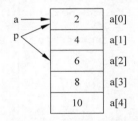

图 8-13　指向一维数组的
指针变化示意图

注意:数组名是常量指针,而 p 是指针变量。两者虽然都可以指向数组的首元素,但是有区别的。数组名 a 是常量指针,其值在数组定义时已确定,不能改变,不能进行 a++、a=a+1 等操作,而 p 是指针变量,其值是可改变的,若进行 p=p+1,p++ 这些操作都是合法的。而 p++ 代表指针 p 向下一个元素移动,即指向下一个元素。

由于 a 与 &a[0] 都表示数组首元素的地址,则 a+0 与 &a[0] 等价,因此有 *(a+0) 与 a[0] 等价。由此可得到:&a[i] 与 a+i 等价且 a[i] 与 *(a+i) 等价。这样,就得出数组元素的等价引用形式:a[i] 和 *(a+i) 都代表数组 a 中的下标为 i 的元素值。

1. 数组元素引用的 4 种方法

方法 1:用**下标法**访问数组元素,本质是计算该元素在内存中的地址。

【例 8-10(a)】 演示下标法引用数组元素。

程序如下:

```
# include "stdio.h"
int main()
{
    int a[5],i;
    printf("Input five nubers:");
    for (i=0; i<5; i++)
        scanf("%d" ,&a[i]);            //数组元素的输入
    for (i=0; i<5; i++)
        printf("%d", a[i]);           //数组元素的输出
```

```
        printf("\n");
        return 0;
}
```

运行结果为

```
Input five nubers:5 9 7 3 8↙
5 9 7 3 8
```

方法2：用**地址法**引用数组中的元素。

由于有 a[i] 与 *(a+i) 等价且和 &a[i] 与 (a+i) 等价，所以可把上例中的 a[i] 换成 *(a+i)，&a[i] 换成 (a+i)。

【例 8-10(b)】 演示地址法引用数组元素。

程序如下：

```
# include "stdio.h"
int main()
{
    int a[5],i;
    printf("Input five nubers:");
    for (i = 0; i < 5; i++)
        scanf("%d",a + i);          //用地址法解决数组元素的输入
    for (i = 0; i < 5; i++)
        printf("%d", *(a + i));      //用地址法解决数组元素的输出
    printf("\n");
    return 0;
}
```

本例利用地址法实现数组元素的输入输出，数组地址与数组元素的对应关系如图 8-14 所示。

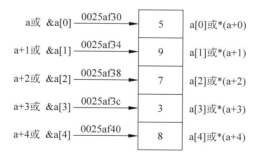

图 8-14　一维数组的地址及数组元素的示意图

方法3：用指针法引用数组中的元素。

【例 8-10(c)】 演示**指针法**引用数组元素。

程序如下：

```
# include "stdio.h"
int main()
{
    int a[5], * p;
    printf("Input five nubers:");
    for (p = a; p < a + 5;p++)
```

```
            scanf(" % d", p);                    //用指针解决数组元素的输入
      for (p = a; p < a + 5; p++)
            printf(" % d ", * p );                //用指针解决数组元素的输出
            printf("\n");
      return 0;
}
```

注意:

① p++不是增加 1 字节,具体增加多少字节,取决于 p 的基类型。

② 在上面的程序中,指针变量 p 是循环变量,当然也可以改成整型变量 i 做循环变量,程序更改如下:

```
# include "stdio. h"
int main()
{
    int a[5], i, * p;
    printf("Input five nubers: ");
    p = a;
    for (i = 0; i < 5; i++)
        scanf(" % d", p++);                   //用指针解决数组元素的输入
    p = a;                                    //让 p 重新指向数组 a 的首元素
    for (i = 0; i < 5; i++)
        printf(" % d ", * p++);               //用指针解决数组元素的输入
}
```

此处的 * p++相当于 * (p++)。它是先获得 p 所指向变量的值,然后执行 p=p+1。

如图 8-15 所示,若"p=a;",则指向数组元素的指针变量也可用下标表示,如 p[i]。因此有 p[i]与 * (p+i)等价。带下标的指针变量是什么含义呢? 在程序编译时,对下标的处理方法是将其转换为地址,将 p[i]处理成 * (p+i),若 p 指向一个数组的元素 a[0],则 p[i]代表 a[i]。那么将得到第 4 种数组元素的引用方法。

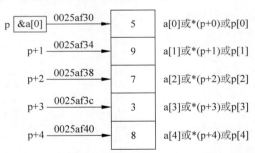

图 8-15　指针与数组元素的关系示意图

方法 4:用**指针下标法**引用数组中的元素。

【**例 8-10(d)**】　演示指针下标法引用数组元素。

程序如下:

```
# include "stdio. h"
int main()
{
    int a[5], i, * p = NULL;
    p = a;
```

```
        printf("Input five nubers:");
        for (i = 0; i < 5; i++)
            scanf("% d" ,&p[i]);                    //数组元素的输入
        for (i = 0; i < 5; i++)
            printf("% d ",p[i]);                    //数组元素的输出
        printf("\n");
        return 0;
    }
```

通过一维数组的输入、输出的四种方法的对比,可发现用下标法比较直观,能直观地知道是数组中的第几个元素,而使用指针法或地址法则应用更灵活且执行效率更高,同时也可方便地观察指针变量指向数组元素时指针值的变化情况。

使用指针变量时应注意:

① 指针变量可实现使本身的值改变。p++合法,但a++不合法(a是数组名,代表数组首地址,在程序运行中是固定不变的)。

② 要注意指针变量的当前值。

③ *p++相当于*(p++),因为*与++优先级相同,且结合方向是从右向左,其作用是先获得 p 指向变量的值,然后执行"p=p+1;"。

④ *(p++)与*(++p)含义不同,后者是先执行 p=p+1,再获得 p 所指向的变量值。

若 p=a,则输出*(p++)是先输出 a[0],再让 p 指向 a[1];输出*(++p)是先使 p 指向 a[1],再输出 p 所指的 a[1]的值。

⑤ (*p)++表示的是将 p 指向的变量值加1。

2. 应用实例

【例 8-11】　观察下面两段小程序中 x 的变化情况,分析原因。

程序 1 如下:

```
# include "stdio.h"
int main( )
{
    int a[5] = {1,3,5,7,9}, * p,x,i;
    p = &a[2];
    x = ( * p)++;
    printf(" % d  % d\n",x, * p);
    for (i = 0;i < 5;i++)
    printf(" % d ",a[i]);
    printf("\n");
    return 0;
}
```

运行结果为

```
    5 6
    1 3 6 7 9
```

程序 2 如下:

```
# include "stdio.h"
int main( )
{
    int a[5] = {1,3,5,7,9}, * p,x,i;
    p = &a[2];
    x = * (p++);
    printf(" % d  % d\n",x, * p);
    for (i = 0;i < 5;i++)
       printf(" % d ",a[i]);
    printf("\n");
    return 0;
}
```

运行结果为

```
    5 7
    1 3 5 7 9
```

分析:由于程序 1 中"x=(* p)++;"与程序 2 的"x= * (p++);"的不同,运行结果就不同。

【例 8-12】 利用指针求出 10 个数中的最大数。

解题思路:

(1) 定义有 10 个元素的数组,并定义指针变量,将数组的首地址赋给指针变量。

(2) 假设数组的最大值为数组的首元素,用循环方法将数组中的每一个元素与最大数比较,最终找出最大数。

(3) 输出最大数。

程序如下:

```c
# include "stdio. h"
int main()
{
    int a[10] = {12,34, - 15,2,4,6,19,27,3,21},max,  * p = a;
    max = * p;
    for(p = a + 1;p <(a + 10);p++)
        if(max < * p) max = * p;
    printf("max = % d \n", max );
    printf("\n");
    return 0;
}
```

运行结果为

```
max = 34
```

8.3.2 数组名、指针名作为函数参数

在第 7 章学习了用数组名作函数的参数。例如,

```c
int main()
{
    void func( int arr[ ], int n);          //对 func 函数的声明
    int a[15];                              //定义 a 数组
        ⋮
    func(a,15);                             //用数组名作函数的参数
    return 0;
}
void func( int arr[ ], int n)               //定义 func 函数
{
        ⋮
}
```

a 是实参数组名,arr 为形参数组名。当 func()函数被调用时,arr 接收了实参数组 a 的首元素地址后,arr 就指向实参数组 a 的首元素,也就是指向 a[0]。a 是实参数组名,arr 为形参数组名。当用数组名作参数时,如果形参数组中各元素的值发生变化,那么实参数组元素的值也随之变化。

当用数组名作为函数实参时,传递的值是地址,所以要求形参必须是数组名或指针变量。如果有一个实参数组,要想在函数中改变此数组中的元素的值,那么实参与形参的对应关系有以下 4 种情况:

(1) 形参和实参都用数组名;

（2）实参用数组名,形参用指针变量;

（3）实参形参都用指针变量;

（4）实参为指针变量,形参为数组名。

针对以上 4 种情形在程序中分别对应以下 4 种表现形式:

(1)	(2)	(3)	(4)

int main()
{
    int a[10];
    ⋮
    f(a,10);
    ⋮
}
int f(int x[], int n)
{
    ⋮
}
	int main()
	{
	    int a[10];
	    ⋮
	    f(a,10);
	    ⋮
	}
	int f(int * x, int n)
	{
	    ⋮
	}
		int main()
		{
		    int a[10], * p = a;
		    ⋮
		    f(p,10);
		    ⋮
		}
		int f(int * x, int n)
		{
		    ⋮
		}
			int main()
			{
			    int a[10], * p = a;
			    ⋮
			    f(p,10);
			    ⋮
			}
			int f(int x[], int n)
			{
			    ⋮
			}

下面的实例,演绎了实参、形参为数组名或指针时的 4 种函数传参的形式,请注意观察实参的值是否被改变了。

【例 8-13】 将数组 a 中 n 个整数按相反顺序存放输出。

解题思路:用一个函数 swapp() 来实现交换。将数组 a[0] 与 a[n−1] 对换,将 a[1] 与 a[n−2] 对换,以此类推,一直到 a[(int)((n−1)/2)] 与 a[n−(int)((n−1)/2)−1] 对换。用循环来处理此问题,设两个位置变量 i 和 j,i 的初值 0,j 的初值为 n−1,将 a[i] 与 a[j] 交换,之后将 i 的值加 1 且 j 的值减 1,再对 a[i] 与 a[j] 进行交换,直到满足 i＝(n−1)/2 为止。

第 1 种情形: 形参、实参都是数组名。

```
# include < stdio. h >
int main()
{
    void swapp(int x[],int n);              //swapp 函数声明
    int i,a[10] = {6,7,9,17,0,3,7,8,2,4};
    printf("The original array:\n");
    for (i = 0;i < 10;i++)
        printf("% d ",a[i]);               //输出未交换时数组各元素的值
    printf("\n");
    swapp(a,10);                            //调用 swapp 函数,进行交换
    printf("The array has been inverted:\n");
    for (i = 0;i < 10;i++)
        printf("% d ",a[i]);               //输出交换后数组各元素的值
    printf("\n");
    return 0;
}
void swapp(int x[],int n)                   //形参 x 是数组名
{   int temp,i,j,m = (n−1)/2;
    for (i = 0;i <= m;i++)
    {   j = n−1−i;
        temp = x[i]; x[i] = x[j]; x[j] = temp;   //把 x[i]和 x[j]交换
    }
```

```
        return;
    }
```

运行结果为

```
4 2 8 7 3 0 17 9 7 6
```

第 2 种情形：实参是数组名，形参是指针名。

```
# include < stdio. h >
int main( )
{
    void swapp( int * x, int n);
    int i, a[10] = {6, 7, 9, 17, 0, 3, 7, 8, 2, 4};
    printf("The original array:\n");
    for (i = 0; i < 10; i++)
        printf("% d ", a[i]);
    printf("\n");
    swapp(a, 10);
    printf("The array has been inverted:\n");
    for (i = 0; i < 10; i++)
        printf("% d ", a[i]);
    printf("\n");
    return 0;
}
void swapp( int * x, int n)                  //形参 x 是指针变量
{   int * p, temp, * i, * j, m = (n - 1)/2;
    i = x; j = x + n - 1; p = x + m;
    for ( ; i < = p; i++, j-- )
    {   temp = * i; * i = * j; * j = temp; }    // * i 与 * j 交换
    return;
}
```

运行结果同第 1 种情形。

第 3 种情形：实参是指针名，形参是指针名。

```
# include < stdio. h >
int main( )
{
    void swapp( int * x, int n);              //swapp 函数声明
    int i, arr[10], * p = arr;               //指针变量 p 指向 arr[0]
    printf("The original array:\n");
    for (i = 0; i < 10; i++, p++)
        scanf("% d", p);                      //输入 arr 数组的元素
    printf("\n");
    p = arr;                                  //指针变量 p 重新指向 arr[0]
    swapp(p, 10);                             //调用 swapp 函数，实参 p 是指针变量
    printf("The array has been inverted:\n");
    for (p = arr; p < arr + 10; p++)
        printf("% d ", * p);
    printf("\n");
    return 0;
}
void swapp( int * x, int n)                  //定义 swapp 函数，形参 x 是指针变量
{   int * p, m, temp, * i, * j;
```

```
        m = (n - 1)/2;
        i = x;j = x + n - 1;p = x + m;
        for (;i < = p;i++,j--)
        {    temp = * i; * i = * j; * j = temp;}
        return;
    }
```

运行结果为

```
The original array:
4 2 8 7 3 0 1 7 9 7 6 ↙
The array has been inverted:
6 7 9 1 7 0 3 7 8 2 4
```

第 4 种情形：实参是指针名，形参是数组名。

```
# include < stdio. h >
int main()
{
    void swapp(int x[ ],int n);
    //swapp 函数声明    int i,arr[10], * p = arr;        //指针变量 p 指向 arr[0]
    printf("The original array:\n");
    for (i = 0;i < 10;i++,p++)
        scanf(" % d",p);                            //输入 arr 数组的元素
    printf("\n");
    p = arr;                                        //指针变量 p 重新指向 arr[0]
    swapp(p,10);                                    //调用 swapp 函数,实参 p 是指针变量
    printf("The array has been inverted:\n");
    for (p = arr;p < arr + 10;p++)
        printf(" % d ", * p);
    printf("\n");
    return 0;
}
void swapp(int x[ ],int n)                          //形参 x 是数组名
{    int temp,i,j,m = (n - 1)/2;
    for (i = 0;i < = m;i++)
    {    j = n - 1 - i;
        temp = x[i]; x[i] = x[j]; x[j] = temp;      //把 x[i]和 x[j]交换
    }
    return;
}
```

运行结果同第 3 种情形。

注意：如果用指针变量作实参，必须先使指针变量有确定值，指向一个已定义的对象。

8.3.3　指针与二维数组

指针变量可以指向一维数组中的元素，也可以指向二维数组。

1. 二维数组的行地址和列地址

二维数组可以看成一个 M×N 个元素的一维数组；也可看成由 M 个元素的一维数组组成，而每一行中的元素由 N 个元素的一维数组构成。从二维数组来看，二维数组名代表首元素的地址。例如，

```
int a[3][4] = {{1,3,5,7},{9,11,13,15},{17,19,21,23}};
```

二维数组 a 的 12 个元素表示如下：

a[0][0]	a[0][1]	a[0][2]	a[0][3]
a[1][0]	a[1][1]	a[1][2]	a[1][3]
a[2][0]	a[2][1]	a[2][2]	a[2][3]

数组 a 也可以看成是一个有 3 个元素的一维数组，它的 3 个元素分别为 a[0]、a[1]和 a[2]，而每个元素又是包含 4 个元素的一维数组。a、a＋1 和 a＋2 都是指针，它们的基类型是长度为 4 的数，如图 8-16 所示。

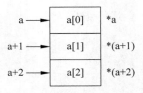

图 8-16　二维数组 a 与各行地址示意图

二维数组的地址包括有**行地址**和**列地址**，就好比在一个教室里，坐了 3 排学生，每排有 4 个学生。老师站在第 0 排第 0 列的位置。若老师要走到第 1 排第 2 个同学，老师纵向走一步，就跳过一排学生，就好比行地址；老师再横向走一步，就指向了下一个同学，就好比是列地址。二维数组的行地址、列地址如图 8-17 所示。

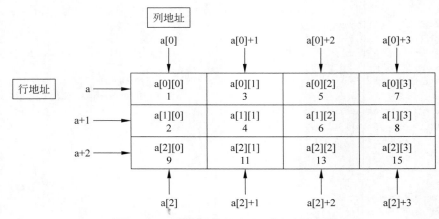

图 8-17　二维数组的行地址、列地址示意图

说明：

(1) 由图 8-17 可知，二维数组 a 包含 3 个行元素：a[0]、a[1]、a[2]，其中 a[0]、a[1]、a[2]分别是长度为 4 的一维数组。而这 3 个行元素的地址分别是：a、a＋1、a＋2。把 a、a＋1、a＋2 称为行地址。由于 a＋i 与 ＆a[i]等价，表示第 i 行首地址，＆a[i]也指向行。

(2) 因为 a[0]、a[1]、a[2]又是一维数组名，也是地址量，称为列地址。因此，a[i]＋j 也是元素 a[i][j]的地址，由于 a[i]与 ＊(a＋i)等价，所以 a[i]＋j 与 ＊(a＋i)＋j 等价。

(3) ＊(a＋0)、＊(a＋1)、＊(a＋2)是一维数组首个元素地址，**行地址前加"＊"即为列地址**。

注意：行地址与列地址的区别。a 和 a[0]值相同，都是 a[0][0]的地址，是数组的首地址，但它们的含义不一样。a＋0 为行地址指向行，a＋1 指向下一行。a[0]为列地址，指向列，a[0]＋1 指向下一列。

2. 用二维数组行地址和列地址引用数组元素

对于如下定义的二维数组：

```
short a[3][4];
```

a 是二维数组的首地址,即第 0 行的首地址,a+i 表示第 i 行的首地址。因此 a、a+1、a+2 分别是第 0、1、2 行的首地址,即行地址。a[i]与*(a+i)等价,都是第 i 行第 0 列的元素地址,那么 a[i]+j 与*(a+i)+j 等价,就是第 i 行第 j 列的元素地址,它们都是列地址。

二维数组的第 i 行第 j 列元素的地址 3 种表示形式:&a[i][j],a[i]+j,*(a+i)+j。

二维数组的第 i 行第 j 列元素的内容 4 种表示形式:a[i][j],*(a[i]+j),*(*(a+i)+j),(*(a+i))[j]。

例如,二维数组的第 1 行第 2 列元素地址的表示形式可以为:

(1) &a[1][2];

(2) a[1]+2;

(3) *(a+1)+2;

(4) &a[0][0]+1*4+2。

二维数组的第 1 行第 2 列元素的内容表示形式可以为:

(1) a[1][2];

(2) *(a[1]+2);

(3) *(*(a+1)+2);

(4) *(&a[0][0]+1*4+2)。

3. 用二维数组的行指针和列指针来引用数组元素

通过对二维数组的行地址和列地址的分析,可知二维数组有行指针和列指针。因此要用行指针法引用二维数组的元素,必须定义**指向二维数组行的指针**,其一般形式为

数据类型关键字 (*变量名)[列数];

例如:

```
int (*p)[4];
```

[]和*都是单目运算符,优先级自右向左。此处的[]优先级高于*,但由于圆括号的优先级更高,所以 p 先与*运算,即定义了一个指针变量 p,这个指针 p 可作为一个指向二维数组的行指针,即指向二维数组的每一行的 4 个整型元素。但指针 p 必须先初始化,方法为

```
p = a;                                      //或 p = &a[0];
```

用行指针 p 引用二维数组 a 的元素 a[i][j]的方法可以用下列 4 种形式:p[i][j]、*(p[i]+j)、*(*(p+i)+j)和(*(p+i))[j]。

列指针是指向二维数组元素的指针,因此可以用列指针法引用二维数组的元素。列指针同指向同类型简单变量的指针定义方法是一样的。例如,

```
int *p;
```

可以用以下 3 种方法初始化:

```
p = a[0];
p = *a;
p = &[0][0];
```

由于 p 代表数组的第 0 行第 0 列的地址,而从数组的第 0 行第 0 列的地址寻址第 i 行第

j列,中间需要跳过 i * n+j 个元素,因此,p+i * n+j 代表第 i 行第 j 列的地址,即 &a[i][j]。

用列指针 p 引用二维数组 a 的元素 a[i][j]的方法可以用下列两种形式:p[i * n+j]和 * (p+i * n+j])。

4. 应用举例

【例 8-14(a)】 用行指针法输入一个 3 行 4 列的二维数组,然后输出这个二维数组的元素值。

程序如下:

```
# include "stdio. h"
# define N 4
//用行指针法输入数组元素值
void   InputArray(int ( * p)[N], int m, int n)          //形参 p 声明为指向二维数组行的行指针
{
    int i, j;
    for (i = 0; i < m; i++)
            for (j = 0; j < n; j++)
                scanf(" % d", * (p + i) + j);
}
 //用行指针法输出二维数组元素值
void OutputArray(int ( * p)[N], int m, int n)          //形参 p 声明为指向二维数组行的行指针
 {
    int   i, j;
        for (i = 0; i < m; i++)
        {
                for (j = 0; j < n; j++)
                    printf(" % 6d", * ( * (p + i) + j));
                printf(" \n");
        }
}
int main()
{
    int a[3][4];
    printf("Input 3 * 4 numbers:\n");
    InputArray(a, 3, 4);
    OutputArray(a, 3, 4);
    return 0;
}
```

运行结果为

```
Input 3 * 4 numbers:
1 3 5 7 2 4 6 8 9 11 13 15↙
1      3      5      7
2      4      6      8
9     11     13     15
```

本例中,要将 N 定义为二维数组 a 的列数一致,否则会出现警告。也就是说,当二维数组 a 的列数变化时,必须修改程序中对符号常量 N 的定义。为避免这个问题,使程序能适应二维数组列数和变化,应使用二维数组的列指针作函数形参,在主函数中传递二维数组第 0 行第 0 列元素的地址。

【例 8-14(b)】 用列指针法输入一个 3 行 4 列的二维数组,然后输出这个二维数组的元素值。

程序如下：

```
#include"stdio.h"
#define N 4
//用列指针法输入二维数组元素值
void  InputArray(int * p,int m, int n)            //形参声明为指向二维数组列的列指针
{
    int   i, j;
    for (i = 0;i < m; i++)
      for (j = 0; j < n;j++)
          scanf(" % d", &p[ i * n + j]);
}
//用列指针法输出二维数组元素值
void OutputArray(int * p, int m, int n)            //形参声明为指向二维数组列的列指针
{
    int   i, j;
        for (i = 0;i < m; i++)
        {
            for (j = 0; j < n;j++)
                printf(" % 6d", p[ i * n + j]);
            printf("\n");
        }
}
int main()
{
    int a[3][4];
    printf("Input 3 * 4 numbers:\n");
    InputArray( * a,3,4);                          //向函数传递二维数组的第 0 行第 0 列的地址
    OutputArray( * a,3,4);                         //向函数传递二维数组的第 0 行第 0 列的地址
    return 0;
}
```

运行结果同例 8-14(a)。

8.4 指针与字符串

8.4.1 字符串的指针表示法

C 语言没有提供专门的字符串数据类型，在第 7 章中已经提到，字符串存放在字符数组中。例如，

char ch[80] = "This is a book. ";

定义了一个数组 ch，并赋予初值"This is a book. "，如图 8-18 所示。

| T | h | i | s | | i | s | | a | | b | o | o | k | . | \0 |

图 8-18 字符串的内存示意图

1. 字符串可以用字符数组表示

（1）用字符串常量的初始化列表对数组初始化。

char str[6] = {'C', 'h', 'i', 'n', 'a', '\0'};

（2）用字符串常量直接对数组初始化。

```
char str[6] = {"China"};
char str[6] = "China";
char str[] = "China";
```

2. 字符串用字符指针表示

（1）字符指针指向一个字符串常量，例如，

```
char * pStr = "Hello China";
```

pStr 字符指针就是指向字符串首元素的指针，如图 8-19 所示。

图 8-19　字符串的内存示意图

指向字符串的指针称字符指针，其定义的一般形式为

```
char * 指针变量名;
```

字符指针是非常有用的，它是表示字符串的另一种方法。

注意：

① `char * ptr = "Hello";`

② `char * ptr;`
   `ptr = "Hello";`

①与②是等价的。但

```
char str[6];
str = "Hello";
```

是错误的。因为数组名 str 是地址常量，数组名 str 的值不可修改。由此可见，用字符指针表示字符串比用字符数组表示字符串更加灵活和方便。

【例 8-15】 观察下列程序的运行结果。

程序如下：

```
# include "stdio. h"
int main()
{
    char c[9 ] = "computer";
    char * p;
    p = c;
    printf(" % s\n",p);
    printf(" % c\n", * p + 2);
    printf(" % s\n",p + 2);
    printf(" % c\n", * (p + 2));
    printf(" % d\n", * (p + 2));
    return 0;
}
```

运行结果为

```
computer
e
mputer
m
109
```

指向字符数组的指针示意图如图 8-20 所示。

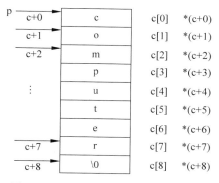

图 8-20 指向字符数组的指针示意图

（2）若将"Hello"保存在一个数组 str 中，然后用一个字符指针 ptr 指向它，定义如下：

```
char str = "Hello";
char * ptr = str;
```

数组名 str 代表数组的首地址，此定义方式是在定义字符指针 ptr 时，将数组名 str 赋值给指针 ptr，其实就是让指针 ptr 指向数组 str 中存储的字符串"Hello"的首元素。

上面的语句相当于

```
char * ptr;
ptr = str;                                          // 等价于 ptr = &str[0];
```

3. 应用举例

【例 8-16】 分别用字符数组和字符指针处理字符串。

程序如下：

```
# include "stdio. h"
# include < string. h >
int main( )
{
    char c[80], * str;
    strcpy(c,"How are you ?");              //用 c 数组表示字符串
    str = "Fine,thanks.";                    //用指针 str 表示字符串
    printf(" % s\n % s\n",c,str);
    return 0;
}
```

运行结果为

```
How are you ?
Fine,thanks.
```

结论：用指针表示字符串比用数组表示字符串更方便、更灵活。

【例 8-17】 用字符数组和字符指针两种方法编写字符串复制函数。

解题思路：

（1）用字符数组处理。

定义两个字符数组 srcStr 和 dstStr,将数组 srcStr 中非'\0'每个元素全部依次复制到目标数组 dstStr 中,再在目标数组 dstStr 末尾加上'\0'。

（2）用字符指针处理。

定义两个字符指针 srcStr 和 dstStr,将原字符串 srcStr 中非'\0'的每个字符依次全部复制到目标串 dstStr 中,再在目标串 dstStr 末尾加上'\0'。

① 用字符数组处理。

```c
void MyStrcpy(char dstStr[], char srcStr[])
{
    int i = 0;
    while (srcStr[i] != '\0')
    {
        dstStr[i] = srcStr[i];
        i++;
    }
    dstStr[i] = '\0';
}
```

② 用字符指针处理。

```c
void MyStrcpy(char * dstStr, char * srcStr)
{
    while ( * srcStr != '\0')
    {
        * dstStr = * srcStr;
        srcStr++;
        dstStr++;
    }
    * dstStr = '\0';
}
```

【例 8-18】 已知字符串 str,从中截取一子串。要求该子串是从 str 的第 m 个字符开始,由 n 个字符组成。

解题思路：定义字符数组 c 存放子串,字符指针变量 p 用于复制子串,利用循环语句从字符串 str 截取 n 个字符。在此要关注以下几种特殊情况：

（1）m 位置后的字符数有可能不足 n 个,所以在循环读取字符时,若读到'\0',则停止截取,利用 break 语句跳出循环。

（2）输入的截取位置 m 大于字符串的长度,则子串为空。

（3）要求输入的截取位置和字符个数均大于 0,否则子串为空。

截取字符串示意图如图 8-21 所示。

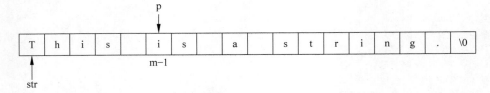

图 8-21　截取字符串示意图

程序如下：

```c
# include < string. h>
# include < stdio. h>
int main()
{
    char c[80], * p, * str = "This is a string.";
    int i, m, n;
```

```
        printf("m,n = ");
        scanf(" % d, % d",&m, &n);
        if (m > strlen(str) || n < = 0 || m < = 0)
            printf("NULL\n");
        else
        {
            for (p = str + m − 1,i = 0; i < n; i++)
                if( * p)    c[i] = * p++;          //如读取到 '\0',则停止循环
                else    break;
                    c[i] = '\0';                   //在 c 数组中加上子串结束标志
            printf(" % s\n",c);
        }
    }
```

运行结果为:

m,n = 6,8 ↙
is a str

8.4.2 字符串数组

所谓**字符串数组**,是指数组中的每个元素存放的都是一个字符串。字符串数组可以用
一个二维字符数组来存储。例如,

char str[4][10];

str 数组的第一个下标 4 决定字符串的个数,第二个下标是字符串的最大长度(实际长度最
多为 9 个字符,'\0'占 1 字节)。

可以对字符串数组赋初值:

char str[4][6] = {"Basic", "c","c++", "Java"};

其内存存储情况如图 8-22 所示。

str[0] →	B	a	s	i	c	\0
str[1] →	C	\0	\0	\0	\0	\0
str[2] →	C	+	+	\0	\0	\0
str[3] →	J	a	v	a	\0	\0

图 8-22 字符串数组存储示意图

由于字符串数组中在定义时行标和列标就确定了大小,每行是一个字符串且列数是固
定的,但实际上每个字符串的长度可以不等,这样就浪费大量的存储空间。那么用什么方法
表示字符串数组不造成空间的浪费呢? 答案是使用字符指针数组。

8.5 指针数组与命令行参数

8.5.1 指针数组

指针数组是指针变量的集合,即它的每一个元素都是指针变量,且都具有相同的存储类

别和指向相同的数据类型。例如，

```
char * q[3];
int * p[10];
```

q 是指针数组,q 的数组元素是 3 个字符型指针,若每个元素表示一个字符串,则代表 q 数组中可放 3 个字符串。在此要关注 * 与[]都是单目运算符,优先级是自右向左的。所以 p 先与[10]结合成 p[10],则 p 是由 10 个元素构成的数组,然后 p[10]再与 * 结合,表示 p 数组中的每一个元素都指向一个整型变量,即 p 数组中每一个元素都是一个整型指针变量。

指针数组应用广泛,特别是处理多个字符串。在 8.4 节中用二维数组处理多个字符串,由于字符串有长有短,所以会造成空间的浪费,若用字符指针数组处理多个字符串,则更加方便灵活。如以下定义:

```
char * q[4] = {"Basic","c","c++","Java"};
```

定义了一个具有 4 个元素 q[0]、q[1]、q[2]、q[3]的指针数组。数组 q 的每一个元素都指向了一个字符串,其内存结构图结构如图 8-23 所示。

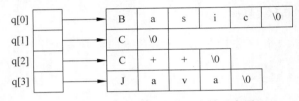

图 8-23 指针指向字符数组存储示意图

指针数组元素 q[0]指向字符串"Basic",q[1]指向字符串"c",q[2]指向字符串"C++",q[3]指向字符串"Java"。指针数组保存字符串与二维数组不同。显然,指针数组表示的各个字符串并不是连续存储的,而二维数组每行保存一个字符串,各个字符串占用相同大小的存储空间,各个字符串在一片连续的存储单元中,对于较短的字符串必定会浪费一定的存储空间。

【例 8-19】 有若干本书,将书名按字典顺序排序。

程序如下:

```
# include < stdio.h >
# include < string.h >
void sort(char * name[], int n)               //指针数组排序函数
{
    char * t;
    int i,j,k;                                //选择排序,k记录每趟最小值下标
    for (i = 0;i < n - 1;i++)
    {
        k = i;
        for (j = i + 1;j < n;j++)
          if (strcmp(name[k],name[j]) > 0) k = j;  //第 j 个元素更小
        if (k!= i)                            //最小元素是该趟的第一个元素,则不需交换
        {
            t = name[i];name[i] = name[k];name[k] = t;
        }                                     //交换指针
    }
}
```

```
int main()
{
    char * bname[ ] = {"Programming in ANSI C", "BASIC","Visual C++ Programming","TRUBO C"};
    int i,m;
    void sort(char * name[ ],int n);
    m = sizeof(bname)/sizeof(char * );          //求字符串个数
    sort(bname,m);                               //调用排序函数
    printf("\n");
    for (i = 0;i < m;i++)                        //输出排序结果
        printf(" % - 8s\n",bname[i]);
    return 0;
}
```

运行结果为

```
BASIC
Programming in ANSIC
TRUBO C
Visual C++ Programming
```

注意：字符数组中每个元素可存放一个字符,而字符指针变量存放的是一个字符串的首地址,万不可理解成字符串是存放在字符指针变量中。

思考："int * p[5];"与"int (* p)[5];"这两条说明性语句有什么区别?

8.5.2 命令行参数

1. 命令行

(1)命令行状态是指在操作系统命令状态下输入的程序或命令使其运行。

(2)命令行参数是输入的命令(或运行程序)及该命令(或程序),所需的参数都称为命令行参数。例如,

```
copy fd fs
```

其中,copy 是文件复制命令,fd、fs 是命令行参数。

2. main( )函数的参数

在前面各个实例中,main()函数没有参数,但事实上,main()函数是可以有参数的。其一般形式为

```
int main(int argc ,char * argv[])
{
    ...
    return 0;
}
```

形参 argc 为命令行中字符串的个数,形参 argv 是一个指针数组,其元素依次指向命令行中以空格分开的各字符串。这恰恰是指针数组在 main()函数中形式参数的一个重要应用。下面将讨论 main()函数是如何接收实参的。

main()函数由系统自动调用,而不是被程序内部的其他函数调用,main()函数所需的实参不可能由程序内部得到,而是由系统传送。main()函数所需的实参与形参的传递方式与一般函数的参数传递不同,实参是在命令行中将程序名及各个实参一同输入,程序名、实

参之间都用空格分隔。其定义的一般形式为

执行程序名 参数1　参数2　 …　参数n

形参 argc 为命令行中参数的个数(包括执行程序名),其值大于或等于 1,而不是像普通 C 语言函数一样接收第一个实参。形参 argv 是一个指针数组,其元素依次指向命令行中以空格分开的各字符串,即第一个指针 argv[0]指向的是程序名字符串,argv[1]指向参数 1,argv[2]指向参数 2,……,argv[n]指向参数 n。下面通过实例来说明命令行参数是如何传递的。

【例 8-20】 分析下列程序,指出其执行结果,该程序命名为 return.c(解决方案名称为 return)。经编译连接后生成的可执行程序为 return.exe。

程序如下:

```c
# include < stdio.h >
int main(int argc, char * argv[])
{
    int  i = 0;
    printf("argc = % d\n", argc);
    while (argc >= 1)
    {
        printf("\n参数 % d: % s", i, * argv);
        i++;
        argc -- ;
        argv++;
    }
    return 0;
}
```

若运行该程序时的命令行输入的是:

Return Pascal C++ Java ↙

运行结果为

```
argc = 4
参数 0: Return
参数 1: Pascal
参数 2: C++
参数 3: Java
```

注意:

① return.exe 生成在解决方案名称文件夹 return/debug 中,程序运行在命令提示符窗口中完成。

② 程序开始运行后,系统将命令行中字符串个数送 argc,将 4 个字符串实参: return、Pascal、C++、Java 的首地址分别传给字符指针数组元素 argv[0]、argv[1]、argv[2]、argv[3],如图 8-24 所示。

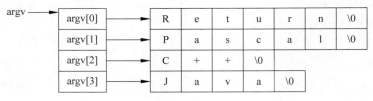

图 8-24　指针数组示意图

③ 此例中,argv 定义为指针数组名,为何在程序中可以有 argv++(第 11 行)这样的语句呢? 这是因为 argv 是 main()函数的形参,C 语言编译系统并没有给 argv 分配固定的存储空间,argv 不是常量,所以 argv++是合法的。系统在调用 main()函数时将命令行参数指针传给了 argv,argv++意指将 argv 指针下移。事实上,C 编译系统将形参中的数组转化为等价的指针形式处理,argv 实际是一个指向字符串数组的指针。

8.6 指针综合应用举例

【例 8-21】 用指针法编程实现两个字符串的连接功能。

程序如下:

```c
#include<stdio.h>
#define N 80
char * MyStrcat(char * dstStr, char * srcStr);
int main(void)
{
    char first[2 * N];                    //这个数组应该足够大
    char second[N];
    char * result = NULL;
    printf("Input the first string:");
    gets(first);
    printf("Input the second string:");
    gets(second);
    result = MyStrcat(first, second);
    printf("The result is: % s\n", result);
    return 0;
}
char * MyStrcat(char * dstStr, char * srcStr)
{
    char * pStr = dstStr;
    while ( * dstStr != '\0')
    {
        dstStr++;
    }
    while ( * srcStr != '\0')
    {
         * dstStr = * srcStr;
        srcStr++;
        dstStr++;
    }
         * dstStr = '\0';
         return pStr;
}
```

运行结果为

```
Input the first string: Hello↙
Input the second string:China↙
The result is: HelloChina
```

【例 8-22】 输入一个十进制正整数,将其转换成二进制、八进制、十六进制数输出。

解题思路:

(1) 将十进制数 n 转换成 r 进制数的方法是:n 除以 r 取余数作为转换后的数的最低位。若商不为 0 则商继续除以 r,取余数作为次低位,以此类推,直到商为 0 为止。

(2) 对于十六进制数中 10 以上的数有 6 个。它们是 A、B、C、D、E、F 来表示。

(3) 所得余数序列要转换成字符保存在字符数组 a 中。

(4) 由于'0'这个字符的 ASCII 码是 48,故余数 0~9 数字只要加上 48 就变成字符'0'~'9'了;余数中大于 9 的数 10~15 要转换成字母,加上 55 就转换成'A'、'B'、'C'、'D'、'E'、'F'了。

(5) 由于存放余数的数组序列下标是从低位到高位排列的,而要屏幕显示从高位到低位,所以数组 a 要反序输出。

(6) 用转换函数 void trans10_2_8_16(char b[], long m, int base)进行进制转换,其中 m 为被转换数,base 为基数,指针参数 b[ ]为存放结果的数组的首地址。

程序如下:

```
# include "stdio. h"
# include < windows. h>
# include "string. h"
void trans10_2_8_16(char * p, long m, int base)      // 定义转换函数
{
    int r;
    while (m > 0)
    {
        r = m % base;                                //求余数
        if (r < 10)  * p = r + 48;                   //小于 10 的数转换成字符后送 p 指向的元素
        else    * p = r + 55;                        //0~15 转换成 A~F 后送 p 指向的元素
        m = m/base;
        p++;                                         //指针下移
    }
    * p = '\0';                                      //在最后加上字符串结束标志
}
int main()
{
    int i, radix;
    long n;
    char a[33];                                      //存放结果的数组
    void trans10_2_8_16(char b[], long m, int base);//转换函数说明
    printf("\nInput radix(2,8,16):");               // 输入转换基数
    scanf(" % d", &radix);
    printf("\nInput a positive integer:");          //输入被转换的数
    scanf(" % ld", &n);
    trans10_2_8_16(a, n, radix);                     //调用转换函数
    for (i = strlen(a) - 1; i >= 0; i -- )           //逆向输出字符串
        printf(" % c", * (a + i));                   // * (a + i)即 a[i]
    puts("\n");
    system("pause");
}
```

运行结果为

```
Input radix(2,8,16):16 ↙
Input a positive integer:346587 ↙
549DB
```

【例8-23】 用二维数组和指针变量作函数参数,编程打印 3 个班学生(假设每班 4 个学生)的某门课成绩的最高分,并指出具有该最高分成绩的学生是第几个班的第几个学生。

程序如下:

```
#define STU 30
int  FindMax(int score[ ][STU], int m, int * pRow, int * pCol)
{
    int  i, j, maxScore;
    maxScore = score[0][0];
    * pRow = 0;
    * pCol = 0;
    for (i = 0; i < m; i++)
    {
        for (j = 0; j < STU; j++)
        {
            if (score[i][j] > maxScore)
            {
                maxScore = score[i][j];
                * pRow = i;
                * pCol = j;
            }
        }
    }
    return (maxScore);
}
```

小结

指针是 C 语言的精华,也是 C 语言的核心内容,是学习的难点与重点之一。

本章介绍了指针的基本概念,指针变量的定义与初始化,介绍了指针运算、指向变量的指针、指向数组的指针、指向函数的指针和指向指针的指针等。不管是什么样的指针,需要明确的是,指针实际上就是变量的地址,指针变量保存的只是地址值,利用这个地址可以访问它所指向的内存单元的数据。通过指针的运算,可以很方便地改变指针的指向,达到利用同一指针处理不同单元的数据的目的,这个优点在处理数组等连续存储的数据时尤为突出。在学习中,要细心地感受:指针能有效而便利地使用一维数组和二维数组;能方便地使用字符串;函数调用时用指针作函数参数可获得一个以上的结果。

掌握指针的运算和指针的用法,是深入理解 C 语言特性、掌握 C 语言编程技巧的重要环节。灵活运用指针可以编写出质量优良、特色鲜明的实用程序。但是初学者容易出错,而且一旦产生错误,又往往难以发现,因此在使用指针时需小心谨慎,多上机、多分析,逐步积累经验。

本 章 常 见 错 误 分 析

常见错误实例	常见错误解析
int * p, q;	定义时指针变量名 q 前的（ * ）被省略了。这是误认（ * ）会对指针变量 p 和普通变量 q 同时声明

续表

常见错误实例	常见错误解析

int a,b;
int * p = &a;
float * q = &b;
p = q;
	在不同的基类型的指针变量之间赋值,将产生编译错误

int * p; scanf(" % d",p); … * p = 3;	虽然定义了指针变量 p,但没有初始化,因此指针变量 p 没有具体的指向,从而造成非法内存访问,将产生运行错误
int * p; p = 56;	将一个非地址值赋给指针变量,将提示警告信息
int i, * p; * p = 3; i = 3;	指针变量 p 并没有指向整型变量 i,i 的值不一定是 3,从而造成非法内存访问,将产生运行错误
void * p = NULL; * p = 100;	试图用一个 void 类型的指针去访问内存,将产生编译错误
int a; float * p; p = &a;	将指针变量指向与其类型不同的变量,将提示警告信息
… swap(a,b); … void swap(int * x,int * y) { … }	误将实参整型变量 a 和 b(非地址值)传给形参整型指针变量 x 和 y,运行时会出错
char str[5]; strcpy(str, "abcdefg");	在处理字符串时,没有为数组提供足够大的空间,存储处理后的字符串,运行时会出错
char str[7]; scanf(" % s",&str);	用 scanf()读取字符串时,在数组名 str 前面多了地址符 &,因数组名 str 本身也是地址,运行时会出错
char * p; char str[ ] = "hjk"; strcpy(p,str);	使用了未初始化的指针,运行时会出错
char str[5]; str++;	数组名 str 是常量指针,不能进行增 1 和减 1 操作,编译时会出错
if (str1 == str2)	字符串比较时必须用 strcmp( )函数来比较串大小,编译时会出错
char str[10]; str = "Beijing";	用数组表示字符串时,必须用 strcpy( )进行赋值,编译时会出错
对没有指向数组中的元素的指针变量进行算术运算	无意义操作
对不是指向同一数组的两个指针变量进行相减或比较运算	无意义操作

习题 8

1．基础篇

（1）对于类型相同的两个指针变量之间，不能进行的运算是（　　　）。

（2）有如下程序段：int ＊p，a＝10，b＝1；p＝&a；a＝＊p＋b；执行该程序段后，a 的值为（　　　）。

（3）设指针 x 指向的整型变量值为 25，则"printf("%d\n"，＊x＋＋)；"的输出是（　　　）。

（4）C 语言中，数组名是一个不可改变的（　　　），不能对它进行赋值运算。数组在内存中占用一段连续的存储空间，它的首地址由（　　　）表示。

（5）若有定义"int a[2][3]＝{2，4，6，8，10，12}；"，则 ＊(&a[0][0]＋2＊2＋1) 的值是（　　　），＊a[1] 的值是（　　　）。

（6）定义语句"int ＊f()；"和"int (＊f)()；"的含义分别为（　　　）和（　　　）。

（7）若有定义"char ＊p＝"abcd"；"，则"printf("%d"，＊(p＋4))；"的结果为（　　　）。

（8）若有以下定义：

```
int w[10] = {23,54,10,33,47,98,72,80,61}, * p = w;
```

则通过指针 p 引用值为 98 的数组元素的表达式是（　　　）。

（9）一个指针变量 p 和数组 a 的说明如下：

```
int a[10], * p;
```

则 p＝&a[1]＋2 的含义是指针 p 指向数组 a 的第（　　　）个元素。

（10）设有定义：

```
char str[] = "CHINA", * p = str;
```

则"printf("%d\n"，＊(p＋2))；"的结果为（　　　）。

2．进阶篇

（1）以下程序的运行结果是（　　　）。

```
# include "stdio.h"
int main()
{
    int a[] = {1,2,3,4,5,6,7,8,9,10,11,12};
    int * p = a + 5,  * q = NULL;
    * q = * (p + 5);
    printf(" % d % d", * p, * q);
}
```

（2）下列程序的输出结果是（　　　）。

```
int main()
{
    char a[10] = {9,8,7,6,5,4,3,2,1,0}, * p = a + 5;
    printf(" % d", * p++);
}
```

（3）下列程序的输出结果是（　　　）。

```c
# include < stdio. h>
int main()
{
    static int a[] = {1,2,3,4,5,6}, * p = a;
     * (p + 3) += 2;
    printf(" % d, % d\n ", * p, * (p + 3));
}
```

（4）以下程序的输出结果是（　　　）。

```c
int main()
{
  char a[10] = {'1','2','3','4','5', '6','7','8','9','\0'}, * p;
    int i = 8;
    p = a + i;
    printf(" % s",p - 3);
}
```

（5）读程序，写出下列每条 printf 语句的结果。

```c
# include "stdio. h"
int main()
{
    int x[] = {5,6,7,8,9};
    int * p = x;
    printf(" % d", * p);
    printf(" % d", * (++p));
    printf(" % d",( * p)++);
    printf(" % d", * p);
    printf(" % d", * p -- );
    printf(" % d", -- ( * p));
    printf(" % d\n", * p);
    return 0;
}
```

（6）写出下列函数 myofstrcpy( )中的第 3～5 行的 while 语句的功能等同语句，使其变为循环体不为空的语句。

```c
void myofstrcpy(char  * dststr, const * srcstr)
{
    while(( * dststr++ = * srcstr)!=  '\0')
    {
    }
}
```

（7）阅读程序，在空白处填入合适的表达式或语句。下面函数的功能是求出 p 所指向的字符串的长度。

```c
unsigned int myofstrlen(char  * p)
{
    unsigned int len = 0;
    for ( ;  * p!=   ①   ;p++)
    {
        len  ②  ;
    }
```

```
        return    ③   ;
    }
```

（8）阅读程序,在空白处填入合适的表达式或语句。下面函数功能是比较两个字符串的大小,若第 1 个字符串大于第 2 个字符串,则返回正值;若第 1 个字符串小于第 2 个字符串,则返回负值;若两个字符串完全相同,则返回 0。

```
int myofstrcmp(char * p1, char * p2)
{
    for ( ; * p1 == * p2;p1++,p2++)
        if ( * p1 == '\0')   return    ①   ;
        return    ②   ;
    }
```

（9）阅读程序,并改正错误的语句。下面的程序功能是从键盘上输入 5 个数,然后将其输出到屏幕上。

```
1    # include"stdio. h"
2    void Outputarr(int * pa, int n);
3    void Inputarr(int * pa, int n)
4    {
5        for ( ; pa < pa + n;pa++)
6        scanf(" % d",pa);
7    }
8    int main()
9    {
10        int a[5];
11        printf("Input five numbers: ");
12        Inputarr(a,5);
13        Outputarr(a,5);
14        return 0;
15    }
16    void Outputarr(int * pa, int n)
17    {
18        for ( ; pa < pa + n;pa++)
19            printf(" % d ", * pa);
20        printf("\n");
21    }
```

3. 提高篇

（1）用指向二维数组第 0 行第 0 列元素的指针作函数参数,编写一个能计算任意 m 行 n 列的二维数组中的最大值,并指出其所在的行列下标值的函数,利用该函数计算 3 个班学生（假设每班 4 个学生）的某门课成绩的最高分,并指出具有该最高分成绩的学生是第几个班的第几个学生。函数原型为:

```
int FindMax(int * p, int m, int n, int * pRow, int * pCol);
```

（2）用函数编程解决如下的日期转换问题,要求考虑闰年的问题。

① 输入某年某月某日,计算并输出,它是这一年的第几天。

函数原型为:

```
int DayofYear(int year,int month,int day);
```

• 函数功能:对给定的某年某月某日,计算它是这一年的第几天。

- 函数参数：整型变量 year、month、day，分别代表年、月、日。
- 函数返回值：这一年的第几天。

② 输入某一年的第几天，计算并输出，它是这一年的第几月第几日。

函数原型为：

```
void MonthDay(int year, int yearDay, int * pMonth, int * pDay);
```

- 函数功能：对给定的某一年的第几天，计算并输出它是这一年的第几月第几日。
- 函数入口参数：整型变量 year 存储年；整型变量 yearDay 存储这一年的第几天。
- 函数出口参数：整型指针 pMonth 是指向存储这一年第几月的整型变量）；整型指针 pDay 是指向存储第几日的整型变量。
- 函数返回值：无。

③ 在主函数 main()输出如下菜单，用 switch 语句实现根据用户输入的选择执行相应的操作。

```
1. year/month/day -> yearDay
2. yearDay -> year/month/day
3. Exit
Please enter your choice:
```

## 第 9 章

结构体与链表

前面学习了 C 语言中的基本数据类型和指针类型。在实际应用中对复杂的数据信息，用户可以构造新的数据类型。所谓"构造类型"，就是由基本数据类型按一定的规则，组合在一起而构成的数据类型。前面学习的数组就是构造类型的一种，可以用数组来存放一组类型相同的数据。本章介绍用户自定义的数据类型结构体、共用体和枚举类型，以及最基本的动态数据结构链表。

本章学习重点：

（1）结构体、共用体和枚举数据类型的概念和定义；

（2）结构体变量、结构体数组、结构体指针的定义和初始化；

（3）结构体变量、结构体数组、结构体指针作为函数参数；

（4）动态数据结构、动态链表。

本章学习目标：

（1）掌握结构体、共用体和枚举数据类型的定义和使用；

（2）掌握结构体、共用体和枚举变量的定义和引用；

（3）掌握结构体数组的定义及其应用；

（4）了解结构体指针的概念、定义和使用方法；

（5）了解链表的概念和使用。

9.1 结构体数据类型

前面学习的基本数据类型包括整型、实型、字符型等，也学习了数组这一构造数据类型。数组由一组类型相同的数据构成，例如，一组成绩、一组姓名都可以用数组描述。但是对于由多种不同类型的数据组成的实体，就无法用前面学过的数据类型来定义了。如一个学生的数据实体，包含学生学号、班级、姓名、性别、各科成绩等数据项。在学生登记表中（如表 9-1 所示），学号、年龄可以是整型，班级、姓名、性别是字符型，成绩是实型。

表 9-1 学生登记表

学号	班级	姓名	性别	年龄	成绩 1	成绩 2	成绩 3
10001	化工 1 班	李兰	M	20	95	86	75
10002	化工 2 班	张翔	F	21	90	89	78
10003	化工 2 班	吴凯	F	20	87	90	92
...	...	...	...	...	...	...	...

这些数据之间有着密切的联系,但又不属于同一数据类型,显然不能用一个数组来存放。如果分别用几个数组来存放(如图 9-1 所示),又难以表示它们之间的联系,处理起来比较烦琐,而且容易出错。

10001	化工1班	李兰	M	20	95	75	86
10002	化工2班	张翔	F	21	90	78	89
10003	化工2班	吴凯	F	20	87	92	90
…	…	…	…	…	…	…	…

图 9-1 多个数组存储学生数据实体

为了方便处理这种由不同类型数据组成的实体,C 语言提供了另一种构造数据类型——结构体,它把不同类型的数据组合成一个整体,其中每一种数据称为一个"成员",结构体由若干成员组成,每个成员可以是基本数据类型,也可以是构造类型。可以利用结构体的概念,将表 9-1 所示的每个学生的数据实体构造成一个结构体(如图 9-2 所示)。

10001	10002	10003
化工1班	化工2班	化工2班
李兰	张翔	吴凯
M	F	F
20	21	20
95	90	87
86	89	90
75	78	92

图 9-2 结构体存储学生数据实体

9.1.1 建立结构体类型

结构体类型是由多种基本类型的数据组成,组成方式由程序设计者根据所处理的数据自定义。因此,结构体类型的根本意义在于它给程序设计者提供了将一组数据封装在一个结点内的方法。

由于结构体类型是程序设计者构造的数据类型,因此在使用之前必须先定义,如同在调用函数之前需要先定义函数一样。结构体类型定义的一般形式为

```
struct 结构体类型名
{
    类型标识符 成员名1;
    类型标识符 成员名2;
    …
    类型标识符 成员名n;
};
```

说明:

(1) struct 是关键字,表示定义了一个结构体类型,不能省略。

(2) 结构体类型名和成员名都是用户自己定义的、合法的标识符。其中,结构体类型名

用来区分不同的结构体类型。

（3）花括号{}中是组成该结构体类型的所有成员的数据说明,每一个成员后面用分号结束。

（4）每个成员的类型可以是基本数据类型或者是另一个构造类型。

（5）整个定义以分号结束,花括号{}后的分号是不可缺少的。

例如,将表 9-1 中的学生数据类型定义为一个结构体类型。

```
struct student                          //结构体类型名
{
    int num;                            //学号
    char class[20];                     //班级
    char name[20];                      //姓名
    char sex;                           //性别
    int age;                            //年龄
    float score1;                       //成绩 1
    float score2;                       //成绩 2
    float score3;                       //成绩 3
};                                      //不要忽略最后的分号
```

注意：

① 在上面的定义中,struct student 表示结构体类型,声明完结构体后就可以用该类型来创建变量了。在使用时需要注意它的类型名是 struct student,是一个整体。它和系统提供的标准类型：int、char、float、double 等一样具有同样的地位和作用,都可以用来定义变量,只不过结构体类型需要由用户自己指定。

② 结构体类型是类型不同的若干成员的集合,结构体类型的定义只是列出了该结构的组成情况,与 int、char 等一样是一种数据类型的标识,编译系统并没有给它分配存储空间。只有在定义了结构体类型的变量或数组后,编译系统才会给结构体变量或结构体数组分配相应的存储空间。

③ 数据类型相同的成员可用一条语句说明,各成员之间用逗号分隔,一般形式为

类型说明符 成员 1,成员 2;

例如,上面结构体类型的定义可以简化为：

```
struct student
    {
        int num,age;                    //学号,年龄
        char class[20],name[20],sex;    //班级,姓名,性别都是 char 型
        float score1,score2, score3;    //成绩 1,成绩 2,成绩 3 都是 float 型
    };
```

结构体类型中的成员还可以是其他构造类型,可将 3 门课程成绩定义成数组 score[3],则上面的定义可进一步简化为

```
struct student
    {
        int num,age;
        char class[20],name[20],sex;
        float score[3];                 //存储 3 门课程的成绩的数组
    };
```

④ 结构体类型中的成员名可以和程序中的其他变量同名,但同一结构体类型中的各成

员不能同名。例如,程序中可以定义一个变量 num,它与 struct student 中的成员 num 是两回事,互不干扰。

⑤ 如果两个结构体类型的成员内容(包括类型、名称、个数)完全相同,但结构体类型名不相同,则是两个不同的结构体类型。

9.1.2　定义结构体类型变量

前面定义的 struct student 只是用户自定义的数据类型,如果想使用这种类型,就要定义这种结构体类型的变量。定义结构体类型变量有以下 3 种方法。

1. 先定义结构体类型,再定义结构体变量

先定义结构体类型 struct student,然后定义该类型的变量。例如,

```
struct student                        //结构体类型名
{
    int num,age;
    char class[20],name[20],sex;
    float score[3];
};
struct student st1,st2;               //定义了2个struct student类型的变量st1和st2
```

在定义了结构体变量后,系统会为该变量分配内存单元。例如,st1、st2 在内存中理论上各占 61 字节。但应当注意,结构体类型变量所占用的内存空间并不是结构体中每个成员的类型所占内存之和。结构体变量实际占用的内存空间字节数既与系统内存分配方式有关,又与定义结构体时各成员定义的顺序有关。因此,一般用 sizeof(结构体变量名)或 sizeof(struct 结构体类型名)来计算该结构体变量实际占用的存储空间。上面定义的变量 st1、st2 在内存中实际各占 64 字节。

2. 定义结构体类型的同时定义结构体变量

在定义结构体类型的同时定义该类型的变量,一般形式为

```
struct 结构体名
{
    类型标识符 成员名1;
    类型标识符 成员名2;
    ...
    类型标识符 成员名n;
}变量名列表;
```

例如,

```
struct student                        //结构体类型名
{
    int num,age;
    char class[20],name[20],sex;
    float score[3];
} st1, st2;                           //注意: 不要忽略最后的分号
```

上例中定义了两个 struct student 类型的变量 st1 和 st2。

3. 直接定义结构类型变量

直接定义结构类型变量,即在定义结构体类型时不出现结构体类型名,直接定义该结构

体类型的变量。一般形式为

```
struct
{
    类型标识符 成员名1;
    类型标识符 成员名2;
    …
    类型标识符 成员名n;
}变量名列表;
```

例如,下面的代码在定义结构体时省略了结构体类型名,同时定义两个结构体类型变量 st1 和 st2。

```
struct
{
    int num,age;
    char class[20],name[20],sex;
    float score[3];
} st1, st2;                              //不要忽略最后的分号
```

说明:

(1) 类型与变量是不同的概念。只有先定义了结构体类型,才可以定义该类型的变量,可以对结构体类型的变量进行赋值等操作,而对结构体类型则不可以。在编译时,只会给定义的结构体类型变量分配存储空间,而不会给结构体类型分配存储空间。

(2) 结构体变量中的成员可以单独使用,它的作用和地位与普通变量相同。

(3) 结构体成员不仅可以是简单变量,也可以是数组,还可以是一个结构体变量。例如表 9-2 所示的数据结构,可以用嵌套的方式定义结构体。

表 9-2 结构体的嵌套定义形式

学号	班级	姓名	性别	出生日期			成绩1	成绩2	成绩3
				年	月	日			
10001	化工1班	李兰	M	2002	2	25	95	86	75
10002	化工2班	张翔	F	2001	5	4	90	89	78

```
struct date                          //声明一个结构体类型 struct date
{
    int month;
    int day;
    int year;
};
struct student
{
    int num;
    char class[20],name[20];
    char sex;
    struct date birthday;            //定义一个 struct date 型的变量 birthday
    float score[3];
}st1, st2;                           //在定义结构体的同时定义结构体变量
```

上例中先声明了一个 struct date 类型,包括 3 个成员:year(年)、month(月)、day(日),然后在声明 struct student 类型时,将成员 birthday 指定为 struct date 类型。

9.2　结构体变量的引用

定义了结构体变量之后,就可以在程序中引用这个变量。由于结构体变量中有多个不同类型的成员,所以结构体变量不能整体引用,只能一个个地引用结构体的成员。结构体变量中成员的引用是通过成员选择运算符". "来实现(也称圆点运算符,它是所有运算符中优先级别最高的)。一般表示形式为

结构变量名.成员名

例如,

```
struct date                         //声明一个结构体类型 struct date
{
    int month,day,year;
};
struct student                      //声明一个结构体类型 struct student
{
    int num;
    char class[20],name[20];
    char sex;
    struct date birthday;           //定义一个 struct date 型的变量 birthday
    float score;
}st1,st2;
st1.num = 10001;                    //引用结构体变量 st1 中的成员 num,并赋值为 10001
st2.num = 10002;
st1.sex = 'M';                      //给结构体变量 st1 中的成员 sex 赋值'M'
st1.score = 75;                     //给结构体变量 st1 中的成员 score 赋值 75
st2.score = 98;
```

当出现结构体嵌套时(即结构体成员本身又是一个结构体),必须通过成员选择运算符逐级找到最低级的成员,只能对最低级的成员进行赋值、存取以及运算操作。可以用下面的语句访问结构体变量 birthday 中的成员 month、day 和 year。

```
st1.birthday.month = 12;            //给 st1 中的成员 bithday 中的成员 month 赋值
st1.birthday.day = 11;
st1.birthday.year = 2002;
```

说明:

(1)结构体变量成员可以像普通变量一样进行各种操作,而两个类型相同的结构体之间只能进行赋值运算。例如,

```
st1.num = st2.num;
score = st1.score + st2.score;      //score 为程序中的其他变量
st1.score++;
st2 = st1;                          //类型相同的结构体变量可以相互赋值
```

(2)既可以引用结构体变量成员的地址,也可以引用结构体变量的地址。结构体变量的地址主要用作函数参数。例如,

```
scanf("%d",&st1.num);              //输入整型常量放入 st1.num 的存储空间
printf("%o",&st2);                 //输出结构体变量 st2 的首地址
```

以下语句试图整体读入结构体变量各成员的值,但这样是错误的。

```
scanf("%d,%s,%c,%d,%f,%s",&st1);
```

9.2.1 结构体变量的初始化

结构体变量和其他类型的变量一样,可以在定义的时候给各成员赋初值以进行初始化。由于结构体内包含了多个成员,赋值时要按成员的顺序和类型分别给每个成员赋值,并且用大括号将所有的值括起来。

1. 定义结构体变量的同时初始化

先定义结构体类型,然后再定义结构体变量,同时进行初始化。例如,

```
struct student                    //定义结构体类型
{
    int num;
    char name[20];
    char sex;
    float score[3];
};
struct student st1 = {10001,"李兰",'M',{95,86,75}};   //可以将 score 数组的值用花括号{ }括起来
struct student st2 = {10002,"张翔",'F',90,89,78};
```

2. 结构体类型定义、结构体变量定义和初始化同时完成

例如,

```
struct date
{
    int month,day,year;
}date1 = {2,25,2002},              //两个变量 date1 和 date2 之间要用逗号分隔
date2 = {5,4,2001};
```

注意:

① 所有的初始化数据用{ }括起来。

② 初始化的变量之间用逗号分隔。

③ 一定要按成员的顺序和数据类型赋值。

【**例 9-1**】 对嵌套的结构体变量初始化。

程序如下:

```
#include<stdio.h>
int main()
{
    struct date                    //声明一个结构体类型
    {
        int month;
        int day;
        int year;
    };
    struct student                 //声明一个结构体类型
    {
        int num;
```

```
        char grade[20],name[20];
        char sex;
        struct date birthday;              //定义一个 struct date 型的变量 birthday
        float score[3];
    }st1 = {10001,"化工 1 班","李兰",'M',{3,25,2002},95,86,75};
    printf("学号: %d\t 班级: %s\n",st1.num,st1.grade);
    printf("姓名: %s\t 性别: %c\n",st1.name,st1.sex);
    printf("出生日期: %d 年 %d 月 %d 日\n",st1.birthday.year, st1.birthday.month, st1.
birthday.day);
    printf("成绩 1: %.1f\t 成绩 2: %.1f\t 成绩 3: %.1f \n",st1.score[0], st1.score[1],
st1.score[2]);
    return 0;
}
```

运行结果为

```
学号: 10001          班级: 化工 1 班
姓名: 李兰           性别: M
出生日期: 2002 年 3 月 25 日
成绩 1: 95.0         成绩 2: 86.0        成绩 3: 75.0
```

9.2.2　用 typedef 定义数据类型

在 C 语言中,如果系统内部的数据类型或者用户自定义的结构体、共用体等数据类型的名字太长,使用不方便,用户可以使用 typedef 给这种数据类型声明一个新名字。或者说,给一个已有的数据类型定义一个别名,方便用户使用。例如,给"蟑螂"定义一个别名"小强",只要说"小强"大家就知道是"蟑螂"了。

使用 typedef 定义的一般形式为

```
typedef 类型名 标识符;
```

说明:

(1) 类型名必须是系统内部的数据类型名或已定义的数据类型名。例如,类型名可以是 int 或前面例题中已定义过的结构体类型名 struct date。

(2) 标识符是用户自己定义的、合法的标识符。为了便于标识,一般用大写字母表示。

用 typedef 定义别名主要有以下几种形式:

(1) 简单的名字替换。例如,

```
typedef int INTEGER;
INTEGER a,b;                              //等价于 int a,b;
```

(2) 定义一个类型名代替一个结构体类型。例如,

```
struct date                              //声明结构体类型 struct date
{
    int month;
    int day;
    int year;
};
typedef struct date DATE;                //声明一个新的结构体类型名称 DATE
DATE date1,date2;                        //定义两个 struct date 结构体类型的变量 date1 和 date2
```

除了上面的形式,还可以在定义结构体数据类型的同时,声明一个新的类型名称。

```
typedef struct date                    //声明一个结构体类型 struct date
{
    int month;
    int day;
    int year;
}DATE;                                 //在定义结构体类型的同时,声明新的类型名称 DATE
DATE date1,date2;                      //定义两个 struct date 结构体类型变量
```

(3) 用 typedef 为数组起新名。例如,

```
typedef int NUM[3];
NUM a,b;                               //定义了两个数组 a 和 b,包括数组的类型、大小和维度
```

等价于

```
int a[3],b[3];
```

注意:typedef 的作用仅仅是为已存在的"类型名"起了个别名,并没有产生新的数据类型,原来的类型名依旧有效。

【例 9-2】 用 typedef 分别定义数组和结构体别名并应用。

程序如下:

```
#include<stdio.h>
#include<string.h>
typedef char STRING[20];               //定义长度为20的字符数组别名 STRING
typedef struct stu
{
    int number;
    STRING name;                       //用别名定义成员为字符数组,等价于 char name[20];
    int age;
}STUDENT;                              //定义结构体 struct stu 别名 STUDENT
int main()
{
    STUDENT st1,st2;                   //定义两个结构体变量 st1 和 str2,等价于 struct stu st1,st2;
    st1.number = 10001;
    st2.number = 10002;
    st1.age = 20;
    st2.age = 21;
    strcpy(st1.name,"李兰");            //对于字符数组不能直接赋值,应用字符串函数 strcpy()
    strcpy(st2.name,"张翔");
    printf("学号\t姓名\t年龄\n");
    printf("%d\t%s\t%d\n",st1.number,st1.name,st1.age);   //输出结构体变量 st1 各成员的值
    printf("%d\t%s\t%d\n",st2.number,st2.name,st2.age);
    return 0;
}
```

运行结果为

```
学号      姓名      年龄
10001    李兰      20
10002    张翔      21
```

9.3　结构体数组

9.3.1　定义结构体数组

一个结构体变量中可以存放一个学生的一组信息(学号、班级、姓名、成绩等数据)。如果有 10 个学生的数据需要处理,难道要定义 10 个结构体变量? 这显然不行,应该使用数组。**当数组的元素是结构体类型时,就构成了结构体数组。**结构体数组的每一个元素都具有相同结构体类型。结构体数组的定义和结构体变量的定义相同。

(1)先定义结构体类型,再定义数组,一般形式为

struct 结构体类型名 结构体数组名[数组长度];

例如,

```
struct student                  //结构体类型名
{
    int num;
    char class[20],name[20],sex;
    float score[3];
};
struct student st1[10];
```

以上定义了一个结构体数组 st1,该数组中共有 10 个元素,每一个元素的类型都是 struct student,分别是 st1[0],st1[1],…,st1[9],每个元素中都包含所有的结构体成员。此时,访问第一个学生的学号用 st1[0].num,访问第 10 个学生的第 1 门课成绩用 st1[9].score[0]。

(2)定义结构体类型的同时定义数组。例如,

```
struct student                  //结构体类型名
{
    int num;
    char class[20],name[20],sex;
    float score[3];
} st1[10];                       //不要忽略最后的分号
```

(3)不写结构体类型名直接定义结构体数组。例如,

```
struct                          //不写结构体类型名
{
    int num;
    char class[20],name[20],sex;
    float score[3];
} st1[10];
```

9.3.2　结构体数组的初始化

结构体数组的初始化与其他类型的数组一样,在定义数组的同时,对其中的每一个元素进行初始化。初始化时要将每个元素的数据用{}括起来。

(1)按指定元素个数赋值。例如,

```
struct student
```

```
{
    int num;
    char class[20],name[20],sex;
    float score[3];
} st1[3] = { {10001, "化工 1 班", "李兰",'M',{95,86,75}},    //每一个数组元素用{ }括起来
            {10002, "化工 2 班","张翔",'F',{90,89,78}},    //每一个数组元素以逗号结尾
            {10003, "化工 2 班","吴凯",'F',{87,90,92}}};    //最后一个数组元素后无逗号
                                                            //初始化结束分号不可缺少
```

上面定义了一个结构体类型的数组 st1,并对其进行了初始化赋值,该数组包含 3 个元素。由于结构体成员 score 也是含有 3 个元素的数组,所以初始化时将 score 的 3 个变量的值用{ }括起来。

(2) 定义时可以不指定元素个数,编译时系统会根据给出初值的结构体常量的个数,确定数组长度。例如,

```
struct student
{
    int num;
    char class[20],name[20],sex;
    float score[3];
} st1[] = { {10001, "化工 1 班", "李兰",'M',{95,86,75}},    //没有指定数组大小
            {10002, "化工 2 班","张翔",'F',{90,89,78}},
            {10003, "化工 2 班","吴凯",'F',{87,90,92}}};    //初始化结束分号不可缺少
```

9.3.3 结构体数组的应用

【例 9-3】 按表 9-3 所示输入学生信息并统计不及格人数及该门课的平均成绩。

表 9-3 学生成绩表

学号	姓名	性别	高数
10001	李兰	M	95
10002	张翔	F	36
10003	吴凯	F	87
10004	赵敏	M	54

程序如下:

```
#include<stdio.h>
#include<string.h>
struct student
{
    int num;
    char name[20];
    char sex;
    float score;
}st1[4];                            //定义结构体数组 st1,含有 4 个元素
int main()
{
    int i,n = 0;
    float aver = 0;
    for (i = 0;i < 4;i++)            //输入 4 名学生的基本信息
    {
```

```
        printf("请输入第 % d 个学生的信息\n",i + 1);
        scanf("% d % s % c % f",&st1[i].num,st1[i].name,&st1[i].sex,&st1[i].score);
                                              //%c 前面需加空格
    }
    printf(" ======================= \n");        //分隔输入信息与输出信息
    printf("4 名学生的基本信息如下: \n");
    for (i = 0;i < 4;i++)                          //输出 4 名学生的基本信息
    {
        printf(" % d\t % s\t ",st1[i].num, st1[i].name);
        printf(" % c\t % 4.1f\n",st1[i].sex,st1[i].score);
    }
    for (i = 0;i < 4;i++)
    {
        aver += st1[i].score;                      //用 aver 记录分数
        if (st1[i].score < 60) n++;               //用 n 统计不及格成绩
    }
    printf(" ======================= \n");
    aver = aver/4;                                 //求 4 名学生的平均成绩
    printf("平均成绩: % 5.1f\t 不及格人数: % d 人\n",aver,n);
    return 0;
}
```

运行结果为

```
请输入第 1 个学生的信息
10001 李兰 M 95 ↙
请输入第 2 个学生的信息
10002 张翔 F 36 ↙
请输入第 3 个学生的信息
10003 吴凯 F 87 ↙
请输入第 4 个学生的信息
10004 赵敏 M 54 ↙
====================
4 个学生的基本信息如下:
10001    李兰    M      95.0
10002    张翔    F      36.0
10003    吴凯    F      87.0
10004    赵敏    M      54.0
====================
平均成绩: 68.0 不及格人数: 2 人
```

　　程序中定义了一个外部数组 st1,在 main()函数中使用 for 循环对数组元素中结构体的每个分项赋值后并输出每个学生的信息,然后利用循环对每个学生的成绩进行求和及判断,输出平均值和不及格人数。需要注意的是,用 scanf()函数输入性别信息 st1[i].sex 时,%c 前面应加一个空格,防止将空格赋给变量 st1[i].sex。还可使用 gets()函数和 getchar()函数来输入姓名和性别信息。

9.4　结构体指针

　　指针变量可以指向基本数据类型的变量和数组,同样也可以指向结构体类型的变量和数组。当一个指针变量指向一个结构体变量时,称为结构体指针变量,该指针变量的值是结构体变量的起始地址。结构体指针分为指向结构体变量的指针和指向结构体数组的指针。

9.4.1 指向结构体变量的指针

1. 结构体指针变量的定义

结构体指针变量的定义与结构体变量的定义方法类似,主要有以下两种方法。

方法 1,先定义结构体类型,然后定义结构体指针变量和结构体变量。例如,

```
struct student                          //定义 struct student 结构体类型
{
    int num;
    char class[20],name[20],sex;
    float score;
};
struct student st1, * pst;              //定义结构体指针变量 pst 和结构体变量 st1
```

方法 2,结构体类型、结构体指针变量、结构体变量同时定义。例如,

```
struct student
{
    int num;
    char class[20],name[20],sex;
    float score;
}st1, * pst;                            //定义结构体指针变量 pst 和结构体变量 st1
```

2. 结构体指针变量的初始化

上面的程序定义了一个指向 struct student 类型的结构体指针变量 pst,但是此时的 pst 并没有指向一个确定的存储单元,其值是一个随机值。为使 pst 指向一个确定的存储单元,需要对指针变量进行初始化。

```
struct student st1;                     //定义结构体变量 st1
struct student * pst = &st1;            //定义结构体指针变量 pst 并初始化
```

上述定义使指针 pst 指向结构体变量 st1 所占内存空间的首地址,即 pst 是指向结构体变量 st1 的指针。

在实际应用过程中可以不对其进行初始化,但是在使用前必须通过赋值表达式,给指针变量赋予有效的地址值。例如,

```
struct student st2;
struct student * pst2;
pst2 = &st2;
```

3. 结构体指针变量的引用

结构体指针变量在存储结构体变量的地址之后,就可以通过结构体指针变量间接地引用结构体变量及其成员变量,一般形式为

结构体指针变量 ->成员名

其中,"->"称为指向运算符,它与结构体成员选择运算符"."的最大的区别是:"->"前面是指针,而"."前面是结构体变量。

【**例 9-4**】 利用结构体指针变量输出商品名称及价格。

程序如下:

```c
#include <stdio.h>
#include <string.h>
struct goods
{
    char name[20];
    float price;
};
int main()
{
    struct goods t1;
    struct goods *pt = &t1;
    strcpy(t1.name,"笔记本");
    t1.price = 19;
    printf("圆点运算符\t%s\t%.1f\n",t1.name,t1.price);
    printf("(*pt)\t\t%s\t%.1f\n",(*pt).name,(*pt).price);
    printf("pt->\t\t%s\t%.1f\n",pt->name,pt->price);
    return 0;
}
```

运行结果为

```
圆点运算符        笔记本    19.0
(*pt)            笔记本    19.0
pt->             笔记本    19.0
```

程序中定义了结构体类型 struct goods,在主函数中定义了 struct goods 类型的变量 t1
和指针变量 pt,并将指针变量 pt 指向 t1,然后分别用 3 种形式输出结构体变量 t1 中各成员
的值,输出结果是相同的。因此,当一个结构体指针变量指向一个结构体变量时,以下 3 种
形式是等价的。

(1) **结构体变量.成员名**

(2) **(*结构体指针变量).成员名**

(3) **结构体指针变量->成员名**

如在上例中,t1.name、(*pt).name 和 pt->name 是等价的,都是用来表示结构体变量
t1 中的成员 name 的值。

注意:(*pt)表示指针变量 pt 指向的结构体变量,(*pt).name 表示指针变量 pt 指向
的结构体变量中的成员 name,在这种用法中,(*pt)两侧的括号不能省略,因为成员运算符
"."优先于取值"*"运算符,如果省略了括号 *pt.name,就等价于 *(pt.name)了,而指针
变量本身只是保存一个地址,没有成员,因此会出错。

9.4.2 指向结构体数组的指针

可以用结构体指针变量指向同样类型的结构体数组及其元素。例如,定义如下结构体
数组用于存放一组化学元素名称及其原子量。

```c
struct list
{
    int i;
    char name[4];
    float w;
```

```
}tab[4] = {{1,"H",1.008},{2,"HE",4.0026},{3,"LI",6.941},{4,"BE",9.01218}};
struct list * pt = tab;            //定义一个指向 tab 数组的结构体指针
```

如图 9-3 所示,struct list 类型的指针 pt 指向同类型结构体数组 tab 的第 1 个元素 tab[0] 的首地址,因此可以使用指向运算符(->)来引用 pt 所指向的结构体成员。例如,pt->i 引用的是 tab[0].i 的值,而 pt+1 指向的是 tab[1] 的首地址,pt+2 指向的是 tab[2] 的首地址。

结构体指针变量的运算原则与一般指针的原则相同,即如果结构体指针变量指向一个结构体数组,那么对结构体指针变量进行加 1 或减 1 运算,是将结构体指针指向下一个或上一个数组元素,这样通过结构体指针变量就可引用结构体数组中的数组元素及其成员了。

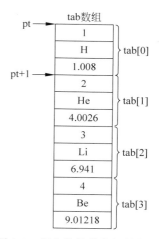

图 9-3　指向结构体数组的指针

【例 9-5】 利用指向结构体数组的指针输出商品信息表。

程序如下:

```
# include < stdio. h>
# include < stdlib. h>
struct goods                    //定义结构体类型
{
    int no;                     //商品编号
    char name[20];              //商品名
    float price;                //单价
    int num;                    //数量
}list[] = {                     //定义结构体类型数组并初始化
        {1001,"中性笔",5,100},
        {1002,"签字笔",8,200},
        {1003,"直尺",2,50},
        {2001,"篮球",109,20},
        {2002,"排球",89,30}
    };
int main()
{
    struct goods * p;           //定义结构体类型指针
    printf("编号\t 商品名\t 单价\t 数量\n");
    for (p = list; p < list + 5; p++)
        printf("% d\t% s\t% 5.1f\t% d\n", p-> no, p-> name,p-> price, p-> num);
    return 0;
}
```

运行结果为

```
编号    商品名    单价    数量
1001    中性笔      5.0    100
1002    签字笔      8.0    200
1003    直尺        2.0     50
2001    篮球      109.0     20
2002    排球       89.0     30
```

　　程序中定义了结构体类型 struct goods 的指针变量 p,在 for 循环中使 p 的初值为 list,也就是数组 list 的起始地址,等同于数组元素 list[0] 的首地址,在第一次循环中输出数组元素 list[0] 的各成员的值。然后执行 p++,使 p 指向 list[1] 的起始地址,在第二次循环中输出数组元素 list[1] 的各成员的值。再执行 p++后,p 的值等价于 list+2,p 指向 list[2] 的起始地址,再输出数组元素 list[2] 的各成员的值。以此类推,直到 p 的值大于 list+4 后不再执行循环。

　　例 9-5 采用移动指针的方式访问数组中的元素,也就是指针首先指向第一个元素 list[0],经过 p++运算后指针 p 指向下一个元素,以此类推。根据指针指向数组时的性质,当指针变量指向数组的首地址时,指针变量可以替代数组名使用,主函数 main() 可以改为

```c
int main()
{
    int i;
    struct goods * p;                    //定义结构体类型指针
    p = list;
    printf("编号\t 商品名\t 单价\t 数量\n");
    for (i = 0; i < 5; i++)
        printf("%d\t%s\t%5.1f\t%d\n", p[i].no, p[i].name,p[i].price, p[i].num);
    return 0;
}
```

运行结果与上例移动指针的输出结果相同。

　　注意:该方法只适用于指针指向数组首地址时的情况。如果指针指向的不是数组首地址,而是指向数组其他元素的地址,就不能用指针变量名替代数组名使用。

9.5　结构体与函数

9.5.1　结构体作为函数参数

1. 使用结构体变量作为函数的参数

　　使用结构体变量作为函数参数时,采用的是值传递方式,形参和实参必须是相同的结构体类型。调用函数时,系统将会给形参分配存储空间,并将实参结构体变量的值全部复制给对应的形参。如果在函数内部改变了形参结构体变量的值,对实参不会造成任何影响,因为形参和实参是在不同的内存区域。

　　【例 9-6】 下面程序利用结构体变量存储学生信息,调用函数计算并输出平均成绩。

　　程序如下:

```c
# include < stdio. h >
struct student                               //定义结构体类型
{
    char name[30];
    float score[3];
    float aver;
};
void print(struct student st)                //形参为同类型的结构体变量
{
    int i;
```

```
    printf(" --- Information --- \n");
    printf("  姓 名: % s\n",st.name);
    st.aver = 0;
    for (i = 0;i < 3; i++)
    {
        printf("  成绩 % d: %.2f\n",i + 1, st.score[i]);
        st.aver += st.score[i];
    }
    st.aver/ = 3;
    printf("  平均分: %.2f\n",st.aver);
    printf(" ---------------- \n");
}
int main ()
{
    struct student stu = {"王丽",98.5,89.0,93.5,0};    //定义结构体变量 stu 并初始化
    printf("调用函数前平均分: %.2f\n",stu.aver);
    print(stu);                                      //调用 print()函数
    printf("调用函数后平均分: %.2f\n",stu.aver);
    return 0;
}
```

运行结果为

```
调用函数前平均分: 0.00
--- Information ---
  姓 名: 王丽
  成绩 1: 98.50
  成绩 2: 89.00
  成绩 3: 93.50
  平均分: 93.67
----------------
调用函数后平均分: 0.00
```

程序中定义了结构体类型 struct student 变量 stu 并赋初值,结构体成员 student.name 为"王丽";3 个成绩分别为:student.score[0]=98.5,student.score[1]=89.0,student.score[1]=93.5,平均分为:student.aver=0。在调用函数 print(struct student st)时,将结构体变量 stu 的值传递给同类型的形参 st,在函数中计算了平均值并输出结构体变量中各成员的值。

从运行结果来看,函数 print()中虽然计算了平均值 stu.aver,但主函数中 student.aver 的值保持不变(仍为 0),就是因为结构体变量作为函数参数时采用的是值传递。

2. 使用结构体变量成员作为函数参数

可以使用结构体变量成员作为函数的参数。如果成员为普通变量,则用法和普通变量作为实参时相同,其对应的形参必须与该成员类型相同;如果成员是一个结构体变量,则用法和结构体变量作为实参时相同,其对应的形参必须是与该成员类型相同的结构体变量。

【例 9-7】 下面的程序是利用结构体变量存储学生信息,调用函数输出学生信息。
程序如下:

```
# include < stdio.h >
# include < stdlib.h >
struct data                              //定义日期结构体类型
```

```
{
    int year;                                    //年
    int month;                                   //月
    int day;                                     //日
};
struct student                                   //定义 student 结构体类型
{
    int num;
    char name[30];
    struct data birthday;
};
void print(int num, char name[], struct data bt)    //形参为同类型的结构体变量
{
    printf(" ----- Information ----- \n");
    printf(" 学      号：% d\n",num);
    printf(" 姓      名：% s\n",name);
    printf(" 出生年月：% d - % d - % d\n ", bt.year, bt.month, bt.day);
}
int main()
{
    struct student stu = {10001,"王丽",{2002,3,5}};   //定义结构体变量 stu 并初始化
    print(stu.num, stu.name, stu.birthday);          //调用 print()函数
    return 0;
}
```

运行结果为

```
----- Information -----
学      号：10001
姓      名：王丽
出生年月：2002 - 3 - 5
```

上例中调用函数 print()实参为 student.num(int 型)、student.name(字符数组)、student.birthday(struct data 的结构体),对应的形参为 int num、char name[]、struct data bt。其中,实参 student.num 和 student.birthday 采用的是值传递,将它们的值分别传递给形参 num 和 bt,而实参 student.name 采用的是地址传递,将其地址传递给形参 name[]。

3. 使用结构体指针变量作为函数参数

与普通变量作函数参数时相同,要将被调函数中的运算结果或形参值的改变返回给主调函数,可以采用两种方式:

(1)作为函数的返回值(返回值为结构体类型或结构体成员)。

(2)形参采用指针类型(用指向结构体变量的指针作为实参,属于地址传递)。

【例 9-8】 使用结构体指针变量作为函数参数。

(1)作为函数的返回值(返回值为结构体类型)。

程序如下:

```
# include < stdio. h >
struct student                                   //定义结构体类型
{
    char name[30];
    float score[3];
```

```
            float aver;
    };
    struct student add(struct student st)          //函数的返回值为结构体类型
    {
        int i;
        for (i = 0;i < 3;i++)
                st.aver += st.score[i];
        st.aver/ = 3;
        return st;                                  //返回结构体类型变量的值
    }
    void print(struct student st)                   //形参为同类型的结构体变量
    {
        int i;
        printf(" --- Information --- \n");
        printf("    姓 名: % s\n",st.name);
        for (i = 0; i < 3; i++)
                printf("    成绩 % d: % .2f\n",i + 1, st.score[i]);
        printf("    平均分: % .2f\n",st.aver);
        printf(" ----------------- \n");
    }
    int main()
    {
        struct student stu = {"王丽",98.5,89.0,93.5,0};   //定义结构体变量 stu 并初始化
        printf("调用函数前平均分: % .2f\n",stu.aver);        //输出调用函数 add()前 stu.aver 的值
        stu = add(stu);                                   //调用 add()函数
        print(stu);                                       //调用 print()函数
        printf("调用函数后平均分: % .2f\n",stu.aver);        //输出调用函数 add()后 stu.aver 的值
        return 0;
    }
```

运行结果为

```
调用函数前平均分: 0.00
 --- Information ---
    姓 名: 王丽
    成绩 1: 98.50
    成绩 2: 89.00
    成绩 3: 93.50
    平均分: 93.67
 -----------------
调用函数后平均分: 93.67
```

（2）形参采用指针类型（地址传递）。

程序如下：

```
# include < stdio. h >
struct student                                  //定义结构体类型
{
        char name[30];
        float score[3];
        float aver;
};
void add(struct student * st)
{
```

```
    int i;
    for (i = 0;i < 3;i++)
        st -> aver += st -> score[i];
    st -> aver/ = 3;
}
void print(struct student st)                      //形参为同类型的结构体变量
{
    int i;
    printf(" --- Information --- \n");
    printf("   姓 名: % s\n",st.name);
    for (i = 0;i < 3;i++)
        printf("   成绩 % d: % .2f\n",i + 1,st.score[i]);
    printf("   平均分: % .2f\n",st.aver);
    printf(" ------------------ \n");
}
int main ()
{
    struct student stu = {"王丽",98.5,89.0,93.5,0};//定义结构体变量 stu 并初始化
    printf("调用函数前平均分: % .2f\n",stu.aver); //输出调用函数 add()前 stu.aver 的值
    add(&stu);
    print(stu);
    printf("调用函数后平均分: % .2f\n",stu.aver); //输出调用函数 add()后 stu.aver 的值
    return 0;
}
```

运行结果为

```
调用函数前平均分: 0.00
--- Information ---
   姓 名: 王丽
   成绩 1: 98.50
   成绩 2: 89.00
   成绩 3: 93.50
   平均分: 93.67
------------------
调用函数后平均分: 93.67
```

9.5.2　结构体数组作函数参数

结构体数组作函数参数与普通数组作函数参数相同,都属于地址传递方式,即调用函数时将数组的首地址传给形参。

【例 9-9】 利用函数输入、处理及输出学生信息。学生信息包括姓名、3 门课的成绩和总成绩。

程序如下:

```
# include < stdio. h >
# define N 3
struct student                                     //定义结构体类型
{
    char name[30];
    float score[3];
    float sum;
```

```
};
void input(struct student st[])                        //结构体数组作函数形参
{
        int i;
        printf("请输入学生信息(用空格隔开): \n");
        printf("姓名 成绩1 成绩2 成绩3\n");
        for (i = 0;i < N;i++)
        {
                scanf("%s %f %f %f",&st[i].name,&st[i].score[0],&st[i].score[1],&st[i]
.score[2]);
                st[i].sum = st[i].score[0] + st[i].score[1] + st[i].score[2];
        }
}
void print(struct student st[])                        //结构体数组作函数形参
{
        int i,j;
        printf("---------- Information ----------\n");
        printf(" 姓名   成绩1   成绩2   成绩3   总分\n");
        for (i = 0;i < N;i++)
        {
                printf(" %s",st[i].name);
                for(j = 0;j < 3;j++)
                        printf(" %5.1f ",st[i].score[j]);
                printf(" %5.1f\n",st[i].sum);
        }
        printf("------------------------------- \n");
}
int main()
{
        struct student stu[N];                         //定义结构体数组
        input(stu);
        print(stu);
        return 0;
}
```

运行结果为

```
请输入学生信息(用空格隔开):
姓名 成绩1 成绩2 成绩2
王丽 98.5 89.0 93.5
李兰 85.5 78.6 86.3
赵敏 85.2 94.3 75.6
---------- Information -------
姓名   成绩1   成绩2   成绩3   总分
王丽   98.5    89.0    93.5   281.0
李兰   85.5    78.6    86.3   250.4
赵敏   85.2    94.3    75.6   255.1
-------------------------
```

9.6 共用体类型

9.6.1 共用体类型的定义

共用体又称为联合体(Union),它是将不同类型的数据组织在一起,共同占用同一段内存的构造数据类型。共用体与结构体相似,都是由多个成员组成的一个组合体。但结构体变量中的成员各自占用自己的存储空间,而共用体变量中的所有成员共同占用同一个存储空间,它们的开始地址相同,共享同一段内存。共用体类型必须先定义后使用,一般形式为

```
union 共用体名
{
    类型标识符 成员名1;
    类型标识符 成员名2;
    …
};
```

说明:

(1) union 是关键字,表示定义了一个共用体类型,不能省略。

(2) 共用体名和成员名都是用户定义的合法标识符。

(3) {}中的内容是组成该共用体类型的所有成员的数据说明,与结构体说明相同。

例如,定义一个共用体数据类型。

```
union mydata
{
    char ch;
    short int i;
    float f;
};
```

上面的代码定义了共用体类型 mydata,当定义了该类型的变量后,其在内存中分配的存储空间如图 9-4 所示,字符型变量 ch 占 1 字节,短整型变量 i 占 2 字节,单精度变量 f 占 4 字节,它们都是从 2000 这个存储单元开始存储,共享这一段内存,每一时刻只有一个成员起作用。

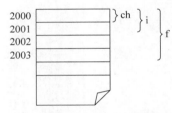

图 9-4　共用体成员所占空间示意图

由上可知,共用体的各成员相互覆盖存储,几种不同类型的数据值从同一地址开始存储,同一内存单元在每一瞬时只能存放其中一种类型的成员。分配给共用体的存储区域的大小,取决于占空间最多的那个成员变量所需的长度。

9.6.2　共用体变量的定义

共用体变量的定义和结构体变量的定义相似,有 3 种定义方法。

(1) 先定义共用体类型,再定义共用体变量。例如,

```
union mydata
{
    char ch;
    short int i;
    float f;
};                               //分号不能缺少
union mydata x,y,z;              //定义共用体类型变量 x,y,z
```

(2) 定义共用体的同时定义变量。例如,

```
union mydata
```

```
{
    char ch;
    short int i;
    float f;
}x,y,z;
```

（3）定义共用体类型时，省略共用体类型名，同时定义共用体类型变量。例如，

```
union
{
    char ch;
    short int i;
    float f;
}x,y,z;
```

9.6.3　共用体变量的引用

在定义共用体变量之后，就可以引用该共用体变量的某个成员。共用体变量成员的引用方法和结构体变量成员的引用完全相同，可以用成员选择运算符"."和指向运算符"->"，可以使用以下3种形式之一：

（1）共用体变量名.成员名

（2）指针变量名->成员名

（3）（*指针变量名）.成员名

【例9-10】　用3种方法引用共用体类型变量的成员值。

程序如下：

```
#include<stdio.h>
union myuion                              //定义共用体类型
{
    char ch;
    short int i;
    float f;
};
int main()
{
    union myuion ux,* pm;                 //定义共用体类型变量和指针
    pm = &ux;
    ux.ch = 'A';
    printf("ux.ch的值: %c\n",ux.ch);
    pm -> i = 97;
    printf("pm -> i的值: %d\n",pm -> i);
    printf("此时ux.ch的值: %c\n",(* pm).ch);
    return 0;
}
```

运行结果为

```
ux.ch的值: A
pm -> i的值: 97
此时ux.ch的值: a
```

以上程序中先给 ux.ch 赋值 A，然后给 ux.i 赋值 97，因为共用体变量中起作用的是最

近一次存入的成员值,之前写入的成员值将被覆盖,所以"此时 ux.ch 的值"是 ASCII 码值为 97 的字符 a。

说明:

(1) 共用体变量是所有成员共享同一个内存段,即所有成员的数据值从同一地址开始存储,但任一时刻只有一个成员的数据有意义。

(2) 共用体变量中起作用的成员是最后一次存放的成员,在存入其他成员后会覆盖之前的成员。

(3) 共用体变量的地址和它的成员地址相同。

(4) 不能对共用体变量名赋值,也不能企图引用共用体变量得到一个值。

(5) 可以在定义共用体变量时对它初始化,但在花括号{ }中只能给出第一个成员的初值。

例如,

```
union myuion
{
    char ch;
    short int i;
    float f;
}px = {'x'};
```

(6) 共用体类型可以出现在结构体类型定义中,也可以定义共用体数组;反之,结构体也可以出现在共用体类型定义中,数组也可以作为共用体的成员。

9.7 枚举类型

9.7.1 声明枚举类型

在解决实际问题时,有的变量只有几种可能的取值。例如,变量 weekday 只能有 sun, mon,…,sat 这 7 个值,就可以把它定义成枚举变量。C 语言提供了一种称为"枚举"的类型,所谓"枚举",是指将变量的值一一列举出来,变量的值仅限于列举出来的值的范围。定义枚举变量前需要先定义枚举类型,一般形式为

enum 枚举名{ 枚举值表 };

说明:

(1) enum 是关键字,标识枚举类型,定义枚举类型必须用 enum 开头。

(2) 枚举值表中的值称为枚举元素或枚举常量,是列举出的所有的可能值。例如,

enum weekday{sun,mon,tue,wed,thu,fri,sat};

上面声明了一个名为 weekday 的枚举类型,它的可能取值是:sun,mon,…,sat,对应一周中的 7 天。凡被定义为 enum weekday 类型变量的取值只能是 7 天中的某一天。

9.7.2 定义枚举类型变量

如同结构体和共用体一样,枚举变量也有 3 种不同的定义方式。

（1）先声明枚举类型后定义变量。例如，

```
enum weekday{ sun,mon,tue,wed,thu,fri,sat };
enum weekday a,b,c;
```

（2）声明枚举类型的同时定义变量。例如，

```
enum weekday{ sun,mon,tue,wed,thu,fri,sat }a,b,c;
```

（3）声明枚举类型时，省略枚举类型名，同时定义变量。例如，

```
enum { sun,mon,tue,wed,thu,fri,sat }a,b,c;
```

说明：

（1）在 C 编译中，对枚举元素按常量处理，故称枚举常量。

例如，定义枚举 enum weekday{sun,mon,tue,wed,thu,fri,sat}后，有下面的语句：

```
tue = 5;
sat = 2;
```

以上赋值语句都是错误的，它们是枚举常量，不能赋值。

（2）枚举元素本身由系统定义了一个表示序号的数值，从 0 开始顺序定义为 0,1,…。如在 weekday 中，sun 值为 0,mon 值为 1,……,sat 值为 6。例如，

```
enum weekday{sun,mon,tue,wed,thu,fri,sat}d1,d2;
```

给枚举变量赋值"d1＝sun；d2＝wed；"，则 d1 的值为 0,d2 的值为 3。

```
printf("d1 = % d,d2 = % d\n",d1,d2);
```

输出结果为

```
d1 = 0,d2 = 3
```

（3）只能把枚举常量赋给枚举变量，不能把枚举常量的数值直接赋给枚举变量。

如上面定义中，"d1＝sun；d2＝wed；"是正确的，而"d1＝0；d2＝3；"是错误的。

如果一定要把数值赋予枚举变量，则必须用强制类型转换。

例如，

```
d2 = (enum weekday)3;          //强制类型转换将顺序号为 3 的枚举元素赋予枚举变量 d2
```

相当于

```
d2 = wed;
```

（4）枚举常量可以用来做判断比较，按其在定义时的顺序号的大小进行比较。例如，

```
d1 = fri;d2 = wed;
if (d1 < d2)...
```

由于 d1 的值为 fri,其在枚举中定义的序号为 5,d2 的值为 wed,其在枚举中定义的序号为 3,故 d1 < d2 为假。

（5）枚举元素不是字符常量也不是字符串常量，使用时不要加单引号或双引号。

9.7.3　枚举类型应用举例

【例 9-11】　办公室值班，从周一到周日值班人员分别是 zhao、qian、sun、li、zhou、wu、

zheng 这 7 个人,当输入星期几时(序号为 1~7,周日用 7 表示),试编程输出值班人员姓名。

程序如下:

```
# include < stdio.h >
int main()
{
    enum biao{zhao = 1,qian,sun,li,zhou,wu,zheng}day;//申明枚举类型并定义该类型变量 day
    int n;
    printf("请输入星期序号(1-7): ");                    //输入提示
    do
    {
        scanf("%d",&n);
        if (n > = 1&&n < = 7)
            break;                                      //输入序号正确时跳出循环
        else
            printf("输入错误!请重新输入 1-7: ");        //如果输入序号超出范围提示重新输入
    }while(1);                                          //确保输入 1-7 的数字
    day = (enum biao)n;                                 //将数字 n 转换成枚举类型并赋给枚举变量 day
    switch(day)                                         //根据变量 day 的值选择相应的分支输出
    {
        casezhao:printf("今天是周一,%4s 值班\n","赵晨");break;
        caseqian:printf("今天是周二,%4s 值班\n","钱峰");break;
        casesun:printf("今天是周三,%4s 值班\n","孙宇");break;
        caseli:printf("今天是周四,%4s 值班\n","李丽");break;
        casezhou:printf("今天是周五,%4s 值班\n","周晓");break;
        casewu:printf("今天是周六,%4s 值班\n","吴顶");break;
        casezheng:printf("今天是周日,%4s 值班\n","郑夏");break;
    }
    return 0;
}
```

运算结果为

```
请输入星期序号(1-7): 5↙
今天是周五,周晓值班
```

9.8 链表

9.8.1 链表概述

链表是最常用的一种动态数据结构,它是对动态获得的内存进行组织的一种结构。在内存中用数组存放数据时,必须事先定义好固定的长度(即数组元素个数)。例如,要用同一个数组先后存放 100 人和 50 人的班级的学生数据,则必须定义长度为 100 的数组。也就是说,要把数组定义得足够大,以便能存放任何班级的学生数据。显然这会造成内存空间的浪费。而链表则没有这种缺陷,它是根据需要开辟内存单元。

线性表是一组数据元素形成了"前后"关系的结构。它在内存中有两种形式:一种是顺序表,另一种是链表。顺序表是以数组的形式存放,元素在内存中是连续存放的。其特点是插入或删除一个数据元素时,需要移动其他数据元素。而链表中的数据元素在内存中不需要连续存放,它是通过指针来指示元素之间的逻辑关系和后继元素的位置,就像一条"链子"

那样将数据单元前后元素链接起来。链表的特点是插入或删除一个数据元素时,不需要移动其他数据元素。图 9-5 所示是最简单的一种链表(单向链表)的结构。

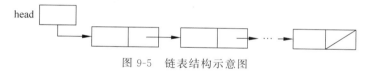

图 9-5　链表结构示意图

链表有一个头指针变量,在图 9-5 中以 head 表示,它存放一个地址,该地址指向链表的第一个元素。链表中每一个元素称为结点,每个结点都应包括两部分:一是用户需要的实际数据,二是下一个结点的地址。可以看出,head 指向第一个结点,第一个结点又指向第二个结点,以此类推,一直到最后一个结点,该结点不再指向其他结点,它称为表尾,它的地址部分存放的是一个 NULL(表示"空地址"),链表到此结束。例如,若在内存中用链式存储下列 8 个元素 A、B、C、D、E、F、G、H。其逻辑位置是 A、B、C、D、E、F、H,如图 9-6 所示。

图 9-6　8 个元素逻辑链式存储

由图 9-6 可见,一个结点的后继结点位置由前驱结点所包含的指针成员所指向,链表中各结点在内存中的存放位置是任意的。如果寻找链表中的某一个结点,必须从链表头指针所指的第一个结点开始,顺序查找。另外,链表结构是单向的,即每个结点只知道它的后继结点位置,而不知道它的前驱结点。那么图 9-6 所示中的 8 个结点在内存中的实际存储又如何呢? 如图 9-7 所示。

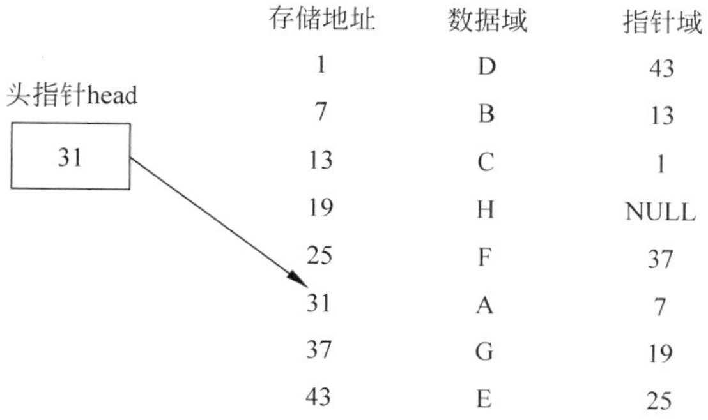

头指针head	存储地址	数据域	指针域
31	1	D	43
	7	B	13
	13	C	1
	19	H	NULL
	25	F	37
	31	A	7
	37	G	19
	43	E	25

图 9-7　8 个结点的内存存储

从图 9-7 中可以看出,链表中每个结点的指针域都存放着下一个结点的地址,这些结点在内存中存放是不连续的。那么什么是链表呢? **链表**是由若干个结点生成,而每个结点(除第一个结点和最后一个结点)都有唯一的前驱结点和唯一的后继结点。链表的结点是结构体变量,它包含若干成员,其中有些成员可以是任何类型,如基本类型、数组类型、结构体类型等;另一成员是指针类型,是用来存放与之相连的下一个结点的地址。以下是单向链表结点的类型说明:

```
struct student
{
    long num;
    float score;
```

```
    struct student   * next;
}
```

其中,next 是成员名,它是指针类型的,指向 struct student 类型数据。用这种方法可以建立链表,链表的每一个结点都是 struct student 类型数据,它的 next 成员是存放下一结点的地址,这种在结构体类型的定义中引用类型名定义自己成员的方法只允许在定义指针时使用。

9.8.2　内存动态管理函数

前面已经提及,链表结点的存储空间是程序根据需要向系统申请的。C 系统的函数库中提供了程序动态申请和释放内存存储块的库函数,下面分别介绍。

1. malloc()函数

malloc()函数的原型为

```
void * malloc(unsigned int size)
```

功能：malloc()函数是在内存中开辟一个长度为 size 字节的内存空间,并将此存储空间的起始地址作为函数值带回。

说明：该函数的形参 size 为无符号整型。函数值为指针(地址),这个指针是指向 void 类型的,也就是不规定指向任何具体的类型。如果将这个指针值赋给其他类型的指针变量,那么应当进行显式的转换(强制类型转换)。例如,malloc(10)用来开辟一个长度为 10 字节的内存空间,如果系统分配的此段空间的起始地址为 71108,则 malloc(10)的函数返回值为71108。如果想把此地址赋给一个指向 long 型的指针变量 p,则应进行以下显式转换：

```
p = (long * )malloc(10);
```

使用 malloc()函数的返回指针时,可以将它强制转换成其他类型的指针赋给指针变量。如果内存缺乏足够大的空间进行分配,则 malloc()函数值为 NULL,即地址为 0。

2. calloc()函数

calloc()函数的原型为

```
void * calloc(unsiged int num,unsigned int size)
```

功能：在内存中分配 num 个大小为 size 字节的空间,函数的返回值是指向 void 类型的指针。

说明：calloc()函数有两个形参 num 和 size。例如用 calloc(20,30),可以开辟 20 个(每个大小为 30 字节)的空间,即总长为 600 字节。此函数返回值为该空间的首地址。

3. free()函数

free()函数的原型为

```
void free(void * p)
```

功能：将指针变量 p 指向的存储空间释放,即交还给系统,系统可以另行分配作为他用。应当强调,p 值不能是任意的地址项,只能是由程序中的 malloc()或 calloc()函数所返回的地址。如果随便写,比如 free(100)是不行的,系统怎么知道释放多大的存储空间呢？下面这样的用法是可以的：

```
q = (long * )malloc(18);
    …
free(q);
```

free()函数把原先开辟的 18 字节的空间释放,虽然 q 是指向 long 型的,但可以传给指向 void 型的指针变量 q,系统会使其自动转换。free()函数无返回值。

下面的程序是 malloc()和 free()两个函数配合使用的简单实例。它们为 20 个整型变量分配内存并赋值,然后系统再收回这些内存。在程序中使用了 sizeof(),从而保证此程序可以移植到其他系统。

【例 9-12】 在内存中开辟 20 个整型数的动态空间。

程序如下:

```
# include "stdio. h"
# include "stdlib. h"
int main()
{
    int *  p,t;
    p = (int * )malloc(20 * sizeof(int));          //创建大小为 20 个整型数的动态空间
    if (!p)
    {
        printf("\t 内存已用完!\t");
        exit(0);
    }
    for (t = 0;t < 20;++t)
         * (p + t) = t;
    for (t = 0;t < 20;++t)
        printf("\t % d", * (p + t));
    free(p);                                       //p 指针指向的动态空间
    system("pause");
    return 0;
}
```

运行结果为

```
0    1    2    3    4    5    6    7    8    9    10    11    12    13
14    15    16    17    18    19
```

4. realloc()函数

realloc()函数的原型为

```
void realloc(void *  p,unsigned int size)
```

功能:realloc()函数是将 p 指向的存储区(是原先用 malloc()函数分配的)的大小改为 size 字节。它可以使原先的分配区扩大也可以缩小。此函数的返回值是一个指针,即新的存储区首地址,该函数用来改变已分配的空间大小,即重新分配。

说明:新的首地址不一定与原首地址相同,因为为了增加空间,存储区会进行必要的移动。

ANSI C 标准要求在使用动态分配函数时要用 # include 命令将 stdlib. h 文件包含进来。但在目前使用的一些 C 系统中,用的是 mac. h 而不是 stdlib. h,在使用 realloc()函数时请注意所用 C 系统的规定,有的系统则不要求包括任何头文件。

9.8.3 链表的基本操作

链表的基本操作包括建立链表、链表的插入、删除、查找、输出等。有时为了操作的方便,还可以在单链表的第一个结点之前设一个头结点,如图 9-8 所示。

图 9-8 带头结点的空单链表和 n 个结点的单链表图

链表结点定义的一般形式为

```
#define ElemType  int
typedef struct Node                          //结点类型定义
{   ElemType data;
    struct Node  * next;
} Node, * LinkList;                          //LinkList 为结构指针类型
```

说明:Node 是结点类型(实际上是结构体类型),LinkList 是链表类型(指向结构体 Node 的指针类型)。

1. 建立链表

由于链表是由若干个结点生成,所以建立链表的含义从无到有地建立起一个链表,即往空链表中依次插入若干个结点,并保持结点之间的前驱和后继关系。

建立单向链表的方法有头插法(先进后出)和尾插法(先进先出)两种。头插法的特点是:新产生的结点作为新的表首结点插入链表。如图 9-9 所示是用头插法建立链表。尾插法的特点是:新产生的结点接到链表的表尾,如图 9-10 所示为用链表尾插法建立链表。

(1)头插法。

【例 9-13】 用头插法创建链表函数 Create_Head()。

算法描述:从一个空表开始,重复读入数据,生成新结点,将读入数据存放到新结点的数据域中,然后将新结点插入到当前链表的表头结点之后,直至读入结束标志为止,如图 9-9 所示。

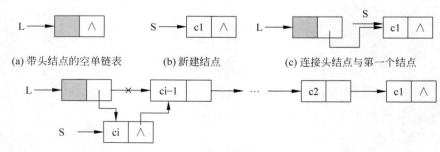

图 9-9 带头结点的单链表头插法过程示意图

为操作方便,先定义一个结点的头文件 node.h,内容如下:

```c
#include"stdio.h"
#include"stdlib.h"
#define ElemType int
typedef struct Node                          //结点类型定义
{
    ElemType score;
    struct Node  * next;
} Node, * LinkList;                           //LinkList 为结构指针类型
```

头插法创建链表的程序如下:

```c
#include "node.h"
LinkList Create_Head()                       //头插法创建链表
{
    LinkList L;
    Node * s;
    int flag = 1;
    int score;
    //设置一个标志,初值为 1,当输入负数时,flag 为 0,建表结束
    L = (LinkList)malloc(sizeof(Node));       //为头结点分配存储空间
    L->next = NULL;
    while (flag)
    {
        scanf(" % d",&score);
        if (score >= 0)                       //为读入的整数分配存储空间
        {
            s = (Node * )malloc(sizeof(Node));
            s->score = score;
            s->next = L->next;
            L->next = s;
        }
        else flag = 0;
    }
}
```

注意:

① s 是不断生成新结点。

② L 是链表,只指向头结点,L 是既不前进,也不跟踪。

(2) 尾插法。

【**例 9-14**】 用尾插法创建链表函数 Create_LinkList()。

算法描述:从一个空表开始,重复读入数据,生成新结点,将读入数据存放到新结点的数据域中,然后将新结点插入到当前链表的表尾结点之后,直至读入结束标志为止,如图 9-10 所示。

尾插法创建链表的程序如下:

```c
#include "node.h"
Node * Create_LinkList()                     //尾插法创建链表
{
    Node * L, * r, * s;
    int score;
    L = (Node * )malloc(sizeof(Node));        //创建头结点
```

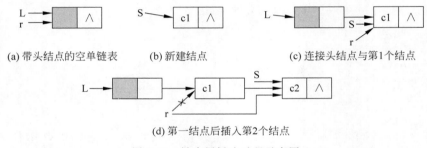

(a) 带头结点的空单链表　　(b) 新建结点　　(c) 连接头结点与第1个结点

(d) 第一结点后插入第2个结点

图 9-10　链表尾插法过程示意图

```
if (L == NULL)                              //创建失败,则返回
{
    printf("no enough memory!\n");
    return(NULL);
}
L->next = NULL;                             //头结点的指针域置 NULL
r = L;
printf("input the score of students:\n");
while (1)                                   //创建学生成绩线性链表
{
    scanf("%d", &score);                    //输入成绩
    if (score < 0)                          //成绩为负,循环退出
        break;
    s = (Node *)malloc(sizeof(Node));       //创建一新结点
    if (s == NULL)                          //创建新结点失败,则返回
    {
        printf("no enough memory!\n");
        return (NULL);
    }
    s->score = score;
    printf("%d ",s->score);
    s->next = NULL;
    r->next = s;
    r = s;
}
return(L);
}
```

注意:

① s 是不断生成新结点,r 是不断地跟踪 s 的结点。

② L 是链表,只指向头结点,L 是既不前进,也不跟踪。

2. 链表的插入操作

【例 9-15】　链表插入操作函数 Insert_LinkList()的实现。

算法描述:在第 i 个结点 Ni 与第 i+1 个结点 Ni+1 之间插入一个新的结点 N,使线性表的长度增 1,且 Ni 与 Ni+1 的逻辑关系发生如下变化:插入前,Ni 是 Ni+1 的前驱,Ni+1 是 Ni 的后继;插入后,新插入的结点 N 成为 Ni 的后继、Ni+1 的前驱。

基本思想:

(1) 通过单链表的头指针 head,找到链表的第一个结点;

(2) 顺着结点的指针域找到第 i 个结点;

（3）将 pnew 指向的新结点插入到第 i 个结点之后。

插入时首先将新结点的指针域指向第 i 个结点的后继结点,然后再将第 i 个结点的指针域指向新结点。注意顺序不可颠倒。当 i＝0 时,表示头结点,如图 9-11 所示。

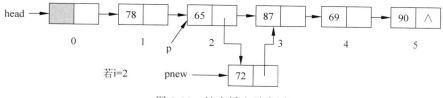

图 9-11　链表插入示意图

程序如下：

```c
# include "node. h"
void Insert_LinkList(Node * head, Node * pnew, int i) //链表的插入,假设 i = 2
{
    Node * p;
    int j;
    p = head;
    for (j = 0; j < i && p != NULL; j++)      //将 p 指向要插入的第 i 个结点
        p = p->next;
    if (p == NULL)                            //表明链表中第 i 个结点不存在
    {
        printf("the % d node not foundt!\n", i);
        return;
    }
    pnew->next = p->next;                      //将插入结点的指针域指向第 i 个结点的后继结点
    p->next = pnew;                            //将第 i 个结点的指针域指向插入结点
}
```

3. 链表的删除操作

【例 9-16】　链表删除操作函数 Delete_LinkList()。

算法描述：删除链表中的第 i 个结点 Ni,使线性表的长度减 1。删除前,结点 Ni－1 是 Ni 的前驱,Ni＋1 是 Ni 的后继；删除后,结点 Ni＋1 成为 Ni－1 的后继。

基本思路：

（1）通过单链表的头指针 head,首先找到链表中指向第 i 个结点的前驱结点的指针 p 和指向第 i 个结点的指针 q；

（2）然后删除第 i 个结点。删除时只需执行 p->next = q->next 即可,当然不要忘了释放结点 i 的内存单元。注意当 i＝0 时,表示头结点,是不可删除的,如图 9-12 所示。

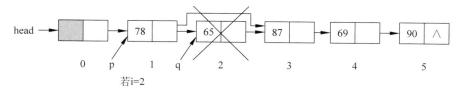

图 9-12　链表删除示意图

程序如下：

```c
# include "node. h"
```

```
void Delete_LinkList(Node * head, int i)        //链表的删除
{
    Node * p, * q;
    int  j;
    if (i == 0)                                  //删除的是头指针,则返回
    return;
    p = head;
    //将 p 指向要删除的第 i 个结点的前驱结点
    for (j = 1; j < i && p->next != NULL; j++)
        p = p->next;
    if (p->next == NULL)                         //表明链表中第 i 个结点不存在
    {
        printf("the % d node not foundt!\n", i);
        return;
    }
    q = p->next;                                 //q 指向待删除的结点 i
    p->next = q->next;                           //删除结点 i
    free(q);                                     //释放结点 i 的内存单元
}
```

4. 链表的输出操作

【例 9-17】 链表输出操作函数 Display_LinkList()。

算法描述：将链表中结点的数据域的值显示出来。如果在输出过程中,对数据进行相应的比较,则可实现对链表的检索操作。

基本思路：通过单链表的头指针 head,使指针 p 指向实际数据链表的第一个结点,输出其数据值,接着 p 又指向下一个结点,输出其数据值,如此进行下去,直到尾结点的数据项输出完为止,即 p 为 NULL 为止。

程序如下：

```
# include "node.h"
void Display_LinkList(Node * head)              //链表输出
{
    Node * p;
    for (p = head->next; p != NULL; p = p->next)
        printf("% d", p->score);
    printf("\n");
}
```

5. 链表的销毁操作

【例 9-18】 链表销毁操作函数 Free_LinkList()。

算法描述：将创建的链表从内存中释放掉,达到销毁的目的。

基本思路：每次删除头结点的后继结点,最后删除头结点。注意不要以为只要删除了头结点就可以删除整个链表,要知道链表是一个个结点建立起来的,所以销毁它也必须逐个结点地删除才行,如图 9-13 所示。

图 9-13　链表销毁示意图

程序如下:

```
# include "node.h"
void Free_LinkList(Node * head)                //链表销毁
{
    Node * p, * q;
    p = head;
    while (p->next != NULL)
    {
        q = p->next;
        p->next = q->next;
        free(q);
    }
    free(head);
}
```

9.8.4 线性链表应用举例

【例 9-19】 建立一个学生成绩的线性链表,然后对其进行插入、删除、显示,最后销毁该链表。

程序如下:

```
# include < stdio.h >
# include < stdlib.h >
struct student
{
    int score;
    struct student * next;
};
typedef struct student   Node;
Node * Create_LinkList();                        //链表的尾插法创建函数 Create_LinkList()
void Insert_LinkList(Node * head, Node * pnew, int i);   //链表插入函数 Insert_LinkList()
void Delete_LinkList(Node * head, int i);        //链表删除函数 Delete_LinkList()
void Display_LinkList(Node * head);              //链表输出函数 Display_LinkList()
void Free_LinkList(Node * head);                //链表销毁函数 Free_LinkList()
int main()
{
    Node * head, * pnew;
    head = Create_LinkList();                    //创建链表
    if (head == NULL)                            //创建失败
    return - 1;
    printf("after create: ");
    Display_LinkList(head);                      //输出链表中的值
    pnew = (Node * )malloc (sizeof(Node));       //新建一插入的结点
    if (pnew == NULL)                            //创建失败,则返回
    {
        printf("no enough memory!\n");
        return - 1;
    }
    pnew->score = 88;
    Insert_LinkList(head, pnew, 3);              //将新结点插入结点 3 的后面
```

```
        printf("after insert: ");
        Display_LinkList(head);              //输出链表中的值
        Delete_LinkList(head, 3);            //删除链表中结点 3
        printf("after delete: ");
        Display_LinkList(head);              //输出链表中的值
        Free_LinkList(head);                 //销毁链表
        return 0;
}
```

运行结果为

```
70 65 78 90 95 85 −1 ↙
after creat:70 65 78 90 95 85
after insert :70 65 78 88 90 95 85
after delete:70 65 88 90 95 85
```

说明：

（1）链表的创建、插入、删除、输出、销毁函数在前面例题中已定义，直接调用即可。

（2）必须把链表的创建、插入、删除、输出、销毁这些函数的定义写在主程序之后。当然也可编写头文件，其内容是这些函数的定义，然后在自己的编写程序中，用 include 包含这个头文件即可。

本节讨论的是单向链表。在某些应用中，要求链表的每个结点都能方便地知道它的前驱结点和后继结点，这种链表的表示应设有两个指针成员，分别指向它的前驱结点和后继结点，这种链表称为双向链表。为适应不同问题的特定要求，链表结构也有多种变形。

小结

本章介绍了用户自定义数据类型如结构体、共用体和枚举类型，以及链表的基本操作。

（1）结构体和共用体都是构造数据类型，共同之处在于：它们都由若干成员组成，而且应用步骤类似，包括类型定义、变量定义、变量初始化和引用；不同之处在于：结构体中各成员都占有自己的内存空间，而共用体中所有成员共享同一段内存空间，每一时刻只有一个成员有效。

（2）结构体和共用体对成员的引用形式相同：对结构体变量和共用体变量使用成员选择运算符"."，对于结构体指针变量和共用体指针变量，使用指向运算符"->"引用成员。

（3）枚举类型是将所有可能的取值以标识符形式一一列举出来。枚举类型变量取值不能超过定义的枚举常量范围。

（4）单链表是结构体结合指针的一种应用，是常见的动态数据结构之一，可以根据需要动态分配和释放内存单元。

（5）在使用自定义数据类型时，需要注意分清类型的定义与变量的定义。

（6）结构体类型变量作函数参数时采用传值方式，结构体类型数组或者结构体类型指针作函数参数时采用传址方式。

本章常见错误分析

常见错误实例	常见错误解析

struct student
{
　　int num;
　　float score;
}
	结构体定义最后忘记写分号,会出现编译错误,应改为:
	struct student
	{　int num;
	　　float score;
	};

stu1.name = "李兰";	使用指针引用结构体成员时缺少圆括号,因为圆点运算符"."的优先级要比指针运算符"∗"高,应改为: strcpy(stu1.name, "李兰");
∗ p.num	使用指针引用结构体成员时缺少圆括号,点号的优先级要比∗高,应改为: (∗p).num

struct student
{
　　int num;
　　float score;
};
struct stu1,stu2;
	定义结构体变量时,只写了 struct,此时构造的数据类型的类型名应是 struct student,所以定义时应写全类型名,应改为:
	struct student
	{　int num;
	　　float score;};
	struct student stu1,stu2;

struct student
{
　　int num;
　　float score;
};
student. num = 19;
student. score = 95;
	student 是结构体类型名,不能给类型名赋值。应先定义一个 struct student 类型的结构体变量 stu,然后再赋值,应改为:
	struct student
	{
	　　int num;
	　　float score;
	}stu;
	stu. num = 19;
	stu. score = 95;

struct student
{
　int num;
　float score = 95;
};
	定义结构体数据类型 struct student 时,不能直接给成员赋初值,因为系统不会给数据类型分配存储空间,应改为:
	struct student
	{
	　　int num;
	　　float score;
	}stu;
	stu. score = 95;

习题 9

1. 基础篇

(1) 程序设计者可构造的数据类型有结构体、共用体和(　　　)类型。

（2）"."称为（　　），"->"称为（　　）。

（3）能在同一存储区域内处理不同的类型的数据类型是（　　）。

（4）将类型不同的数据成员组织在一起形成的数据类型称为（　　），它适合对关系紧密、逻辑相关、具有相同或者不同属性的数据进行处理。

（5）单链表是结构体结合指针的一种应用，是常见的动态数据结构之一，可以根据需要动态（　　）和（　　）内存单元。

（6）设有定义语句：

```
struct
{
    int a;
    char c;
}s, * p = &s;
```

则对结构体成员 a 的引用方法可以是 s. a 和（　　）。

（7）在说明一个共用体变量时，系统分配给它的存储空间是该共用体的存储空间（　　）的那个成员所占用的空间。

（8）共用体类型变量在程序执行期间，有（　　）成员驻留在内存中。

（9）用 typedef 可以定义各种（　　），但不能用来定义变量。

（10）共用体变量的地址和它的各成员的地址是（　　）。

2. 进阶篇

（1）以下程序的输出结果是（　　）。

```
# include < stdio. h >
int main()
{
    struct person{char name[9];int age;};
    struct person class[10] = {"John",17,
                        "Adam",16,
                        "Mary",18,
                        "Paul",19};
    printf(" % c\n",class[2].name[0]);
    return 0;
}
```

（2）以下程序的输出结果是（　　）。

```
typedef struct round
{
    int r;
    int h;
    float PI;
}ROUND;
ROUND rd = {1,2,3.14};
int main()
{
    ROUND  * p = &rd;
    printf(" % . 2f\n",( * p).r * p -> r * ( * p).PI);
    printf(" % . 2f\n",2 * p -> PI * p -> r * p -> h);
    return 0;
}
```

（3）以下程序的输出结果是（　　　）。

```c
#include <stdio.h>
int main()
{
    struct cmplx{int x;int y;}cnum[2] = {1,3,2,7};
    printf("%d\n",cnum[0].y/cnum[0].x * cnum[1].x);
    return 0;
}
```

（4）以下程序的输出结果是（　　　）。

```c
#include <stdio.h>
int main()
{
    union
    {
        int i[2];
        long k;
        char c[4];
    }r, * s = &r;
    s -> i[0] = 0x39;
    printf("%x\n",s -> c[0]);
    return 0;
}
```

（5）运行下列程序段,输出结果是（　　　）。

```c
#include <stdio.h>
int main()
{
        struct country
        {
            int num;
            char name[10];
        }x[5] = {1,"China",2,"USA",3,"France",4, "England",5, "Spanish"};
        struct country * p;
        p = x + 2;
        printf("%d, %c",p -> num,( * p).name[2]);
        return 0;
}
```

（6）已知字符'0'的 ASCII 码值为十六进制的 30,下面程序的输出是（　　　）。

```c
#include <stdio.h>
int main()
{
    union
    {
        unsigned char c;
        unsigned int i[4];
    }z;
    z.i[0] = 0x39;
    z.i[1] = 0x36;
    printf("%c\n",z.c);
    return 0;
}
```

（7）下面的程序从终端上输入 5 个人的年龄、性别和姓名,然后输出,请在[填空 1]、[填空 2]、[填空 3]处填入正确内容。

```c
#include<stdio.h>
struct man
{
    char name[15];
    int weight;
}person[]={"zhao",98,"qian",120,"sun",100,"li",115};
int main()
{
    struct man * p, [填空 1];
    int vt=0;
    p=[填空 2];
    for (;p<person+4;p++)
        if(vt<p->weight)
        {
            q=p;
            vt=[填空 3];
        }
    printf("%s的体重最大! %d斤\n",(*q).name,vt);
    return 0;
}
```

3. 提高篇

(1) 定义一个结构体变量(包括年、月、日)。输入一个日期计算它在本年中是第几天。

(2) 办公室近 2 周临时值班,值班人员分别为 zhao、qian、sun、zhou,试编程输出 14 天的值班表。(利用枚举类型数组与变量实现)

(3) 设有以下结构类型说明:

```c
struct stud
{
    char num[5],name[10];
    int s[4];
    double ave;
};
```

① 编写函数 readrec(),函数功能是将 10 名学生的学名、姓名和 4 项成绩以及平均分放在一个结构体数组中,其中学生的学号、姓名和 4 项成绩由键盘输入,然后计算出平均分放在结构体对应的变量中。

② 编写函数 writerec(),函数功能是输出 10 名学生的记录。

③ main()函数调用 readrec()和 writerec()函数,实现全部程序功能。

(注:不允许使用全局变量,函数之间的数据全部使用参数传递)。

(4) 箱子里有红、黄、蓝、白、黑五种颜色的球若干个,每次从箱子里先后取出 3 个球,问:得到 3 种不同颜色球的可能取法,并将这些取法打印输出。

(5) 写出实现单链表的查找函数(按序号查找算法实现)。[注:在带头结点的单链表 L 中查找第 i 个结点,若找到(1≤i≤n),则返回该结点的存储位置;否则返回 NULL]。

(6) 求单链表的长度。[注:采用"数"结点的方法来求出单链表的长度,用指针 p 依次指向各个结点,从第一个元素开始"数",一直"数"到最后一个结点(p->next=NULL)]

(7) 从键盘输入 num 个整数,要求用线性链表来存储并降序排列,然后删除重复的整数使其只保留一个。比如,从键盘输入 8 个整数为 9 6 8 9 7 6 7 9,则降序排列为 9 9 9 8 7 7 6 6,删除重复的整数后为 9 8 7 6。

## 第 10 章

文　件

前面学习了 C 语言的各种基本数据类型、C 语言运算规则(运算符、优先级和结合性)、程序基本结构(顺序结构、选择结构、循环结构)、C 语言程序的基本框架(函数)以及复杂的数据类型(数组、指针、结构体等),并能利用这些 C 语言知识编写出各种程序,但是编写的程序在运行时基本上是从键盘输入数据,接着在计算机内存进行处理,然后将结果输出到屏幕上,程序运行结束后提供的数据和运行结果都消失了,下次运行时还需要重新从键盘输入原始数据,屏幕再次显示结果,这时不禁会想:如果要处理的原始数据量很多(例如,要处理某个班学生多门课程考试成绩表、职工基本信息表等),那么如何保证每次数据输入正确呢?能不能将这些原始数据保存下来,以后多次读取呢?另外,能不能将程序运行的结果保存下来呢?答案是可以。C 语言提供了文件处理操作函数,可以从磁盘数据文件中多次读取数据,同时可以将程序运行的结果输出到磁盘文件中,以备以后多次使用,也可以与其他程序共享。

C 语言以文件的形式不仅将原始数据、程序运行结果保存下来,而且在需要时可随时打开进行读写,大大节省了输入数据的时间,提高了数据的正确度,更重要的是实现了数据长期保存和数据共享的功能。

本章学习重点:

(1) 文件的概述与分类;

(2) 文本文件与二进制文件中数据的存储方式;

(3) 文件的打开、读写、定位和关闭等基本操作;

(4) 常用文件操作函数的使用方法。

本章学习目标:

(1) 正确理解文件的概念。

(2) 了解文本文件与二进制文件的区别。

(3) 熟练掌握文件的打开、读写、定位以及关闭的方法。

(4) 掌握有关文件操作的系统函数的使用方法。

(5) 能编写简单的文件处理程序。

10.1　文件概述

10.1.1　文件的概念

文件是指存储在外部介质上数据的集合,文件是以数据的形式存放在外部介质(如磁盘、U 盘等)上的。操作系统是以文件为单位对数据进行管理的,也就是说,如果想找存在外部介质上的数据,必须先按文件名找到指定的文件,然后再从该文件中读取数据。

为标识一个文件,每个文件都必须有一个文件名,其一般结构为

> 文件路径\\主文件名.扩展名

说明:

(1) 文件路径表示文件在外部存储设备中的位置。如果不含路径,则表示打开当前目录下的文件。

(2) 主文件名应遵循操作系统的文件命名规则。

(3) 扩展名用来表示文件的类型。

例如,test1.c、d:\\newfile\\text1.txt 等都是合法的文件名。

使用数据文件的好处:

(1) 数据文件需要改动时不必修改程序,程序与数据是分离的。

(2) 不同程序可以访问同一数据文件中的数据,实现数据共享。

(3) 能长期保存程序运行的中间数据或结果数据。

10.1.2　文件的分类

文件是存储在外部介质上的,在使用时才调入内存中。文件可以从不同角度分类。

1. 按文件的逻辑结构分

(1) 记录式文件。记录式文件是有结构的文件,由用户把文件内的信息按逻辑上独立的含义划分信息单位,每个单位称为一个逻辑记录(简称记录),记录式文件由具有一定结构的记录组成的(定长和不定长)。例如,SQL 语言数据文件就是有结构的记录式文件。

(2) 流式文件(流文件)。流式文件是无结构的文件,对文件内信息不再划分单位,一个C 文件就是一个字节流或二进制流。在 C 语言中对文件的存取是以字符(或字节)为单位的。输出输入的数据流的开始和结束仅受程序控制而不受物理符号(如回车换行符)控制,即在输出时不会自动增加回车换行符作为记录结束的标志,输入时不以回车换行符作为记录的间隔。C 语言允许对文件存取一个字符,这就增加了处理的灵活性。

2. 按存储介质分

(1) 普通文件。普通文件是存储于外部介质(硬盘、U 盘等)的文件。例如,在磁盘上的程序文件中保存程序,数据文件中保存数据。

(2) 设备文件。在 C 语言中,把每台与主机相连的输入输出设备都看作是一个文件。即把实际的物理设备抽象为逻辑文件,它们被称为设备文件。对外部设备的输入输出就是对设备文件的读写。

3. 按数据的组织形式分

在 C 语言中文件是由一个个字符(或字节)的数据顺序组成的。根据数据的组成形式,可分为 ASCII 文件和二进制文件。

(1) ASCII 文件。ASCII 文件又称文本文件,ASCII 码文件中每字节存放一个 ASCII代码即代表一个字符,此种存储形式便于阅读与输出显示,文本文件在 Windows 操作系统下可以用记事本打开直接阅读。一般来说,文件扩展名为.txt、.c、.cpp、.html 等的都是文

本文件。

（2）二进制文件。二进制文件是把数据按其在内存中的存储形式原样输出到磁盘上存放，此种存储形式节省存储单元和转换的时间，但一个字节并不对应一个字符，因此不能以字符形式直接输出。二进制文件在 Windows 操作系统下不可以用记事本打开直接阅读，即便能打开也是一些"乱码"。一般来说，文件扩展名为.dat、.lib、.obj、.exe、.dll、.gif、.bmp 等的都是二进制文件。

数据以 ASCII 形式和二进制形式存储时，它们的存储形式是不一样的。例如，要存储短整型数据 12345，分别以文本文件形式和二进制形式的存储方式如图 10-1 所示。

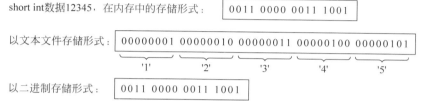

图 10-1　短整型数据 12345 分别以文本文件存储和以二进制存储的形式

从图 10-1 中可以看出，以文本文件形式存储短整型 12345，占用 5 字节的存储空间，分别存储'1'、'2'、'3'、'4'和'5'等 5 字符，而以二进制形式存储时只占用 2 字节与内存中的存储形式是一致的。

4. 从用户的使用角度分

在 C 语言程序设计的过程中，主要用到以下两种文件。

（1）程序文件。程序文件包括用户编辑的源文件（扩展名为.c，在 C++ 环境中扩展名为.cpp）、编译后的目标文件（扩展名为.obj）以及连接生成的可执行文件（扩展名为.exe）等，这些文件的内容为程序的代码。

（2）数据文件。以前所处理数据的输入输出都是以终端为对象的，即从终端的键盘输入数据，运行结果显示到显示器上。而数据文件是在程序运行过程中从磁盘文件读入的数据，或将运行结果输出到磁盘文件中的数据。

本章主要介绍数据文件的操作，包括数据文件的打开、读写、定位和关闭等。

10.1.3　缓冲文件系统

在过去使用的 C 语言老版本中有两种文件处理方式：缓冲文件系统和非缓冲文件系统。1983 年以后，ANSI C 标准中取消了非缓冲文件系统，对文本文件和二进制文件均采用缓冲文件系统进行处理。

缓冲文件系统是指系统自动地在内存区为程序中每一个正在使用的文件开辟一个文件缓冲区，它的大小由 C 编译系统决定。这个缓冲区相当于一个中转站，文件的存取都是通过缓冲区进行的，从内存向磁盘输出数据必须先将数据送到内存中的缓冲区，装满缓冲区后再一起送到磁盘去。如果从磁盘向计算机读入数据，则一次从磁盘文件将一批数据输入到内存缓冲区（充满缓冲区），然后再从缓冲区逐个地将数据送到程序数据区（内存中的程序变量），如图 10-2 所示。

设置缓冲区可以减少对磁盘的实际访问（读/写）次数，节省了数据存取时间，提高了程

图 10-2　缓冲文件系统对文件处理的方法

序执行效率,且只占用一块内存空间。因为每一个文件在内存中只有一个缓冲区,在向文件输出数据时,它就作为输出缓冲区,在从文件输入数据时,它就作为输入缓冲区。

10.1.4　文件类型的指针

1. 文件结构体 FILE

在文件缓冲系统中,C 程序中文件的打开和关闭是通过文件指针实现的。每一个要使用的文件都在内存中开辟一个缓冲区,用来存储文件的相关信息,如文件名、文件状态以及文件当前读写位置等。C 语言将这些信息保存在一个文件结构体中,C 语言编译系统的stdio.h 文件中将这个结构体类型定义为 FILE。

FILE 是系统定义的结构体类型,C 语言每操作一个文件,都要为这个文件建立一个FILE 型变量。有了这个 FILE 型变量后,就可以利用 C 语言标准库函数中的文件操作函数来操作该文件了。

2. 文件类型指针

文件的结构定义以后,C 语言使用指针指向该文件结构,通过移动文件内部的位置指针实现对文件的操作,该指针就是 FILE 文件类型指针。

定义文件类型指针的一般形式为

```
FILE    * fp;
```

fp 就是指向一个文件的指针变量,或称文件类型的指针变量,简称文件指针。当文件打开时,系统自动建立文件结构体,程序通过这个指针 fp 找到它所指向的文件信息,实施对文件的操作;文件关闭后,它的文件结构体被释放,因此,每一个文件类型指针代表唯一的一个文件,如果对 n 个文件操作,则应设 n 个文件指针变量,分别指向 n 个文件,以实现对 n 个文件的访问。

10.2　文件操作

文件操作一般遵照以下流程:打开文件→读写文件→关闭文件。

(1) 打开文件就是建立用户程序与文件的联系,并为文件分配一个文件缓冲区。

(2) 读写文件是指对文件的读、写、追加和定位等操作。

(3) 关闭文件将切断文件与程序的联系,释放文件缓冲区。

C 语言的输入输出函数库中提供了一些文件操作函数,用于完成对数据文件的建立、数据的读写、追加和关闭等操作。在程序中调用这些函数时,必须先用 include 命令包含stdio.h 头文件。下面详细介绍文件操作的具体过程以及一些常用文件操作函数的使用方法。

10.2.1 文件的打开

1. 文件打开函数 fopen()

fopen()函数的一般形式为

```
FILE * fopen(const char * filename, const char * mode);
```

函数功能：按指定的文件使用方式打开指定的文件。若文件打开成功,则为该文件分配一个文件缓冲区和一个 FILE 类型变量,返回一个 FILE 类型指针；若文件打开失败,则返回 NULL。

说明：

(1) filename 是文件名,若不包含文件路径,则打开当前目录下的文件。

(2) mode 为文件的打开方式。

例如,文件的打开过程如下：

```
FILE * fp;
fp = fopen("d:\\newfile\\text1.txt","r");
```

注意：

如文件打开写成"fp = fopen("d：\newfile\text1.txt","r");"的形式时,编译器会将"\n"或"\t"看成转义字符,因此文件路径应改成"\\"。所以,文件路径应写成如下形式：

```
fp = fopen("d:\\newfile\\text1.txt","r");
```

2. 文件打开方式

mode 为文件打开方式,具体含义如表 10-1 所示。

表 10-1 文件打开方式 mode 的含义

文件打开方式	含　义
"r"	以只读方式打开一个文本文件,文件指针指向文件首部
"w"	以只写方式打开一个文本文件,文件指针指向文件首部
"a"	打开文本文件,文件指针指向文件尾,在已存在的文件中追加数据
"rb"	以只读方式打开一个二进制文件
"wb"	以只写方式打开一个二进制文件
"ab"	打开二进制文件,向文件末尾追加数据
"r+"	以读写方式打开一个已存在的文本文件
"w+"	以读写方式建立一个新的文本文件
"a+"	以读写方式打开一个文本文件并追加数据
"rb+"	以读写方式打开一个二进制文件
"wb+"	以读写方式建立一个新的二进制文件
"ab+"	以读写方式打开一个二进制文件并追加数据

说明：

(1) 文件操作方式有 r、w、a 和＋四种可选方式,分别表示的含义是：r(read)表示从文件中读取；w(write)表示写入文件；a(append)表示在文件的末尾追加数据；＋表示可读可写。

(2) 文件类型有 t(text 文本文件)和 b(binary 二进制文件)两种形式,对于文本文件来说,t 可省略。

（3）用 r 打开一个文件时,只能读取文件的内容,且被打开的文件是已经存在的,否则会出错。

（4）用 w 打开一个文件时,只能向该文件写入内容;若打开的文件已经存在,则删除该文件重新建立文件;若打开的文件不存在,就以该文件名建立文件。

（5）用 a 打开一个文件,文件指针指向文件末尾,然后追加数据。

（6）w 和 a 的区别:用 w 打开文件,若文件不存在,则新建一个文件;若文件存在,则将原文件内容覆盖。而用 a 打开文件,要求该文件必须存在,保留原文件内容,在文件末尾添加数据。

（7）r＋和 w＋的区别:若文件不存在,当用 w＋打开文件时,则会新建一个文件,而用 r＋打开会失败;若文件存在,r＋不清空文件,w＋则清空文件,因此,当文件存在时要慎用 w＋。

注意:打开文件方式 mode 中字符先后次序是:操作类型符在前,打开文件类型符在后。如"rb"、"wt",不可写成"br"、"tw"。而对于"＋"来说,可以放在操作类型符的右边,也可放在字符串的最后,但不可放在操作类型符的左边。如,"w＋b"或"wb＋"都是正确的,而"＋wb"则是错误的。

【例 10-1】 读取文本文件 list. txt 的内容。

如有学生名单 list. txt,文本文件 list. txt 中的内容如图 10-3 所示。

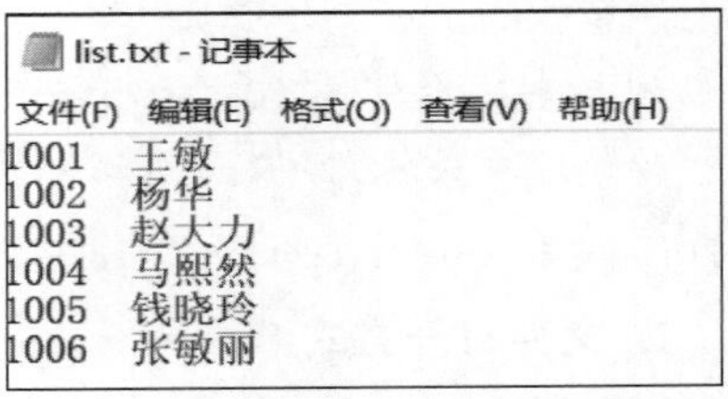

程序如下:

```
# include < stdio. h>
# include "stdlib. h"
int main()
{
    FILE * fp;                            //定义一个文件指针变量 fp
    char c;
    if ((fp = fopen("list.txt","r")) == NULL)    //文件打开失败,返回 NULL
    {
        printf("file  cannot  be  opened. \n");   //输出不能打开文件信息
        exit(0);                          //中断程序运行
    }
    printf("输出学生名单:\n");
    while ((c = fgetc(fp))!= EOF)          //从文件中逐个读取字符并检验未读到文件结束标志时
    putchar(c);                           //在显示器显示读出的字符
    fclose(fp);                           //读文件结束,关闭文件
    return 0;
}
```

图 10-3　文本文件 list. txt 中的内容

运行结果为

```
输出学生名单:
1001    王敏
1002    杨华
1003    赵大力
1004    马熙然
1005    钱晓玲
1006    张敏丽
```

10.2.2 文件操作状态监测

1. 监测文件打开操作是否成功

用 fopen() 函数打开文件后,如成功,则返回值为指向此文件的指针 fp;若失败(文件损坏或不存在),则返回值为 NULL。

可以通过测试 fopen() 的返回值,判断文件打开是否成功。

例如,

```
fp = fopen("test1.txt", "r");                //以只读方式打开文本文件 test1.txt
if (fp == NULL)                              //打开 test1.txt 失败
{
    printf("can not open file: test1.txt.txt\n"); //显示不能打开文件
    exit(0);                                 //结束程序
}
```

注意:打开文件时,一定要检查 fopen() 函数返回的文件指针是否是 NULL。如果不做文件指针合法性检查,一旦文件打开失败,就会造成野指针操作,严重时会导致系统崩溃。如果打开失败,则显示"无法打开文件"的信息,并用 exit(0) 终止程序运行,exit() 函数包含在 stdlib.h 头文件中。

2. 测试文件结束 feof() 函数

在文本文件中,数据以字符的 ASCII 码形式存放,ASCII 码值的范围为 0~255,不可能出现−1,因此对文本文件进行读写操作时,可以用 EOF(值为−1)来判断文件是否结束。但在二进制文件中−1 是合法数据,因此不能用 EOF 作为文件结束标志,系统提供了一个适用对象更普遍的文件结束测试函数 feof()。feof() 函数既适用于文本文件,也适用于二进制文件的对于文件结束的判断。

函数调用形式:

```
feof(fp)
```

函数功能:判断 fp 所指向的文件是否已读到文件尾部。

返回值:若该文件没有结束,则返回 0;若文件结束,则返回非 0 值。

例如,

```
fgets(str,20,fp);                    //读取字符串
while (!feof(fp))                    //判断读取文件是否结束
{
    printf(" % s",str);              //输出读取的字符串
    fgets(str,20,fp);               //再次读取字符串
}
fclose(fp);                          //读文件结束,关闭文件
```

10.2.3 文件的关闭

对文件操作完毕后必须要关闭该文件,以防它被误用。关闭文件就是使文件指针变量不再指向该文件,因此,关闭文件后不能再通过文件指针变量对原来与其联系的文件进行读写操作。

fclose()的使用格式为

```
fclose(文件指针);
```

函数功能：关闭文件指针指定的文件，释放该文件的缓冲区、FILE 类型变量及文件指针。若文件关闭成功，则返回 0；若文件关闭失败，则返回非 0 值。

例如，

```
FILE   * fp;
fclose(fp );
```

其中，fp 为已经打开的文件指针。

注意：文件用完一定要关闭，否则，可能引起数据丢失，甚至影响其他文件的打开。多数情况下，系统限制同时打开状态的文件总数，因此，打开文件前先关闭无用文件是必要的。

10.2.4 文件的顺序读写

文件打开主要是为了读写数据，C 语言提供了多种文件读写函数，可以从文件中读写一个字符（fgetc()和 fputc()）、一个字符串（fgets()和 fputs()）、一个数据块（fread()和 fwrite()），还可以像 printf()和 scanf()那样对文件进行格式化读写（fscanf()和 fprintf()），下面分别详细介绍。

1. 字符读写函数：fgetc()和 fputc()

（1）fgetc()函数。

fgetc()函数的原型为

```
int fgetc(FILE * fp);
```

函数功能：从文件指针 fp 所指向文件的当前位置指针处读取一个字符，每从文件指针中读出一个字符，位置指针自动指向下一个字符。

返回值：若读取成功，则返回所读字符，返回值为字符的 ASCII 码值，不是字符；若读到文件尾，则返回 EOF。

函数调用形式如：

```
ch = fgetc(fp);                          //从文件指针中读出一个字符赋给字符变量 ch
```

（2）fputc()函数。

fputc()函数的原型为

```
int fputc(int ch, FILE * fp);
```

函数功能：将一个字符（ASCII 码）写入到文件指针所指向文件的当前位置指针处。

返回值：若输出操作成功，函数返回写入的字符；否则，返回 EOF。

其中，ch 为需要输出的字符，可以是字符常量或字符变量；fp 为文件指针变量。

函数调用形式如：

```
fputc(ch, fp);
```

注意：对文本文件的读写操作，必须按文件中字符的先后顺序进行，只能在操作了第 i 个字符之后，才能操作第 i+1 个字符。在对文件操作时，文件的读写指针由系统自动向后移动。

【例 10-2】 将 26 个大写字母输出到 text1. txt 文件中,然后读出该文件的内容。
程序如下:

```c
# include "stdio. h"
# include "stdlib. h"
int main()
{
    FILE * fp;                              //定义一个文件指针变量 fp
    int i;                                  // i 为存放字符的 ASCII 码
    char c,filename[40];                    // filename 用于存放数据文件名
    printf("input filename: ");             //提示输入磁盘文件名
    gets(filename);
    if ((fp = fopen(filename,"w")) == NULL)//以只写方式打开输出文件,文件打开失败,返回 NULL
    {
        printf("Can't open the % s\n", filename);
        exit(0);
    }
    for(i = 65;i <= 90;i++)
        fputc(i, fp);                       //将大写字母的 ASCII 码逐个写到文件中
    fclose(fp);                             //建立文件结束,关闭文件
    printf("输出 % s 文件:\n",filename);
    fp = fopen(filename,"r");               //以读方式打开文本文件
    while ((c = getc(fp))!= EOF)            //未读到文件结束标志时
        putchar(c);                         //在显示器显示读出的字符
    fclose(fp);                             //读文件结束,关闭文件
    return 0;
}
```

运行结果为

> input filename: text1. txt↙
> 输出 text1. txt 文件:
> ABCDEFGHIJKLMNOPQRSTUVWXYZ

思考:从键盘键入一串字符,将其中字母字符转存到磁盘文件上 text1. txt 中,应如何修改上述程序呢?

2. 字符串读写函数:fgets() 和 fputs()

(1) fgets() 函数。

fgets() 函数的原型为

> char * fgets(char * s,int n, FILE * fp);

函数功能:从 fp 所指向的文件中,读取 n-1 个字符后,加上字符串结束标志 '\0' 组成一个字符串,存入字符数组 s 中。

返回值:若输入操作成功,返回字符数组的首地址;若文件结束或输入操作失败,则返回 NULL。

函数调用形式如:

> fgets(s, n, fp);

注意:

① 最多只能读取 n-1 个字符,字符串末尾要加上字符串结束符 '\0'。

② 当读到回车换行符、文件末尾或读满 n—1 个字符时,结束读取返回该字符串的首地址。

③ fgets()函数以换行符作为行的读结束标志,但换行符同时还作为字符串的内容。因此可将含有换行符的文本文件看作是由一行一行字符组成的。

(2) fputs()函数。

fputs()函数的原型为

```
int fputs(char * s,FILE * fp);
```

函数功能:将字符串 s(不包括字符串结束标志'\0')写到文件指针 fp 所指向的文件中。

返回值:若输出操作成功,返回非 0 值;若输出操作失败,则返回 0。

其中,s 为要输出的字符串,可以是字符串常量或字符串指针;fp 为文件指针变量。

函数调用形式如:

```
fputs(str, fp);
```

注意:fputs()函数对字符串结束标志'\0'的处理仅仅是将其舍去,并将字符串输出到 fp 所指的文件中。

【例 10-3】 将文件 string1. txt 的内容复制到 stringcpy. txt 中。

例如,文件 string1. txt 中内容如图 10-4 所示。

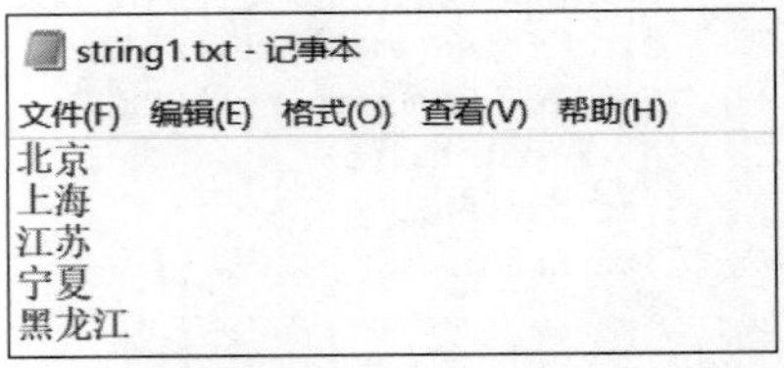

程序如下:

```
# include < stdio. h>
# include "stdlib. h"
int main()
{
    FILE * fp1, * fp2;                          //定义两个文件指针变量 fp1,fp2
    char str[20],c;
    if ((fp1 = fopen("string1.txt","r")) == NULL)   //打开输入文件 string1.txt
    {
        printf("无法打开 string1.txt 文件\n");exit(0);
    }
    if ((fp2 = fopen("stringcpy.txt","w")) == NULL) //打开输出文件 stringcpy.txt
    {
        printf("无法打开 stringcpy.txt 文件\n");exit(0);
    }
    printf("读取的字符串:\n");
    while ((fgets(str,20,fp1))!= NULL)          //从文件读取字符串并测试文件是否已读完
    {
        printf(" % s",str);                      //输出读取的字符串
        fputs(str,fp2);
    }
    fclose(fp1);                                //读文件结束,关闭文件
    fclose(fp2);                                //读文件结束,关闭文件
    return 0;
}
```

图 10-4   string1. txt 的内容

运行结果为

```
读取的字符串:
北京
上海
```

江苏
宁夏
黑龙江

程序运行后将会生成一个新文件 stringcpy.txt,其内容如图 10-5 所示。

图 10-5　stringcpy.txt 的内容

3. 格式化读写函数：fscanf()和 fprintf()

与标准文件的格式输入输出函数 scanf()和 printf()相对应,文本文件也有格式输入输出函数 fscanf()和 fprintf()。它们的功能和格式基本相同,不同之处在于 scanf()和 printf()的读写对象是终端(键盘和显示器),而 fscanf()和 fprintf()的读写对象是磁盘文件。

(1) fprintf()函数。

fprintf()函数的原型为

```
int fprintf(FILE * fp, char * format[, argument, … ])
```

函数功能：将输出项按指定格式写入 fp 所指向的文件中。

返回值：若输出操作成功,返回写入文件的字节数；若输出操作失败,则返回 EOF。

其中,fp 为文件指针变量；格式控制串和输出项参数表的规定和使用方法与 printf()函数相同。

函数调用形式如：

```
fprintf(fp, 格式控制串, 输出项参数表);
```

例如,

```
fprintf(fp, "%d %8.2f",a,b);
```

将 int 型变量 a 和 float 型变量 b 的值用%d 和%8.2f 的格式输出到 fp 指向的文件中,数据之间以空格分隔。

【例 10-4】 从键盘输入 5 个学生的成绩信息,包括学号、姓名和 3 门课程的成绩,然后将这些信息输出到文本文件 score.txt 中。

解题思路：学生的信息包含 5 个数据信息,有学号 num(char 型)、姓名 name(char 型)、score1(int 型)、score2(int 型)和 score3(int 型),这些数据之间是有联系的,且有 5 个学生,通常将它们定义成结构体数组 stu 来处理,再定义个指针变量 p 指向结构体数组 stu。然后利用循环从键盘输入 scanf()函数键盘输入每个学生的信息,最后利用 fprintf()将输入的信息输出到磁盘文件 score.txt 中。

程序如下：

```
# include < stdio.h >
# include "stdlib.h"
# define N 5
struct STUDENT
{
    char num[5];
```

```
        char name[20];
        int score1;
        int score2;
        int score3;
} stu[N], * p;                                    //定义结构体数组 stu[N],指针变量 p
int main()
{
        FILE * fp;                                //定义一个文件指针变量 fp
        int i;
        p = stu;                                  //指针变量指向结构体数组 stu
        if ((fp = fopen("score.txt","w")) == NULL)    //判断文件是否正确打开
        {
            puts("Fail to open file!");
            exit(0);
        }
        printf("输入学生学号、姓名以及 3 门课程成绩,以空格分隔:\n");
        for (i = 0;i < N;i++,p++)
        {
            scanf("%s %s %d %d %d",p -> num,p -> name,&p -> score1,&p -> score2,&p ->
score3);
            //键盘输入一个学生的信息,数据之间以空格分隔
            fprintf(fp,"%s %s %d %d %d\n",p -> num,p -> name,p -> score1,p -> score2,p ->
score3);
            //将输入的学生信息输出到磁盘文件 score.txt 中,数据之间以空格分隔
        }
        fclose(fp);                               //建立文件结束,关闭文件
        return 0;
}
```

运行时输入如下:

```
输入学生学号、姓名以及 3 门课程成绩,以空格分隔:
1001 wangminmin 76 82 72 ↙
1002 zhanghuayang 67 89 76 ↙
1003 maxinxi 67 63 80 ↙
1004 qiandali 76 90 82 ↙
1005 yanglili 67 89 91 ↙
```

程序运行结束将会生成一个新文件 score.txt,其内容如图 10-6 所示。

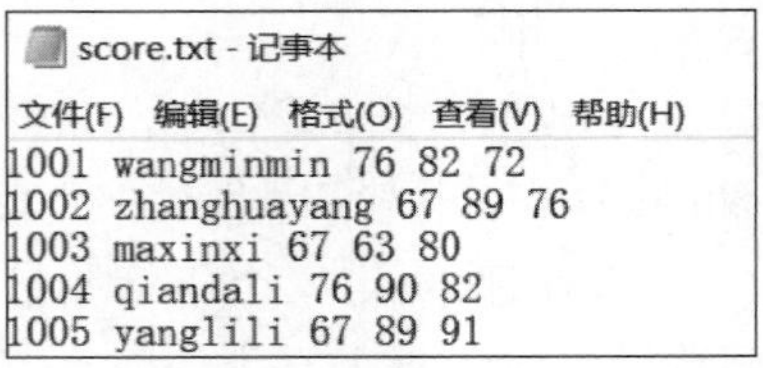

图 10-6   score.txt 的内容

(2) fscanf()函数。

fscanf()函数的原型为

```
int fscanf(FILE * filepointer, const char * format[,address,…]);
```

函数功能:按格式控制字符串所描述的格式,从 fp 所指向的文件中读取数据,送到指定的内存地址单元中。

返回值：若输入操作成功，返回实际读出的数据项个数，不包括数据分隔符。若没有读数据项，则返回 0。

其中，fp 为文件指针变量；格式控制串和地址表的规定和使用方法与 scanf() 函数相同。

函数调用形式如：

```
fscanf(fp, 格式控制串, 地址表);
```

例如，

```
fscanf(fp,"%d  %f",&x,&y);
```

表示从磁盘文件中读取两个数据，分别赋给整型变量 x 和 float 型变量 y。

【例 10-5】 利用 fscanf() 函数读取例 10-4 建立的 score. txt 文件的内容，并在屏幕上显示文件的内容。

程序如下：

```
# include < stdio. h >
# include "stdlib. h"
# define N 5
struct STUDENT
{
    char num[5];
    char name[20];
    int score1;
    int score2;
    int score3;
} stu[N], * p;
int main()
{
    FILE * fp;                              //定义一个文件指针变量 fp
    int i;
    p = stu;                               //指针变量指向结构体数组
    if ((fp = fopen("score. txt","r")) == NULL)
    {
        puts("Fail to open file!");
        exit(0);
    }
    printf("  学号      姓名      计算机      高等数学    大学英语\n");     //输出表头信息
    for (i = 0;i < N;i++,p++)
    {
        fscanf(fp,"%s %s %d %d %d",p -> num,p -> name,&p -> score1,&p -> score2,&p ->
score3);
        //从键盘文件 score. txt 读取一个学生的信息,存入结构体数组中,以备后用。
        printf("%6s %12s %10d %10d %10d\n",p -> num,p -> name,p -> score1,p -> score2,
p -> score3);
        //将读取的学生信息输出到显示器上
    }
    fclose(fp);                            //读取文件结束,关闭文件
    return 0;
}
```

运行结果为

学号	姓名	计算机	高等数学	大学英语
1001	wangminmin	76	82	72
1002	zhanghuayang	67	89	76

1003	maxinxi	67	63	80
1004	qiandali	76	90	82
1005	yanglili	67	89	91

4. 数据块读写函数: fread()和 fwrite()

二进制文件存储信息的形式与内存中存储信息的形式是一致的,如果需要在内存与磁盘文件之间频繁交换数据,那么最好采用二进制文件。二进制文件一般是同类型数据集合,数据之间无分隔符,每个数据所占字节数是一个定值,因此二进制文件除了可以顺序存取外,还可利用定位函数 fseek()方便地进行随机存取。

C语言提供了用于整块数据的读写函数,可用来读写一组数据,如一个数组、一个结构体变量的值等。用 fread()函数从文件中读一个数据块,用 fwrite()函数向文件写一个数据块。在读写时是以二进制形式进行的,在向磁盘写数据时,直接将内存中的一组数据原封不动、不加转换地复制到磁盘文件上,在读入时也是将磁盘文件中若干字节的内容一并读入内存。

(1) 数据块输出函数 fwrite()。

fwrite()函数的原型:

```
unsigned fwrite(void * ptr, unsigned size, unsigned n, FILE * fp);
```

函数功能:将 ptr 所指向的内存中存放的 n 个、大小为 size 字节的数据块写入到 fp 所指向的文件中,实际要写入数据的字节数是 n * size。同时,将读写位置指针向文件末尾方向移动 n * size 字节。

返回值:如果操作成功,则函数返回值就是实际写入的数据块的个数(不是字节的个数);如果操作出错,则返回 0。

其中,ptr 为一个地址,是要把此地址开始的存储区中的数据向文件输出;size 为某类型数据存储空间的字节数(数据块大小);n 为此次写入文件的数据块数;fp 为文件指针变量。

函数调用形式如:

```
fwrite(ptr, size, n, fp);
```

例如,

```
int a[10];
fwrite(a,4,10,fp);
```

表示从数组 a 中取出 10 个 4 字节的数据,输出到 fp 指向的文件中。

【例 10-6】 从键盘输入 5 个学生的信息数据,然后用 fwrite()函数把它们以二进制形式转存到磁盘文件 student. dat 中。

程序如下:

```
# include < stdio. h >
# include < stdlib. h >
# define N 5
struct STUDENT                                  //学生数据类型
{
    char num[5];
    char name[20];
    int score1;
```

```
        int score2;
        int score3;
} stu[N], * p;                                    //定义结构体数组 stu[N],指针变量 p
int main()
{
        int i;
        FILE * fp;
        p = stu;                                   //指针变量指向结构体数组 stu
        if ((fp = fopen("student.dat","wb")) == NULL)  //以只写方式输出二进制文件
        {
                printf("can not open file\n");
                exit(0);
        }
        printf("输入学生学号、姓名以及三门课成绩,以空格分隔: \n");
        for (i = 0;i < N;i++,p++)
        {
                scanf("%s %s %d %d %d",p -> num,p -> name,&p -> score1,&p -> score2,&p ->
score3);  //键盘输入一个学生的信息
                fwrite(p, sizeof(struct STUDENT), 1, fp);
                //将读入的数据以一个数据块写入到文件 student.dat 中
        }
        fclose(fp);                                //建立文件结束,关闭文件
        return 0;
}
```

程序运行时读入 5 个学生的成绩信息,内容如下:

```
输入学生学号、姓名以及三门课成绩,以空格分隔:
1001 franck 76 89 80 ↙
1002 tom 87 81 65 ↙
1003 amily 86 81 90 ↙
1004 green 65 76 71 ↙
1005 max 84 82 78 ↙
```

程序运行结束将会生成一个新文件 student.dat 二进制文件。

(2) 数据块输入函数 fread()。

fread()函数的原型:

```
unsigned fread(void * ptr, unsigned size, unsigned n, FILE * fp);
```

函数功能:从文件指针 fp 所指向的文件中读取 n 个数据块,每个数据块的大小是 size 个字节,这些数据将被存放到 ptr 所指向的内存中。同时,将读写位置指针向文件末尾方向移动 n * size 字节。

返回值:如果操作成功,则函数返回值就是读取的数据块的个数(不是字节的个数);如果操作出错或遇到文件尾,则返回 0。

其中,ptr 为一个地址,是用来存放从文件读入的数据的存储区地址;size 为某类型数据存储空间的字节数(数据块大小);n 为此次读入文件的数据块数;fp 为文件指针变量。

函数调用形式如:

```
fread(ptr, size, n, fp);
```

例如,

```
int a[10];
fread(a,4,10,fp);
```

表示从 fp 所指向的文件中读入 10 个 4 字节的数据,存入到数组 a 中。

注意:fread()和 fwrite()通常用于二进制文件的输入和输出。

【例 10-7】 用 fread()函数和 fwrite()函数,实现将二维数组 a 中的数据输出到数据文件中,然后从数据文件中读出数据,存入二维数组 b 中,并在屏幕上显示出来。

程序如下:

```c
# include "stdio.h"
# include "stdlib.h"
int main()
{
    FILE * fp;
    short i,j,a[4][4] = {1,2,3,4,5,6,7,8,9,10,11,12,13,14,15,16},b[4][4];
    fp = fopen("test.dat", "wb");          //创建二进制文件 test.dat
    if (fp == NULL)                        //创建 test.dat 失败
    {
        printf("can not create file: test.dat\n");
        exit(0);
    }
    fwrite(a, sizeof(short), 16, fp);      //将数组 a 的 16 个整型数写入到文件 test.dat 中
    fclose(fp);                            //关闭 test.dat 文件
    fp = fopen("test.dat", "rb");          //以只读方式打开二进制文件 test.dat
    if (fp == NULL)                        //打开 test.dat 失败
    {
        printf("can not open file: test.dat\n");
        exit(0);
    }
    fread(b, sizeof(short), 16, fp);       //从文件中读取 16 个整型数据到数组 b
    fclose(fp);                            //关闭 test.dat 文件
    printf("输出 b 数组: \n");
    for (i = 0; i < 4; i++)                //显示数组 b 的元素
    {
        for (j = 0;j < 4;j++)
            printf("% - 4d ", b[i][j]);
        printf("\n");
    }
    return 0;
}
```

运行结果为

```
输出 b 数组:
1    2    3    4
5    6    7    8
9    10   11   12
13   14   15   16
```

10.2.5 文件的随机读写

1. 文件位置指针

为了实现对文件的读写操作,系统为每个文件设置了一个文件位置指针,又称读写指

针,用来指示接下来要读写的下一个字符的位置。文件打开后读写指针指向文件中的第一个(将要读写的)字节;文件结束时,读写指针指向文件最后一个字节的后面。

根据文件的读写方式可分为顺序读写和随机读写两种方式。对文本文件进行顺序读写时,文件位置指针指向文件开头,读/写完第一个字符后,文件位置指针顺序向文件末尾方向移一个位置,即对文件位置指针指向的第二个字符进行读出或写入。以此类推,直到遇文件尾,此时文件位置指针在最后一个数据之后。对流式文件既可以进行顺序读写,也可以进行随机读写。关键在于如何确定文件位置指针。如果文件位置指针是按字节位置顺序移动的,则是**顺序读写**。如果能将文件位置指针按需要移动到任意位置,则是**随机读写**。随机读写是指读写完上一个字符(字节)后,并不一定要读写其后续的字符(字节),而可以读写文件中任意位置上的字符(字节)。也就是说,随机读写对文件读写数据的顺序和数据在文件中的物理顺序一般是不一致的。可以在任何位置写入数据,在任何位置读取数据。

注意:文件指针与文件位置指针的区别是:文件指针是指向整个文件的,必须在程序中定义说明,只要不重新赋值,文件指针就始终指向打开的文件;而文件位置指针用于指示文件内部的当前读写位置,每读写一次,该指针向后移动,它不需要在程序中定义说明,而是由系统自动设置的。

2. 文件指针定位函数

(1) 文件位置指针移动函数 fseek()。

fseek()函数的原型:

```
int fseek(FILE * fp, long offset, int whence);
```

函数功能:改变文件位置指针的位置。

返回值:若移动成功,则返回 0;若移动失败,则返回非 0 值。

其中,whence 为"起始点",可用 0、1 或 2 代替,具体含义如表 10-2 所示。Offset 为"位移量",是指以"起始点"为基点移动的字节数(一般为长整型),当用常量表示位移量时,要求数字后加大小写字母 L 或 l。若位移量>0,则表示向文件尾方向移动;若位移量<0,则表示向文件头方向移动。

表 10-2 起始位置及其代表符号

起 始 点	符 号 代 表	数 字 代 表
文件开始的位置	SEEK_SET	0
文件指针当前位置	SEEK_CUR	1
文件末尾位置	SEEK_END	2

注意:fseek()函数一般用于二进制文件。

函数调用形式如:

```
fseek(文件类型指针,位移量,起始点);
```

例如,

```
fseek(fp,50L,0);           //将文件位置指针向前移到离文件开头 50 字节处
fseek(fp,10L,1);           //将文件位置指针向前移到离当前位置 10 字节处
fseek(fp, - 50L,2);        //将文件位置指针从文件末尾处后退 50 字节
```

【例 10-8】 假如有二进制磁盘文件 student. dat 上共有 5 个学生成绩数据,要求读入第 2 个和第 4 个学生的成绩数据并显示在屏幕上。

程序如下:

```
# include < stdio. h >
# include < stdlib. h >
# define N 5
struct STUDENT                                        //学生数据类型
{
    char num[5];
    char name[20];
    int score1;
    int score2;
    int score3;
} stu[N];
int main()
{
    int i;
    FILE * fp;
    if ((fp = fopen("student.dat","rb")) == NULL)  //以只读方式打开二进制文件
    {
        printf("can not open file\n");
        exit(0);
    }
    printf("  学号      姓名      计算机    高等数学   大学英语\n");    //输出表头信息
    for (i = 1;i < 5;i = i + 2)
    {
        fseek(fp,i * sizeof(struct STUDENT),0);   //移动文件位置指针
    fread(&stu[i],sizeof(struct STUDENT),1,fp);   //读一个数据块到结构体变量
        printf("% 6s % 12s % 10d % 10d % 10d\n", stu[i]. num, stu[i]. name, stu[i]. score1,
stu[i]. score2,stu[i]. score3);                       //在屏幕输出
    }
    fclose(fp);
    return 0;
}
```

运行结果为

学号	姓名	计算机	高等数学	大学英语
1002	tom	87	81	65
1004	green	65	76	71

(2) 文件位置指针回绕函数 rewind()。

rewind()函数的原型:

```
void rewind(FILE * fp);
```

函数功能:使文件位置指针重新返回文件的开头,该函数没有返回值。

其中,fp 为文件指针。

函数调用形式如:

```
rewind(fp);
```

例如,在例 10-8 的基础上,输出第 2 个和第 4 个学生的成绩信息后,再将全部学生信息输

出。只需要在例 10-8 程序输出第 2 个和第 4 学生信息后,加上文件位置回绕函数 rewind(fp),再从头输出文件中的所有记录即可。

（3）获取当前位置指针函数 ftell()。

ftell()函数的原型:

```
long ftell(FILE * fp);
```

函数功能:返回 fp 指向的文件中的读写指针当前位置,即相对于文件开始处的位移量,单位是字节。

返回值:若调用成功,则返回文件读写指针当前值(长整型);若调用失败,则返回-1L。

函数调用形式如:

```
ftell(fp);
```

10.3 文件的综合应用举例

【例 10-9】 学生成绩表的综合处理,完成以下功能:

（1）从数据文件 student.dat 中读入学生成绩信息。

（2）求总分,并在屏幕上输出。

（3）根据总分按降序排序,并在屏幕上输出。

（4）将排好序的成绩表(包括学生的学号、姓名、3 门课的成绩以及总分)输出到磁盘文件 student1.txt 中。

程序如下:

```
# include < stdio.h >
# include < stdlib.h >
# include < string.h >
# define N 5
# define M 3
struct STUDENT                              //学生数据类型
{
    char num[N];                            //学号
    char name[20];                          //姓名
    int score[M];                           //M 门课程成绩
} stu[N];
int total[N];                               //总分
void load()                                 //读入学生成绩,并输出
{
    FILE * fp;
    int i,j;
    if ((fp = fopen("student.dat","rb")) == NULL)    //以只读方式打开二进制文件
    {
        printf("can not open file\n");
        exit(0);
    }
    printf("排序前成绩表:\n");
    printf("  学号       姓名        计算机    高等数学   大学英语    总分\n");
                                            //输出表头信息
```

```
    for (i = 0;i < N;i++)
    {
        fread(&stu[i],sizeof(struct STUDENT),1,fp);    //读一个学生信息到结构体变量
        printf(" % 6s % 12s ",stu[i].num,stu[i].name);  //输出学号及姓名
        for (j = 0;j < M;j++)
            printf(" % 10d ",stu[i].score[j]);          //在屏幕输出 M 门课的成绩表
        for (j = 0;j < M;j++)
            total[i] = total[i] + stu[i].score[j];      //求总分
            printf(" % 10d",total[i]);                  //输出总分
        printf("\n");
    }
    fclose(fp);
}
void sort()                                             //选择法排序
{
    int i,j,t,k;
    char temp[20];
    for (i = 0;i < N - 1;i++)
    {
        k = i;
        for (j = i + 1; j < N; j++)
            if (total[k]< total[j]) k = j;
        if (k!= i)
        {
            strcpy(temp, stu[i]. num);strcpy(stu[i]. num,stu[k]. num);strcpy(stu[k]. num,
temp);
                    //交换学号
            strcpy(temp,stu[i].name);strcpy(stu[i].name,stu[k].name);strcpy(stu[k].name,
temp);
                    //交换姓名
            for (j = 0;j < M;j++)
            {   t = stu[i]. score[j];stu[i]. score[j] = stu[k]. score[j];stu[k]. score[j] = t;
    }                                                   //交换各门功课
            t = total[i];total[i] = total[k];total[k] = t;  //交换总分
        }
    }
}
void print()                  //屏幕显示排序后的结果,并将结果输出到磁盘文件 student1.txt 中
{
    FILE * fp1;
    int i,j;
    if ((fp1 = fopen("student1.txt","w")) == NULL)      //以只写方式输出文本文件
    {
        printf("can not open file\n");
        exit(0);
    }
    printf("\n 排序后成绩表: \n");
    printf("   学号          姓名          计算机     高等数学    大学英语      总分\n");
    //输出表头信息
    for (i = 0;i < N;i++)
    {   printf(" % 6s % 12s ",stu[i].num,stu[i].name);   //输出排序后的学号及姓名
        fprintf(fp1," % s % s ",stu[i].num,stu[i].name);  //将排序后的学号及姓名输出到文
                                                          //件 student1.txt

        for (j = 0;j < M;j++)
```

```
        {
            printf(" % 10d ",stu[i].score[j]);          //输出排序后 M 门课程成绩
            fprintf(fp1,"% d ",stu[i].score[j]);         //将排序后的 M 门课程成绩输出到
                                                          //文件 student1.txt
        }
        printf(" % 10d \n",total[i]);                     //输出排序后的总分
        fprintf(fp1," % d\n",total[i]);                   //将排序后的总分输出到文件 student1.txt
        //将排序后学生成绩表输出到磁盘文件 student1.txt 中,数据之间以空格分隔
    }
    fclose(fp1);
}
int main()
{
    load();
    sort();
    print();
    return 0;
}
```

运行结果为

```
排序前成绩表:
学号        姓名        计算机        高等数学        大学英语        总分
1001        franck       76            89              80            245
1002        tom          87            81              65            233
1003        amily        86            81              90            257
1004        green        65            76              71            212
1005        max          84            82              78            244

排序后成绩表:
学号        姓名        计算机        高等数学        大学英语        总分
1003        amily        86            81              90            257
1001        franck       76            89              80            245
1005        max          84            82              78            244
1002        tom          87            81              65            233
1004        green        65            76              71            212
```

程序运行后生成如图 10-7 所示的数据文件 student1.txt。

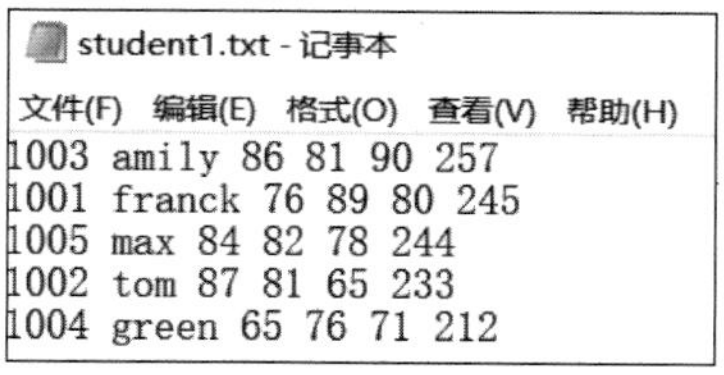

```
📄 student1.txt - 记事本
文件(F)  编辑(E)  格式(O)  查看(V)  帮助(H)
1003 amily 86 81 90 257
1001 franck 76 89 80 245
1005 max 84 82 78 244
1002 tom 87 81 65 233
1004 green 65 76 71 212
```

图 10-7 student1.txt 的内容

小结

　　C 语言系统把文件当作一个"流",即按字节进行处理。C 文件按组织方式分为 ASCII 文件和二进制文件。在 C 语言中,用文件指针标识文件,当一个文件被打开时,可取得该文

件指针,通过该指针实现对文件的操作。在对文件进行操作时,必须遵照"打开(创建)—(读写—关闭"的操作流程。同时打开文件时,一定要检查 fopen( )函数返回的文件指针是否是 NULL。如果不做文件指针合法性检查,那么一旦文件打开失败,就会造成野指针操作,严重时会导致系统崩溃。

文件可按只读、只写、读写、追加 4 种操作方式打开,同时还要指定文件的类型是文本文件还是二进制文件。文件内部的位置指针可指示当前的读写位置,移动该指针可以对文件实现顺序读写或随机读写。

通过文件读写函数实现对文件的操作,文件读写函数的选用原则如下:

- 如读/写 1 个字符(或字节)数据时,可选用 fgetc( )和 fputc( )函数;
- 如读/写 1 个字符串时,可选用 fgets( )和 fputs( )函数;
- 如读/写 1 个(或多个)含格式的数据时,可选用 fscanf( )和 fprintf( )函数;
- 如读/写 1 个(或多个)不含格式的数据时,可选用 fread( )和 fwrite( )函数。

本章常见错误分析

常见错误实例	常见错误解析
在打开文件时,没有找到指定的文件	打开文件时,没有检查文件打开是否成功
如文件打开: fp = fopen("D:\newfile\text1.txt","r");	打开文件时,文件名路径少写了一个反斜杠,应改为: fp = fopen("D:\\newfile\\text1.txt","r");

if ((fp = ("text1.txt","r")) == null)
{
  printf("cannot open this file \n");
  exit(0);
}
while ((ch = getchar())!= 13)
    fputc(ch,fp);
	使用文件时打开方式与使用情况不匹配。
	用只读方式打开文件,却向该文件输出数据

习题 10

1. 基础篇

(1)需要以写的模式打开一个名为 myfile.txt 的文本文件,下列打开文件的正确选项是(   )。

    A. fopen("myfile.txt","r");   B. fopen("myfile.txt","w");

    C. fopen("myfile.txt","rb");   D. fopen("myfile.txt","wb");

(2)使用 fseek 函数可以实现的操作是(   )。

    A. 文件的顺序读写   B. 文件的随机读写

    C. 改变文件指针的当前位置   D. 以上都不对

(3) fread(buf,32,3,fp)的功能是(   )。

    A. 从 fp 文件流中读出整数 32,并存放在 buf 中

    B. 从 fp 文件流中读出整数 32 和 3,并存放在 buf 中

C. 从 fp 文件流中读出 32 字节的字符,并存放在 buf 中

D. 从 fp 文件流中读出 3 个 32 字节的字符,并存放在 buf 中

（4）在 C 语言中,文本文件是以（　　　　）形式存储数据的。

（5）语句"FILE ＊ fp;"定义了一个可以指向（　　　　）的指针变量。

（6）文件刚打开时,文件的读写位置指针在文件的（　　　　）,随着文件不断进行的读写操作,文件读写指针不断向（　　　　）移动。若需要将文件中的位置指针移回到文件的起始位置,可调用（　　　　）函数。

（7）feof()函数可用于所有文件,它用于判断即将读入的数据是否是（　　　　）,若是,则返回-1。

（8）fopen()函数用于打开一个文本文件,在使用方式参数时,为输出而打开时应带字母（　　　　）,打开二进制文件时应使用字母（　　　　）。

（9）使用 fopen("aaa","w＋")打开文件,若 aaa 文件不存在,则（　　　　）。

（10）C 语言中根据数据的组织形式,把文件分为（　　　　）和（　　　　）两种。

2. 进阶篇

（1）以下程序的功能是（　　　　）。

```c
# include "stdio. h"
# include "time. h"
int main()
{
    FILE ＊ fp;
    char str[] = "welcome to ningxia!";
    fp = fopen("file2.txt","w");
    fputs(str,fp);
    fclose(fp);
    return 0;
}
```

（2）以下程序是建立一个名为 myfile 的文件,把从键盘输入的字符存入该文件,当键盘上输入结束时关闭该文件。为实现上述功能,请完成程序。

```c
# include "stdio. h"
int main()
{
    [填空 1];
    char ch;
    fp = fopen("myfile.txt","w");
    while ((ch = getchar()) != '\n')
        [填空 2];
    [填空 3];
    return 0;
}
```

3. 提高篇

（1）编写程序,从键盘输入一个字符串,将其中大写字母全部换成小写字母,字符串以回车键结束,然后输出到磁盘文件 letter. txt 文件中。

（2）编写程序,有两个磁盘文件 A. txt 和 B. txt 分别存放一行字母,要求将两个文件合并,并按字母顺序排列输出到 C. txt 中。最后利用文本编辑软件查看 C. txt 的内容,验证程

序的执行结果。

（3）从键盘读入两个已存在的文本文件，将第二个文件的内容追加到第一个文件内容之后，编写程序输出合并后第一个文件的内容。最后利用文本编辑软件查看第一个文件的内容，验证程序的执行结果。

（4）假设有一段文章存放在文本文件 Believe.txt 中，编写程序统计出文本文件中所有字母各出现的次数(不分大小写)。

（5）编写程序，求指定文件的长度。

附　　录

请扫描二维码获取以下附录：

附录 A　Microsoft Visual Studio 2019 介绍

附录 B　常用字符与 ASCII 码对照表

附录 C　C 语言中使用的关键字及含义

附录 D　C 语言运算符的优先级和结合性

附录 E　C 语言标准库函数

参 考 文 献

[1] 杨路明.C 语言程序设计教程[M].4 版.北京：北京邮电大学出版社,2021.

[2] 杨路明.C 语言程序设计上机指导及习题选解[M].4 版.北京：北京邮电大学出版社,2021.

[3] 孙霞,等.C 语言程序设计层次化例教程[M].北京：清华大学出版社,2021.

[4] 蒋伏加,等.大学计算机[M].6 版.北京：北京邮电大学出版社,2022.

[5] 谭浩强.C 语言程序设计[M].5 版.北京：清华大学出版社,2017.

[6] 苏小红,等.C 语言程序设计[M].4 版.北京：高等教育出版社,2019.

[7] 耿国华.数据结构——C 语言描述[M].北京：高等教育出版社,2015.

[8] 王雪梅,等.语言程序设计基础[M].北京：清华大学出版社,2021.

[9] 叶文珺,等.C 语言程序设计基础[M].北京：清华大学出版社,2014.

[10] 钱雪忠,等.新编 C 语言程序设计实验与学习辅导[M].北京：清华大学出版社,2014.

[11] 钱雪忠,等.新编 C 语言程序设计[M].北京：清华大学出版社,2016.

[12] 顾春华,等.程序设计方法与技术-C 语言[M].北京：高等教育出版社,2019.

[13] 谭浩强.C 语言程序设计[M].3 版.北京：清华大学出版社,2017.

[14] 王敬华,等.C 语言程序设计教程[M].3 版.北京：清华大学出版社,2022.

[15] 谭浩强.C 程序设计[M].4 版.北京：清华大学出版社,2011.